Luciano Boi (éd.)

Symétries, brisures de symétries et complexité en mathématiques, physique et biologie

Essais de philosophie naturelle

PETER LANG
Bern · Berlin · Bruxelles · Frankfurt am Main · New York · Oxford · Wien

Information bibliographique publiée par
«Die Deutsche Bibliothek»
«Die Deutsche Bibliothek» répertorie cette publication dans la «Deutsche Nationalbibliografie»; les données bibliographiques détaillées sont disponibles sur Internet sous ‹http://dnb.ddb.de›.

Illustrations de couverture:

Jorge Eduardo Eielson, QUIPUS 79-V1, 1990

Œuvre de Michele Mulas, 1988.

Ce magnifique travail de l'artiste est le résultat d'une profonde méditation sur les systèmes vivants comme autant d'entités morphologiques et esthétiques chargées d'intuition et d'histoire. Ses formes plastiques se modifient pour s'adapter dynamiquement à leur propre évolution, tout en conservant une certaine identité, tout comme ces mystérieux objets de la topologie contemporaine qui ont fasciné et continuent de fasciner aussi bien les mathématiciens, les physiciens et les biologistes que les philosophes, les psychologues ou les artistes.

ISBN 3-03910-762-3
ISSN 1424-8425

Hochfeldstrasse 32, Postfach 746, CH-3000 Bern 9
info@peterlang.com, www.peterlang.com, www.peterlang.net

A la mémoire toujours vivante
de l'ami Michele Mulas

To those who
suffer hunger and poverty,
and also to those who
fight for freedom
and endeavour in the quest
to save our Earth

Table des matières

Préface

Géométrie, dynamique et auto-organisation dans la nature et le vivant

Cet ouvrage aborde des questions fondamentales qui se rattachent directement à un ensemble d'idées et de méthodes développées depuis quelques décennies dans les sciences de la nature et du vivant, ainsi qu'à l'interface entre les deux. Les auteurs y ayant contribué proposent de nouvelles approches interdisciplinaires pour étudier plusieurs aspects théoriques, empiriques et épistémologiques relatifs à des problèmes scientifiques fondamentaux pour lesquels on ne dispose pas à l'heure actuelle d'explication satisfaisante, et dont la signification est loin d'avoir été pleinement comprise. Ces questions et ces problèmes concernent notamment le statut des théories des systèmes dynamiques, des bifurcations et du chaos, la signification des symétries et des brisures de symétries dans la nature et le monde du vivant, les propriétés de la stabilité des structures, ainsi que la nature des processus sous-jacents à l'émergence des formes et à l'apparition de comportements collectifs complexes.

Dans ce livre, on cherche à conjuguer le point de vue «platonicien» d'un investissement des formes mathématiques abstraites dans la genèse des formes naturelles, avec la conception aristotélicienne d'une nature en elle-même dynamique et dotée d'un pouvoir d'auto-organisation. Une telle perspective suggère l'existence d'un lien profond entre la nature «nécessaire» et déterminée des structures et formes mathématiques constitutives et le caractère en quelque sorte aléatoire et «contingent» de bon nombre de phénomènes naturels. D'un côté, on remarque qu'une même structure formelle de type mathématique peut agir sur plusieurs substrats matériels à la fois, en générant ainsi une diversification de leurs effets morphologiques et phénoménologiques. De l'autre, on note que la variété des événements qui se produisent dans la nature est souvent à l'origine de changements quantitatifs et qualitatifs dans les phénomènes observés, ainsi que de l'émergence de nouvelles structures qui évoluent dans un espace et dans un temps qui sont eux-mêmes des «objets» dynamiques. Tout cela peut se résumer en disant qu'il existe de nombreux processus naturels caractérisés par une géométrie fine et une dynamique complexe, ainsi que par leur capacité à s'autoorganiser et à engendrer des formes aux propriétés et aux fonctions souvent imprédictibles et inattendues.

Une idée centrale semble se dégager de ce livre, qui est que les phénomènes peuvent être appréhendés en tant qu'ils se produisent dans l'espace. Une pensée géométrique renouvelée, et une philosophie naturelle conséquente, se doivent d'essayer de décrire et d'expliquer tout phénomène comme se constituant et s'organisant dans l'espace; plus précisément, dans un certain espace. Ce peut être l'espace euclidien à trois dimensions, ou l'espace-temps continu de la relativité générale, ou l'espace discret des opérateurs en mécanique quantique, ou encore l'espace substrat des activités biochimiques et métaboliques de la cellule. Dans chacun de ces exemples, la géométrie pertinente se dégage de l'espace lui-même, de sa structure, de ses propriétés dynamiques. Il y a donc co-existence, interdépendance entre la géométrie de l'espace et les phénomènes qui se déroulent en lui.

On pourrait alors se demander que sont tous ces divers espaces, et les différentes géométries qui peuvent servir à caractériser chacun d'entre eux? L'espace substrat de la cellule, par exemple, est-il distinct de l'espace usuel dans lequel nous vivons? La réponse doit prendre en compte la possibilité que l'espace caractéristique des activités biochimiques et métaboliques d'un organisme vivant possède effectivement des propriétés différentes de l'espace euclidien. Cela peut s'avérer d'autant plus vrai lorsqu'on passe à d'autres échelles, et que l'on considère notamment les phénomènes quantiques, ou les propriétés globales de l'univers. Il est clair ainsi que l'espace du vivant est déterminé par l'ensemble de ses activités biochimiques, métaboliques et physiologiques, et impossible à isoler de celles-ci, tout comme l'espace de la relativité générale est inséparable des propriétés de la matière qu'y est contenue. Comme on sait, dans les équations d'Einstein, le membre (à gauche) exprimant le tenseur de courbure et le membre (à droite) exprimant le tenseur d'énergie ne peuvent être considérés indépendamment l'un de l'autre. Il est donc essentiel d'admettre qu'il y a plusieurs espaces et, bien sûr, plusieurs géométries. Dans l'espace tridimensionnel qui est celui de nos actions et perceptions ordinaires, il y a comme un emboîtement (ou une stratification) d'espaces plus précis et spécialisés, dont l'espace moléculaire, l'espace cellulaire, les différents espaces physiologiques, l'espace quantique, et d'autres encore. L'univers présente une pluralité d'espaces, qui ne sont pas nécessairement isomorphes à l'espace euclidien.

Il convient d'ajouter quelques remarques sur ce sujet, car il constitue l'un des thèmes centraux de plusieurs études remarquables présentées ici. En fait, il se pourrait qu'à la même échelle, l'espace soit régi par des structures géométriques différentes suivant le niveau d'organisation des phénomènes auquel on se place. Il existe donc un lien important, qui reste encore en grande partie à explorer, entre le niveau d'organisation des phénomènes et les structures spatiales et temporelles qui en résultent. Il suffit de penser à l'exemple des transitions de phase, phénomène fondamental aussi bien dans le monde quantique que dans notre réalité macroscopique. Considérons le cas (apparemment) simple et (relativement) bien connu de l'eau. Elle peut passer par deux changements de phase. Au-dessus de la température critique de 99,5 degrés centigrades, elle se transforme en vapeur, alors qu'au-dessous de la valeur critique de 0 degré, elle se solidifie en glace. Or ces transitions brutales dans l'état de l'eau (ou de tout autre liquide) se produisent à la même échelle de grandeur, celui de la structure supramoléculaire de la matière. En revanche, la transition qui transforme un état de la matière dans un autre fait apparaître de nouvelles structures spatiales et de nouvelles propriétés dynamiques.

Ainsi quand on dit qu'un corps a changé d'état, on doit essentiellement entendre que c'est la nature des symétries spatiales qui a changé, car le comportement physique du système dépend essentiellement de la manière dont il s'organise dans l'espace. C'est cette capacité de donner naissance à des morphologies tout aussi étonnantes que significatives, et souvent visible sous la forme d'un motif géométrique précis, qui caractérise ce mouvement de structuration interne de l'espace. Mentionnons le cas très significatif des quasi-cristaux. Ils présentent une symétrie pentagonale (qui était pendant très longtemps jugée impossible): ils ne sont ni uniformément ordonnés comme les cristaux (en d'autres termes, ils sont non-périodiques), ni amorphes comme les verres. En effet, la transition de phase qui se produit en $T = T_c$ correspond à un état où la symétrie initiale a été brisée. Beaucoup de systèmes que l'on considère avant qu'ils ne subissent une transition de phase sont des objets d'extension *finie* (par exemple, des sous-groupes du groupe O_3 – correspondant aux symétries d'une sphère – ou du groupe O_2 – l'équivalent des symétries d'un cercle), leurs groupes de symétries ne pouvant pas contenir des translations, notamment.

Le point essentiel, donc, est qu'à la même échelle macroscopique de systèmes apparemment aussi simples qu'une couche de fluide, un mélange chimique ou un alliage métallique peuvent s'auto-organiser selon des modes différents, chacun desquels fait apparaître une grande variété de structures spatiales et de trajectoires temporelles complexes. L'idée fondamentale, ici, est la suivante: des modèles mathématiques simples, descriptibles par des équations différentielles de premier ordre, peuvent exhiber un spectre très large de comportements dynamiques complexes comme des bifurcations suivies par des brisures de symétries, des attracteurs étranges, et des fluctuations chaotiques. (Remarquons que, dans certains cas, comme celui de la réaction chimique de Belousov-Zabotinsky, ces attracteurs peuvent présenter une apparence très compliquée, par exemple, en forme torique).

L'auto-organisation de beaucoup de systèmes naturels et vivants consiste alors en l'émergence spontanée de structures spatiales, de dynamiques complexes et de comportements collectifs nouveaux qui ne résultent pas d'un programme codé par un algorithme, c'est-à-dire comme une suite d'instructions (ou d'itérations) menant à un résultat prédéterminé. L'auto-organisation résulte bien plutôt de l'évolution spontanée de systèmes très divers sous l'effet de transformations géométriques et/ou topologiques et de la variation (dans le temps) d'au moins un paramètre physique fondamental au-delà ou en deçà d'une certaine valeur critique. Cela a très souvent comme conséquence d'éloigner le système hors de l'équilibre thermodynamique et d'en accroître son entropie temporelle. Le fait qu'une goutte d'eau en apesanteur prenne une forme sphérique est l'exemple plu simple d'auto-organisation. La disposition des feuilles sur une branche, ou celle des pétales sur une fleur lors de la croissance, sont d'autres exemples de processus d'auto-organisation spontanée en spirale. Il s'agit là des phénomènes possédant un certain caractère d'universalité, et qui illustrent bien la corrélation profonde entre les propriétés géométriques et les processus dynamiques dans de très nombreux systèmes naturels.

Ajoutons encore une remarque épistémologique à propos du sens que l'on doit attribuer au concept d'auto-organisation, proposé notamment par la théorie des structures dissipatives de Prigogine. L'une des idées fondamentales de cette théorie est que les organismes vivants fonctionnent comme des structures dissipatives qui se forment à partir de flux d'énergie. Ces structures dissipatives ont la capacité de s'auto-organiser en réponse aux fluctuations chaotiques de l'environnement. Une implication importante en découle: l'auto-organisation est beaucoup plus qu'un processus au cours duquel des structures globales émergent uniquement à partir des très nombreuses interactions entre les composants élémentaires du système. De se référer aux seules règles spécifiant les interactions locales entre les composants du système, c'est-à-dire donc à l'information locale, sans prendre en compte les processus globaux eux-mêmes, ne saurait pas expliquer comment et pourquoi de nouvelles structures et propriétés d'un système comme un «tout» sont créées à partir uniquement d'interactions élémentaires et d'une information locale.

Si l'on considère brièvement le cas de la biologie, il est désormais clair, par exemple, que tout comme la complexité d'un organisme n'est pas directement proportionnelle au nombre de gènes qu'il possède, la forme des cellules ne provient pas seulement d'interactions strictes et statiques entre les molécules qui la constituent; en réalité, la plupart des formes des organites et des cellules émergent bien plutôt d'interactions hautement dynamiques entre un grand nombre de composants cellulaires. Il faut notamment que la transcription des gènes qui codent pour toutes les molécules impliquées dans l'émergence des structures ayant des fonctions extrêmement précises, soit réglée et en quelque sorte adaptée à l'état physiologique global d'une cellule à chaque instant. Il semble que, chez les organismes complexes comme les mammifères, la régulation de la transcription fasse intervenir l'état dynamique des chromosomes ainsi que leur organisation spatiale dans le noyau. En d'autres termes, un état transcriptionnel donné dépend de l'ensemble de la physiologie de la cellule, de son comportement dynamique et de son organisation topologique, et donc de beaucoup plus de facteurs que d'un seul signal ou d'une seule molécule. Il existe bien sur des macromolécules spécifiques impliquées dans la régulation de l'expression génétique, mais leur activité semble largement dépendre de l'ensemble du contexte cellulaire, et même extracellulaire.

Pour savoir comment les différents espaces dont il a été question plus haut sont-ils reliés, c'est-à-dire s'il sont simplement «emboîtés» ou si c'est le même espace qui acquière de nouvelles structures et propriétés selon le niveau d'organisation des phénomènes observés, il importe tout d'abord de comprendre qu'un même espace peut admettre plusieurs géométries, c'est-à-dire plusieurs modes de se structurer. Ce fut une grande révolution de la pensée mathématique du XIXe siècle que d'avoir compris que non seulement il existe une pluralité d'espaces, mais qu'en plus chacun de ces espaces peut «accueillir» différentes structures géométriques et topologiques, souvent équivalentes et parfois incompatibles. Par exemple, sur une sphère, un petit triangle est euclidien (c'est-à-dire que la géométrie locale de l'espace sphérique ressemble à la géométrie euclidienne), tandis qu'un grand triangle est riemannien (globalement, la somme des angles est supérieure à 180°). Or, on parle toujours de la même sphère, mais dans laquelle les êtres qui l'habitent peuvent percevoir les corps qu'y sont situés, soit localement comme s'ils disposaient d'un appareil spécial leur permettant de voir ce qui se passe dans «l'infiniment petit», soit globalement, c'est-à-dire dans «l'infiniment grand».

Un des plus grands défis de la science d'aujourd'hui, souligné par plusieurs auteurs dans cet ouvrage, consiste à inventer des modèles théoriques et expérimentaux qui nous permettent de voir ce qui se passe dans les phénomènes aux échelles microscopique, nanoscopique et macroscopique à la fois, et à essayer de comprendre la manière dont elles interagissent, en sachant qu'aucun de ces niveaux d'organisation ne peut être pleinement décrit et expliqué en le réduisant à l'autre.

On a vu comment un espace peut être caractérisé de plusieurs façons, en fonction du type de phénomènes et du niveau d'organisation que l'on veut étudier. Cependant, il se peut très bien qu'il y ait des propriétés qui demeurent invariantes. Et de même que d'un espace à un autre, il y a des propriétés essentielles qui se conservent lors d'une transition d'un niveau d'organisation à un autre. Mais il peut y avoir des propriétés nouvelles qui émergent, par exemple à l'occasion d'une brisure de symétrie. On dit d'une symétrie qu'elle est *brisée* (ou *rompue*), lorsqu'un système physique, invariant vis-à-vis d'un groupe de symétries donné, cesse de l'être par le même groupe après qu'il a subi une transformation ou un changement brutaux d'état. Quand une symétrie est brisée, lors d'un changement de phase par exemple, il y a apparition de nouvelles structures spatiales et temporelles, ce qui veut dire, en un certain sens, qu'on passe à une symétrie *réduite*, puisque le système n'est plus invariant par quelques-unes de ses symétries précédentes. Mais, d'un autre point de vue, on est autorisé à dire dans beaucoup de cas que le nouveau groupe de symétries est en quelque sorte un groupe plus général qui, à un niveau plus fin, englobe le groupe antérieur. Afin de préciser cette notion, on peut considérer l'exemple des bifurcations qui ont comme effet, dans beaucoup de situations, de briser la symétrie de rotation, sans que pour autant elles brisent toutes les symétries du système. En général, les symétries d'un état bifurqué peuvent former un sous-groupe relativement gros, c'est-à-dire un nouveau groupe comportant beaucoup de symétries: certaines des symétries antérieures et de nouvelles symétries invariantes. (A ce sujet, voir en particulier les contributions au présent ouvrage de Bailly, Boi, Bouligand et Chossat).

On peut donc travailler avec le même espace, mais qualifié de plus en plus finement sur le plan mathématique et enrichi de nouvelles propriétés physiques. Considérons brièvement l'exemple de la physique des particules: on a besoin d'un groupe de symétries très riche, pour englober des interactions et des phénomènes qui n'ont pas le même comportement physique. Plus ce groupe est large, et devient une *supersymétrie*, plus il peut englober toutes les autres symétries particulières, et plus on peut espérer capturer un nombre maximal de propriétés physiques. La supersymétrie postule qu'à chaque particule ordinaire est associé un super-partenaire dont les propriétés diffèrent seulement par le spin. Parmi les particules élémentaires, les fermions sont les constituants de la matière et ont un spin, un moment cinétique intrinsèque, demi-entier (1/2, 3/2, 6/4, etc.); les bosons sont les particules qui transmettent les interactions entre ces constituants, et leur spin est entier (0, 1, 2, etc.). D'après la supersymétrie, chaque fermion possède un super-partenaire qui est un boson, tandis que chaque boson ordinaire possède un super-partenaire qui est un fermion.

La recherche d'une supersymétrie se justifie par la tentative d'unifier de forces (pour le moment incompatibles) dans un espace géométriquement et topologiquement plus riche en invariants, où ces forces ne nous apparaîtront plus comme ayant des comportements tout à fait contradictoires, mais bien plutôt comme étant l'une le *duale* de l'autre. C'est la raison pour laquelle le modèle standard de Ward-Salam-Weinberg, qui unifie la force «électrofaible» (électromagnétisme plus force nucléaire faible) avec la force nucléaire forte, et sui, en termes mathématiques, correspond au groupe de symétries $SU(3) \times SU(2) \times SU(1)$, c'est l'une des constructions intellectuelles fondamentales de la physique du XIXe siècle.

De manière générale, il faut insister sur le fait que la signification de la symétrie ne doit pas être limitée aux objets qui occupent un certain espace. Comme il a été montré dans plusieurs contributions au présent ouvrage, elle indique beaucoup plus une sorte d'harmonie profonde entre les diverses parties grâce à quoi elles s'intègrent dans un tout, et où en plus les symétries du tout (ou d'un système physique) sont plus riches que les symétries des parties (ou des constituants du système). En physique, il arrive souvent que la solution de tel ou tel problème ne doit rien à la «nature» du système, mais dépend complètement de ses symétries et des dynamiques des formes qu'elles sont à même d'engendrer.

Le principe de dualité, dont le rôle important en mathématiques est bien connu au moins depuis le début du XIXe siècle, est très vraisemblablement l'une des clefs de beaucoup de mystères de la physique actuelle, comme la théorie des supercordes le montre bien. Il est clair que la dualité entre algèbre et géométrie, qui apparaît clairement lorsqu'on introduit les transformations abstraites de groupe associées à un certain espace topologique (ce qui n'a pas été fait avant le début du siècle dernier avec, notamment, H. Poincaré, E. Cartan et H. Weyl), permet de repousser plus loin les limites de nos concepts géométriques, et d'élargir considérablement le cadre euclidien par les généralisation de l'espace mathématique et des objets que l'on peut y définir rendues possibles grâce aux géométries non euclidiennes. La découverte de la mécanique quantique et de la non-commutativité des coordonnées sur l'espace des phases d'un système atomique a engendré dans les vingt dernières années un changement tout aussi radical des concepts géométriques, libérant la notion d'espace de la commutativité des coordonnées.

Le pouvoir à la fois descriptif, explicatif et constitutif de la géométrie et de la topologie modernes est exploré par quelques auteurs également dans une autre direction, en montrant que la pensée géométrique (ses concepts, modèles et méthodes) peut aussi être fructueuse dans l'étude des systèmes complexes et des êtres vivants. C'est là une perspective fondamentalement nouvelle qui s'ouvre, confortée d'ailleurs par un très grand nombre de recherches théoriques et d'observations expérimentales particulièrement significatives (voir, pour des considérations à ce sujet, notamment les études de Bouligand, Bailly, Chossat et Boi dans cet ouvrage). En particulier, dans le monde du vivant aussi on peut réfléchir en termes de propriétés structurelles qui permettent d'établir des classes d'équivalences topologiques (invariants de nœuds, retournement de la sphère, nombre d'Euler pour le genre de la surface) souvent directement associées à des processus et fonctions biologiques aussi varié que les mécanismes de réplication de l'ADN et son surenroulement autour du nucléosome, la compaction de la chromatine dans le noyau, la gastrulation du jeune embryon lors des premiers stades du développement, le dépliement des ARN et des protéines dans l'espace de la cellule.

Vu en tant que système dynamique complexe, l'organisme vivant tend à acquérir un état de stabilité déterminé, rendu possible grâce au bon fonctionnement d'un ensemble coordonné de réactions biochimiques catalytiques et de mécanismes de régulation physiologiques. La propriété de la stabilité permet en effet de définir des familles de phénomènes ou de situation plus ou moins régulières ou plus ou moins critiques: métastables, stables, quasi-stables, instables, très instables, en fonction de la sensibilité à différents types de fluctuations aléatoires et à des perturbations endogènes aussi bien qu'exogènes (mouvement brownien, dissipation d'énergie, inhomogénéités ioniques, instabilités métaboliques, chiralité structurale, etc.), toutes les deux très présentes chez le vivant.

Ajoutons à cela encore trois remarques. Dans les systèmes complexes les plus stables, la structure globale l'emporte généralement sur les constituants individuels. Ils présentent aussi des invariances d'échelle, c'est-à-dire que des propriétés fondamentales sont conservées d'un niveau d'organisation à un autre. Dans un organisme vivant, par exemple, deux mécanismes fondamentaux comme la régulation et la régénération se retrouvent à plusieurs niveaux, que ce soit moléculaire, cellulaire, ou de l'organisme entier, et ils sont essentiels au contrôle du métabolisme et du développement. Pour résumer l'idée de fond, on peut affirmer que les propriétés de la matière vivante, bien qu'obéissant à un certain nombre de réactions biochimiques et de conditions énergétiques de base, ne sauraient néanmoins se réaliser et se manifester que comme le résultat du maintien et de l'auto-entretien de processus topologiques bien déterminés, qui interviennent pour assurer le cycle vital de la cellule.

Limitons-nous à citer un exemple, sans doute l'un des plus fondamentaux. Les opérations du surenroulement de la molécule de l'ADN autour des histones pour former les nucléosomes puis de la compaction de la chromatine dans le chromosome lors de la métaphase sont essentiels non seulement afin que les systèmes enzymatiques transcrivent et dupliquent le matériel génétique et les protéines qui le condensent, mais aussi pour permettre l'expression génétique, la communication intracellulaire et extracellulaire, et le bon fonctionnement global de l'organisme.

Il est raisonnable de penser que seul un ensemble de nouvelles méthodes et idées mathématiques, formant ce qu'on pourrait appeler topobiologie ou la morphomatique, rigoureusement fondée sur les données et les processus biologiques eux-mêmes, peut permettre d'avancer dans la compréhension de certains problèmes fondamentaux de la biologie actuelle. Aussi subversif que cela puisse paraître aux praticiens des sciences notamment expérimentales, si nous voulons vraiment comprendre comment se produit l'apparition de telle et telle forme dans la nature organique et inorganique, il nous faut inventer un nouveau type d'approche, reposant plus sur des objets de nature géométrique et topologique, qui puisse être utilisé en parallèle et de façon complémentaire avec les méthodes «classiques» qui mettent l'accent sur le développement analytique des équations et les lois statistiques. Le but de cette autre approche est de développer des méthodes et des techniques qualitatives qui ont comme objet la description et la modélisation des structures nouvelles que l'on observe dans la nature, au lieu de les traiter comme des conséquences accidentelles d'interactions à petite échelle, ou des épiphénomènes d'une prétendue réalité plus fondamentale et irréductible.

De la lecture attentive de plusieurs études réunies dans ce livre, il devrait ressortir clairement que la géométrie et la topologie possèdent une valeur heuristique certes, mais aussi générative et créative. Valeur heuristique parce que si les phénomènes que l'on observe dans la réalité à plusieurs échelles sont déterminés par des structures mathématiques fondamentales, alors les modèles que nous pouvons construire en plus d'être des outils pour la simulation des phénomènes, permettront de comprendre de l'intérieur leurs principes d'auto-organisation et certaines de leurs propriétés caractéristiques. Et valeur générative, car c'est de façon géométrique et/ou topologique que la nature crée en permanence, et sur un mode inépuisable. A ce propos, il est intéressant à noter que la richesse d'un système formel, ou de toute autre théorie mathématique ou même empirique, est liée à son incomplétude, c'est-à-dire à l'impossibilité d'épuiser la connaissance et la signification du système en se servant de ses axiomes. Il restera toujours de nouvelles propriétés à découvrir, qui n'étaient pas contenues ni pensables à l'intérieur du système d'axiomes. C'est là que s'enracine le caractère pour ainsi dire «magique» de la nature, dans le fait précisément qu'elle peut toujours donner naissance à des situations et a des propriétés qui ne nous paraissent pas contenues dans ce que nous connaissons déjà, et auxquelles on ne s'y attendait pas.

Dans ce livre, le lecteur attentif trouvera maints exemples qui illustrent comment la géométrie et la topologie nous offrent une conception dynamique de la nature qui ne sépare plus à la hache et de manière absolue le vivant de la matière dite inerte, l'ordre du désordre, le certain de l'aléatoire. La grande variété des phénomènes et des formes apparentes que l'on rencontre dans la nature correspond vraisemblablement aux différents modes selon lesquels les corps physiques et les êtres vivants sont sujets à une transformation permanente sous l'action de quelques grands principes spatiaux et temporels: brisures de symétries, transitions de phases, déformations topologiques, et finalement auto-organisation et complexité. Il existe très probablement des processus communs qui sous-tendent l'émergence de ces phénomènes, bien que leurs manifestations et significations puissent être infinies.

Références

Allard, S., Masson, J.-Y. and J. Cote, «Chromatin remodelling and the maintenance og genome integrity», *BBA* (*Biochimica et Biophysica Acta*), Special Issue on *Chromatin Structur and Function*, 1677 (1-3), 2004, 158-164.

Auffray, C., Imbeaud, S., Roux-Rouquie, M. and L. Hood, «Self-organized living systems: conjunction of a stable organization with chaotic fluctuations in biological space-time», in *Phil. Trans. R. Soc. Lond. A*, 361 (2003), 1125-1139 (Theme Issue on *Self-organization: the quest for the origin and evolution of structure*, compiled and edited by J. Skar and P. V. Coveney).

Boi, L., «Topological Knot's Models in Physics and Biology», in *Geometries of Nature, Living Systems, and Human Cognition*, L. Boi editor, World Scientific, London, 2005, 211-294.

Boi, L., «Geometrical and Topological Foundations of Theoretical Physics: From Gauge Theories to String Program», *International Journal of Mathematics and Mathematical Sciences*, 34 (2004), 1777-1836.

Boi, L., «Topological deformations and biological process in the cell», *Journal of Mathematical Biology*, 2004 (à paraître).

Connes, A., *Geometrie non-commutative*, InterEditions, Paris, 1990.

Demazure, M., *Catastrophes et Bifurcations*, Ellipses, Paris, 1989.

Eigen, M., «Self-organization of matter and the evolution of biological macromolecules», *Naturwissenschaften*, 58 (1971), 465-734.

Grange, Th., Pâques, F., «Architecture du noyau et régulation transcriptionnelle», *Médecine/Sciences*, 18 (2002), 1245-1256.

Green, B., *The Elegant Universe. Supertsrings, hidden dimensions, and the quest for the ultimate theory*, W. W. Norton & Company, New York, 1999.

Karsenti, E., Nedelec, F., Surrey, Th., «Self-organization and forces in the microtubule cytoskeleton», *Curr. Opin. Cell Biol.*, 15 (1), 2003, 118-124.

Kauffman, S. A., *The Origins of Order*, Oxford Univ. Press, Oxford, 1993.

Nicolis, G., Prigogine, I., *A la rencontre du complexe*, Presses Universitaires de France, Paris, 1992.

Parisi, G., *Field Theory, Disorder and Simulations*, World Scientific, London, 1992.

Penrose, R., *The Emperor's New Mind. Concerning computers, minds, and the laws of physics*, Oxford University Press, Oxford, 1989.

Thom, R., *Stabilité structurelle et morphogenèse*, InterEditions, Paris, 1977.

Thurston, W., *Three-Dimensional Geometry and Topology*, Princeton University Press, Princeton, 1997.

Remerciements. Je tiens à remercier les auteurs pour l'effort intellectuel qu'ils ont mis à rédiger leurs contributions, ainsi que pour leur patience pendant la longue attente qui a précédé la parution du livre. Je suis reconnaissant en particulier à Jean-Michel Alimi, Eric Bois, Yves Bouligand, Giulio Giorello, Joseph Kouneiher, Marc Lachièze-Rey, Dominique Lambert, Jean-Pierre Luminet et Ion-Olimpiu Stamatescu pour les nombreuses discussions stimulantes et enrichissantes que j'ai pu avoir avec eux ces dernières années sur l'un ou l'autre des sujets abordés dans ma contribution à cet ouvrage. Je remercie l'éditeur Peter Lang pour la précieuse collaboration et disponibilité montrées durant le long labour de réalisation de l'ouvrage. Ma pensée émue va à l'ami Michele Mulas, qui m'a inspiré l'illustration de la page couverture du livre, tirée d'un de ses œuvres, et qui n'est plus là pour en apprécier la pertinence. Je remercie en outre mon étudiant Jérôme Havenel pour son assistance informatique. Je suis d'ailleurs redevable à plusieurs institutions et organismes de recherche pour leur invitation, accueil et soutien pendant les phases de rédaction de mon texte et de révision de l'ouvrage, notamment, au ZiF (Zentrum für interdisziplinäre Forschung) de l'Université de Bielefeld, à l'Institut für Theoretische Physik de l'Université de Heidelberg, au Dipartimento di Scienze Chimiche e dei Biosostemi de l'Université de Sienne, au Department of History and Philosophy of Science de l'Université de Cambridge (UK) et au Centro Studi Ligure de Bogliasco (Gênes).

Luciano Boi
Paris et Heidelberg, mai 2004

Mathematical, physical and epistemological remarks on symmetry, symmetry breaking, and bifurcations in dynamical systems[1]

Luciano Boi
Ecole des Hautes Etudes en Sciences Sociales
Centre d'Analyse et de Mathématique Sociales,
54, Bd Raspail, 75006 Paris (France)

> We may formulate the aim of dynamics as follows: to characterize completely the totality of motions of dynamical systems by their qualitative properties. (G. D. Birkhoff, 1920)

> An equivalence (or topological equivalence) between two differential equations is a homeomorphism preserving several trajectories (or orbits). The qualitative problem of differential equations is to obtain information on equivalence classes of differential equations on a given manifold. (S. Smale, 1962)

Abstract: The paper wants to dress some issues concerned with the finding of the fundamental role played by the phenomenon of breaking symmetry and other related concepts into the evolution of natural and living systems and into the morphogenesis. We also shall describe some mathematical and physical aspects of these phenomenon and thereafter discuss certain conceptual problem which poses the asymmetrical nature of time in a manifold of scientific disciplines and apparently different contexts. The second major part of the paper is devoted to study some fundamental features of the action of time in the framework of the topological theory of dynamical systems. Our main goal is to show how the action of time changes profoundly the way in which inorganic and organic matter emerges and organizes, as well as our perception of what is physical reality and life.

1 This is an enlarged and revised version of the chapter forthcoming in the Proceedings of the international symposium *The direction of Time: The Role of Reversibility/Irreversibility in the Study of Nature* (Zentrum für interdisziplinäre Forschung, University of Bielefeld, January 2001), edited by S. Albeverio and Ph. Blanchard, Cambridge University Press, Cambridge, to appear.

1. Introduction: From *CPT* invariance violation and cosmic asymmetry to the fundamental concept of entropy

Let us start with a brief review of some fundamental concepts of modern physics into which the role of time enter as a fundamental part of the study of nature. We shall start with few remarks on the development of thermodynamics, before to expose the second law and the related concept of entropy where appears for the first time the disconcerting and astonishing possibility that time could be irreversible. The other context in which enter the notion of *"arrow of time"*, i.e. the fact that the physical laws governing the universe shouldn't be invariant with respect to time reversal, is cosmology and particularly the quantum theory of space-time singularities, which lead to consider the existence of a cosmic asymmetry between matter and antimatter as the realistic scenario followed by the universe since its origins. Finally, it has been a very surprising result in the quantum field's theory the 1956 discovery of parity (*P*) non-conservation in weak interaction phenomena. Even more surprising was the discovery of *CP* violation in 1964, which shattered the illusion concerning the fundamental nature of *CPT* theorem, that is the belief that the invariance of time reversal transformation, of charge conjugation and of space inversion or mirror symmetry are the general principle to be satisfied by the equations of motion – hence a firm root in the foundations of physics, and opened up questions concerning its origin and its profound implication for our conception of physics and nature. These questions have not yet been answered satisfactorily despite an enormous effort in theoretical and experimental physics. Nevertheless, the developments of physics and of other natural sciences in the last two decades lead to the belief that the violation of *CPT* invariance is needed to deal with interactions that are not invariant under one or more of these transformations.

One should distinguish two aspects of the violation of the three fundamental symmetries of nature, namely the time invariance (*T*), the electrical charge invariance (*C*), and the space inversion invariance (*P*). The first concern the consequences of *T* invariance for those properties of matter that depend on electromagnetic and strong interactions, and even on the grosser features of the weak interactions; the other concern the violation of *CP* invariance and *T* invariance in some special aspects of the weak interactions. The ability to separate these two aspects rests on the fact that the observed violation is an extremely small effect, not influencing in a (so far) measurable way even high-precision weak interactions measurements other than those specific, particularly sensitive one by means of which the *CP* violation was discovered. Nevertheless, most physicists believe firmly in the notion of a theory that unifies the electromagnetic, weak, and strong interaction phenomena at some level. At that level the separation of the physical phenomena into two classes should likely become meaningless. And the very fact that the observed violation occurs in such a limited though very meaningful way suggests that the level of unification at which *T* violation originates in a fundamental way must be very deep indeed. Therefore its elucidation may have profound implications for our understanding of the nature of physical theories. It may also have important implications for cosmology and notably for our actual conception of the structure of space and time.

So in our universe, as we find it, there are at least five arrows of time. Physicists do not yet know how they are interrelated. The preferred time direction on the subatomic microlevel, in certain weak interactions involving *K*-mesons, is still a mystery. It may have no connection with the macroscopic arrows, just as the handedness of particles seems to have no connection with the handedness of molecules, and the handedness of molecules in turn has no bearing on the bilateral symmetry of human body. On the macrolevel are four arrows. First, there is the entropy arrow, which has a precise technical definition in both thermodynamic theory and information theory. The notion of entropy was first introduced by the nineteenth-century Austrian physicist Ludwig Boltzmann who founded statistical thermodynamics, whose starting point was the study of a system of gas molecules moving about randomly in a closed container. According to his vision, entropy is the principal foundation for the arrow of time. We can think of it in a rough way as a measure of disorder – the absence of pattern. The "information" content of a system, roughly speaking, is a measure of order (see below for a mathematical definition). The two measures vary inversely. If the entropy of a system goes up, its information content goes down, and vice versa.

We suggest to distinguishing between two classes of phenomena and events in which time acts in a fundamental way. One case use the term *geometrical arrow* for those processes in which order is increasing. They are very grounded in historical as well as in biological evolution. The formation of matter, moving in an orderly fashion outward from the site of the big bang, was the first gigantic instance of an event stamped with the geometrical arrow. The evolution of stars and planets is later examples. The formation of strongly ordered crystals is another example. Finally, the energy radiating from a highly ordered sun allowed the rise and proliferation of life, the most highly patterned thing we know. The *entropy arrow* point opposite ways with respect to order, hence apply to those natural phenomena which evolve towards disorder. Let's now mention the other arrows of time[2]. There is the arrow defined by events radiating from a centre like expanding circular ripples on a pond or energy radiating from a star. This kind of arrows (for example, those concerned with dissipative chaotic systems) seems to derive from the probability of initial or boundary conditions. Third, there is the expansion of the universe, or the cosmic arrow. Fourth, there is the psychological arrow of consciousness. (For some remarks about the last two arrows of time, see below).

The second law of thermodynamics has "various formulations", but they all lead to the existence of an entropy function whose reason for existence is to tell us which processes can occur and which cannot. We shall reformulate it by referring to the existence of entropy as the second law. The entropy we are talking about is that defined by thermodynamics, and not some analytic quantity that appears in information theory, probability theory, and statistical mechanical models. The statement of the first law of thermodynamics is essentially the statement of the principle of the conservation of energy for thermodynamical systems. As such, it may be expressed by stating that the variation in energy of a system during any transformation is equal to the amount of energy that the system receives from its environment. Briefly, it is a concept that provides the connection between mechanics (and things like falling weights) and thermodynamics. The first law arose as the result of the impossibility of constructing a machine that could create energy. However, it places no limitations on the possibility of transforming energy from one form into another. Thus, for instance, on the basis of the first law alone, the possibility of transforming heat into work or work

2 For interesting reflections on this subject, *cf.*: C. Isham, "Quantum Gravity," in *The New Physics*, edited by P. Davies, Cambridge University Press, 1989; P. Horwich, *Asymmetries in Time*, Mit Press, 1987; H. Reichenbach, *The Direction of Time*, University of California Press, 1956.

into heat always exists provided the total amount of heat is equivalent to the total amount of work.

The three popular formulation of the second law are: (*i*) No process is possible, the sole result of which is that heat is transformed from a body to a hotter one (postulate of Clasius). (*ii*) No process is possible; the sole result of which is that a body is cooled and work is done (postulate of Kelvin and Planck). (*iii*) In any neighborhood of any state there are states that cannot be reached by it by an adiabatic process. All three formulations are supposed to lead to the entropy principle (defined below).

DEFINITION: *A state Y is adiabatically accessible from a state X, in symbols $X < Y$, if it is possible to change the state from X to Y by means of an interaction with some device consisting of some auxiliary system and a weight in such a way that the auxiliary system returns to its initial state at the end of the process, whereas the weight may have risen or fallen.*

We could have (in principle, at least) both $X < Y$ and $Y < X$, and we could call such a process a *reversible adiabatic process*. Let us write $X << Y$ if $X < Y$ but not $Y < X$ (written $Y \nless X$). In this case we say that we can go from X to Y by an *irreversible adiabatic process*. If $X < Y$ and $Y < X$ (i.e., X and Y are connected by a reversible adiabatic process), we say that X and Y are *adiabatically equivalent* and write $X \sim Y$.

ENTROPY PRINCIPLE: *There is a real-valued function on all states of all systems (including compound systems) called entropy, denoted by S, such that*:

(a) Monotonicity: *When X and Y are comparable states, then $X < Y$ if and only if $S(X) \leq S(Y)$.*

(b) Additivity and extensivity: *If X and Y are states of some (possibly different) systems and if (X, Y) denotes the corresponding state in the compound system, then the entropy is additive for these states; i.e., $S(X, Y) = S(X) + S(Y)$. S is also extensive; i.e., for each $\lambda > 0$ and each state X and its scaled copy $\lambda X \in \Gamma^{(\lambda)}$ (where Γ is the space of states of the system) $S(\lambda X) = \lambda S(X)$.*

A formulation logically equivalent to (a) is the following pair of statements: $X \sim Y \Rightarrow S(X) = S(Y)$ *and* $X << Y \Rightarrow S(X) < S(Y)$. The last line is especially noteworthy. It says that entropy must increase in an irreversible adiabatic process. Then, *irreversibility* means that for each $X \in \Gamma$ there is a point $Y \in \Gamma$ such that $X << Y$.

The reversibility of time in physical elementary process (both in classical and in quantum mechanics, as well as in the relativistic theories) is commonly accepted and very well established; that means that the fundamental laws of physics are invariant under time reversal. However, it is an obvious fact that most phenomena in Nature distinguish a direction of time; time is irreversible in complex systems. Electromagnetic waves are observed in their retarded form only, where the fields causally follow from their sources. The increase of entropy, as expressed in the second law of thermodynamics, also defines a time direction. This is directly connected with the psychological arrow of time – we remember the past but not the future. In quantum mechanics it is the irreversible measurement process and in cosmology the expansion of the Universe, as well as the local growing of inhomogeneties, which determine a direction of time.

If, on the one hand, one may stress the reversibility of time in elementary processes, on the other hand, it has been established by some physicists that time is irreversible in complex processes. This was full understood as early as the last century. In order to make clear the irreversible character of most complex systems, let us consider a "simple" case of a droplet of ink added to water in a jar. The droplet spreads out rapidly, so that the color becomes uniform in the entire vessel. Anyone can observe this phenomenon. However, no one has ever seen a process developing in the opposite direction: ink particles collecting from the whole volume into a single droplet. Why is this so? The laws dictating the motion and interactions of water and ink molecules are T-invariant, aren't they? If all particles of ink and water in the vessel are at some point given velocities that are exactly opposite to those they had, and all external influences are cancelled, then all the events in the vessel are replayed in time in reversed sequence, so that the ink collects into a single droplet. In fact, this picture is possible in principle but never happens. The thing is that ink gathering to form a droplet is, though possible, an incredibly low-probability event.

Take now an iron rod, heat it and then put it into a vessel with cold water. The rod will cool down, the water will get warmer and their temperatures will become equal. The process always goes this way. Heat is never transferred from cold water to hot iron, raising its temperature still further. This is another example of an irreversible process, similar to the spreading of a droplet. Those phenomena are closely related to the fundamental fact that heat which is transferred from a cold to a hot body goes, for some reason, in one direction only: from hot to a cold body. Both are examples of irreversible processes. Why does irreversibility always arise in all such processes, even though they are composed of particle motions that are definitely time-reversible? Where and how does reversibility perish?

The answer to those questions, as we have seen above, lies in the second law of thermodynamics discovered by the physicists Rudolf Clasius and William Thomson, which states that heat always flows from a hot to a cold body. In other words (according to the formulation of these law given by Thomson), there can be no process in nature whose only result would be mechanical work done at the expense of cooling of a heat sink. This statement immediately implied that the complete conversation of heat into mechanical energy or other types of energy is impossible. This means that if a system is isolated, then ultimately all types of energy in this system will transform to heat, the heat will spread uniformly over the system and the so-called thermodynamic equilibrium will set in. Now, the amount of heat produced in many physical processes is greater than that converted into mechanical energy by the heat engine. This leads to the never-ending accumulation of heat to which all other energies convert.

Ludwig Boltzmann gave a physical and mathematical general expression for these processes, uncovering thus the profound meaning of the second law of thermodynamics. Heat is, in fact, the chaotic motion of atoms and molecules of which material bodies consist. Hence the transition of the energy of mechanical motion of individual constituents of the system into heat signifies the transition from the organized motion of large parts of the system to the chaotic motion of the smallest particles; this means that an increase in chaos is inevitable owing to the random motion of particles, unless the system is influenced from outside so as to maintain the level of order. Boltzmann showed that the measure of chaos in a system is a quantity called *entropy*. The greater the chaos, the higher the entropy. The transition of different types of motion of matter into heat means that entropy grows. When all forms of energy have transformed into heat, and this heat has spread uniformly through the system, this state of maximum chaos ceases to change with time and corresponds to maximum entropy.

To summarize, the direction of time in the world around us is essentially connected with the growth of entropy, growth of disorder, or, to use a metaphor, with ageing and decay. Even if we witness an increase in order in a system or in some parts of it, we realize that the system interacts with other bodies and that disorder inevitably increases in the totality of these objects. One might also say, in some sense, that the splitting or the coexistence of something ordered and something disordered seems to be a basic feature in all physical reality.

This is the gist of the matter! In complex systems consisting of many particles or other elements, disorder (chaos) inevitably increases as a result of the random nature of numerous interactions. Entropy is that very measure of the degree of chaos. It is very important that when creating a more ordered state in a system, by influencing it from within a larger system, we inevitably insert additional disorder into this larger system. The laws of thermodynamics state that the 'chaos' added to the larger system is inevitably greater than the "order" introduced into the smaller system. Hence the "chaos", and entropy, in the whole world must grow, even though order may be established in some parts of the world. One realizes then that the second law of thermodynamics is of great importance for the evolution of the Universe. Indeed, exchange of energy between the world and "other systems" being impossible, the Universe must be treated as an isolated system. Therefore, all types of energy in the Universe must ultimately convert to heat spread uniformly through matter, after which all macroscopic motion peters out. Even though the law of conservation of energy is not violated, the energy does not disappear and remains in the form of heat, it "loses all forces", any possibility of transformation, any possibility of doing the work of motion. This bleak state became known as the "thermal death" of the Universe. The irreversible process in the Universe is thus the growth of entropy. The question however remains open: can this process entirely dictate the direction of flow of time? I guess that we shall search for some other key feature of time and of space-time if we want be able to give a satisfactory answer to these question.

For the moment, we may ask how can one understand that most phenomena distinguish a direction of time? One of the most interesting answer likely lies in the possibility of very special boundary conditions such as a initial condition of low entropy (see Kiefer, 1994). Such an assumption transcends the Newtonian separation into laws and boundary conditions by also seeking physical explanations for the latter. Where lies the key to the understanding of the irreversibility of time? According to Roger Penrose, it is primarily the high-unoccupied entropy capacity of the gravitational field that allows for the emergence of structure far from thermodynamical equilibrium. As he has stressed, the presence and the apparent structure of space-time singularities contain the key to the solution to one of the long-standing mysteries of physics: the origin of the *arrow of time* (Penrose, 1979). He has emphasized that the statistical notion of entropy is crucial for the discussion of time-symmetry. And if the fundamental local laws are all time-symmetric, then the place to look for the origin of statistical asymmetries is in the boundary conditions. This assumes that the local laws are of the form that, like Newtonian theory, standard Maxwell-Lorentz theory, Hamiltonian theory, Schrödinger's equations, etc, they determine the evolution of the system once boundary conditions *either* in the past or in the future. Then the statistical arrow of time can arise via the fact that, for some reason, the *initial* boundary conditions have an overwhelmingly *lower* entropy than do the *final* boundary conditions. Penrose has convincingly showed that the expansion of the universe cannot, in itself, be responsible for the entropy imbalance either. Accordingly, the arrows of entropy and retarded radiation can be explained if a reason is found for the initial state of the universe (big bang singularity) to be of comparatively low entropy and for the final state to be of high entropy. Consequently some low-entropy assumption does need to be imposed on the big bang; that is, the mere fact that the universe expands away from a singularity is in no way sufficient. We need some assumption on initial singularities that rules out those which would lie at the centre of white holes. But what is it in the nature of the big bang that is of "low entropy"? The answer to this question lies in the unusual nature of gravitational entropy.

Many authors have pointed that gravity behaves in a somewhat anomalous way with regard to entropy. This is true just as much for Newtonian theory as for general relativity. Thus, in many circumstances in which gravity is involved, a system may behave as though it has a negative specific heat. This is directly true in the case of a black hole emitting Hawking radiation, since the more it emits, the hotter it gets (the energy increase). This is essentially an effect of the universally attractive nature of the gravitational interaction. As a gravitating system "relaxes" more and more, velocities increase and the sources clump together – instead of uniformly spreading throughout space in a more familiar high-entropy arrangement. With other types of forces, their attractive aspects tend to saturate (such as with a system bound electromagnetically), but this is not the case with gravity. Only non-gravitational forces can prevent parts of a gravitationally bound system from collapsing further inwards as the system relaxes. Kinetic energy itself can halt collapse only temporarily. In the absence of significant non-gravitational forces, when dissipative effects come further into play, clumping becomes more and more marked as the entropy increases. Finally, maximum entropy is achieved with collapse to a black hole.

Consider a universe that expands from a "big bang" singularity and then recollapses to an all-embracing final singularity. The entropy in the late stages ought to be much higher than the entropy in the early stages. How does this increase in entropy manifest itself? In what way does the high entropy of the final singularity distinguish it from the big bang, with its comparatively low entropy? We may suppose that, as is apparently the case with the actual universe, the entropy in the initial matter is high. The kinetic energy of the big bang, also, is easily sufficient (at least on average) to overcome the attraction due to gravity, and the universe expands. But then, relentlessly, gravity begins to win out. The precise moment at which it does so, locally, depends upon the degree of irregularity already present, and probably on various other unknown factors. Then clumping occurs, resulting in clusters of galaxies, galaxies themselves, globular clusters, ordinary stars, planets, white dwarfs, neutron stars, black holes, etc. The elaborate and interesting structures that we are familiar with all owe their existence to this clumping, whereby the gravitational potential energy begins to be taken up and the entropy can consequently begin to rise above the apparently very high value that the system had initially. This clumping must be expected to increase; more black holes are formed; smallish black holes swallow material and congeal with each other to form bigger ones. This process accelerates in the final stages of recollapse when the average density becomes very large again, and one must expect a very irregular and clumpy final state.

As Penrose (S. Hawking and R. Penrose, 1996) has emphasized, there is very likely a qualitative relation between gravitational clumping and an entropy increase due to the taking up of gravitational potential energy. In terms of space-time curvature, the absence of clumping corresponds to the absence of Weyl conformal curvature (since absence of clumping implies spatial-isotropy, and hence no gravitational principal null-directions). When clumping takes place, each clump is surrounded by a region of nonzero Weyl curvature. As the clumping gets more pronounced owing to gravitational contraction, new regions of empty space appear with Weyl curvature of greatly increased magnitude. Finally, when gravitational collapse takes place and a black hole forms, the Weyl curvature in the interior region is larger still and diverges to infinity at the singularity. In other words, Penrose formulated his Weyl tensor hypothesis that the Weyl tensor vanishes at singularities in the past but not at those in the future. The Weyl tensor is that part of the Riemann tensor which is not fixed by the boundary equations (in which only the Ricci tensor enters) but by the boundary conditions only. It describes the degrees of freedom of the gravitational field. Since it vanishes exactly for a homogeneous and isotropic Friedmann Universe, it can be taken as a heuristic measure for inhomogeneity and, therefore, for gravitational entropy.

2. Symmetry and symmetry breaking in nature

The classical symmetries have been known since long-time, already by Greeks mathematicians and philosophers, notably the Euclid's scholars and the Plato school. In the Timaeus, Plato ascribed the forms of four of the regular convex solids to the shapes of the four elements and to the cosmos. The discovery of the five regular convex solids (or polyhedra) was not only that each of these shapes was found, but also the recognition that together they form a special class. The Greeks may even have understood the duality of the cube and octahedron, and of the icosahedron and dodecaehedron.

The shapes of the regular solids have been considered to be very important by the great astronomer Kepler. In a short work on the structure of snowflakes, wrote in 1611 and presented as a New Year's gift to a friend, Kepler tried to explain why snowflakes are hexagonal. To do this, he assumed that they are composed of tiny spheres. Kepler recognised the analogy with the honeycombs of bees, whose cylindrical wax cells acquire planar facets when packed closely together. By compressing spheres arranged in what we now call cubic close packing, Kepler found that as they flattened they turned into rhombic dodecahedra. Thus rhombic dodecahedra fill space. Kerpler's views were highly unusual for his time: none of the concepts basic to our contemporary notion of a crystal was widely accepted then. Several years after his musing on the snowflake, Kepler again studied packing problems, this time the packing of polygons in the plane. In the course of his investigations, he discovered – among other things – the 11 Archimedean tilings of the plane (tilings by regular convex polygons, not necessarily all alike, but with identical arrangements at each vertex).

The Archimedean tilings were rediscovered by crystallographers in this century. Some of them seem especially remarkable today, and they are closely related to the Penrose tilings of the plane. The Penrose tilings come in several guises; one of the most known is that in which the prototiles are two rhombs, one 'thick' and one 'thin', with arrows on their edges that must be matched when the tiles are put together. The rhombs fit in well with standard crystallography ideas: they look like two-dimensional versions of the unit cells of periodic crystals, and because they are convex they seem to be more suited as modules for crystal structure than Penrose's other prototiles. But there are mathematical reasons for this choice as well. The rhomb tilings can be constructed by the projection method as well as by substitution; the different construction gives different insights into their remarkable properties. Moreover, there is a three-dimensional analogue of the rhomb tilings, though not – apparently – of the other versions. The Penrose tilings are non-periodic; however, not only is the protoset finite, the tiling is repetitive, and all tilings with this protoset belong to a single local isomorphism class.

From the first few propositions of Euclid's *Elements* it is evident that, were he alive today, Euclid would present much of his mathematics through transformation geometry. A *transformation* on the plane is a one-to-one correspondence from set of points in the plane into itself. For a given transformation f, this means that for every point P there is a unique point Q such that $f(P) = Q$ and, conversely, for every point R there is a unique point S such that $f(S) = R$. To fully understand any mathematical system one must understand the transformations of the system and especially those transformations of the system that leave some particular aspect (or some characteristic property) of the system invariant. The set of all transformations on the plane is too large to be very interesting. One very large subset consists of those transformations that preserve *nearness*. Another classical transformation f has the property that if l is a line then $f(l)$ is also a line. A transformation f with this property is called a *collineation*. Thus, a line is a set of points and $f(l)$ is the set of all points $f(P)$ with point P on line l. For a given collineation f, the $f(l)$ is a line and point $f(P)$ is on line $f(l)$ if and only if point P is on line l. Translations and rotations are examples of collineations. To say that for every point P there is a point Q such that $f(P) = Q$ is to say that f is a *mapping* on the set of points. Mapping f is said to be onto if for every point P there is a point Q such that $f(Q) = P$; mapping f is said to be one-to-one if $f(R) = f(S)$ implies $R = S$.

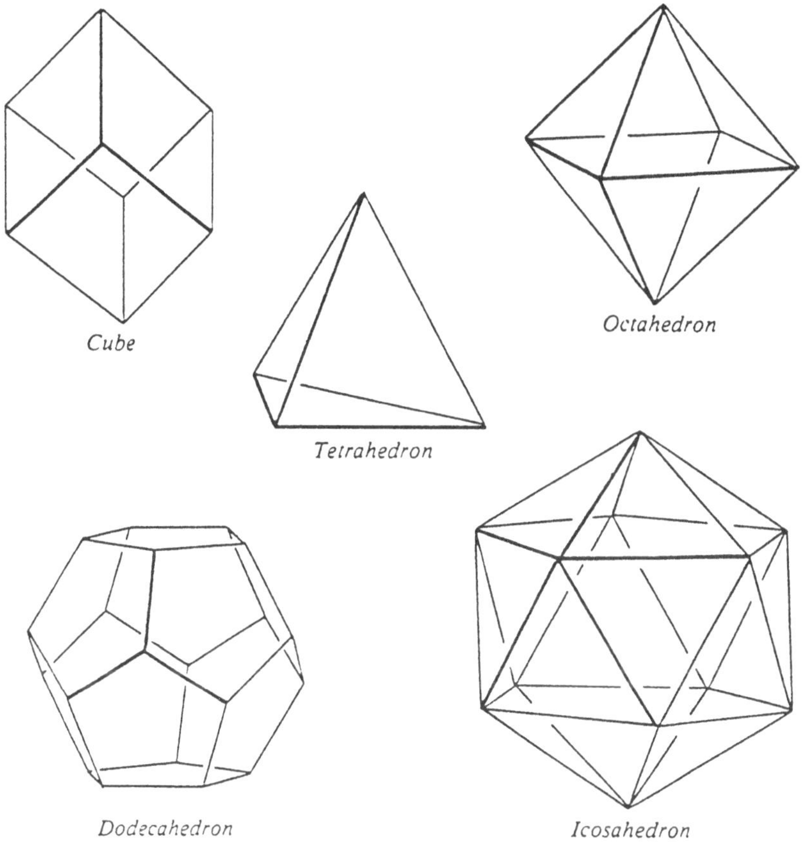

Figure 1. Platonic solids. There are exactly five regular solids and, except for the cube, are named after their number of faces. Remember that (theorem) if a convex polyhedron has v vertices, e edges, and f faces, then the Euler's formula (1752) holds, $v - e + f = 2$. The regular tetrahedron, the cube, and the regular octahedron occur naturally in common crystals. The regular dodecahedron and the regular icosahedron cannot occur as crystals. All the regular solids have been observed as the shapes of certain microscopic marine animals called radiolarians. In addition, the regular polyhedra are models of certain multiconnected spaces, and according to some astrophysicists they very likely corresponds to the topological form of the physical universe.

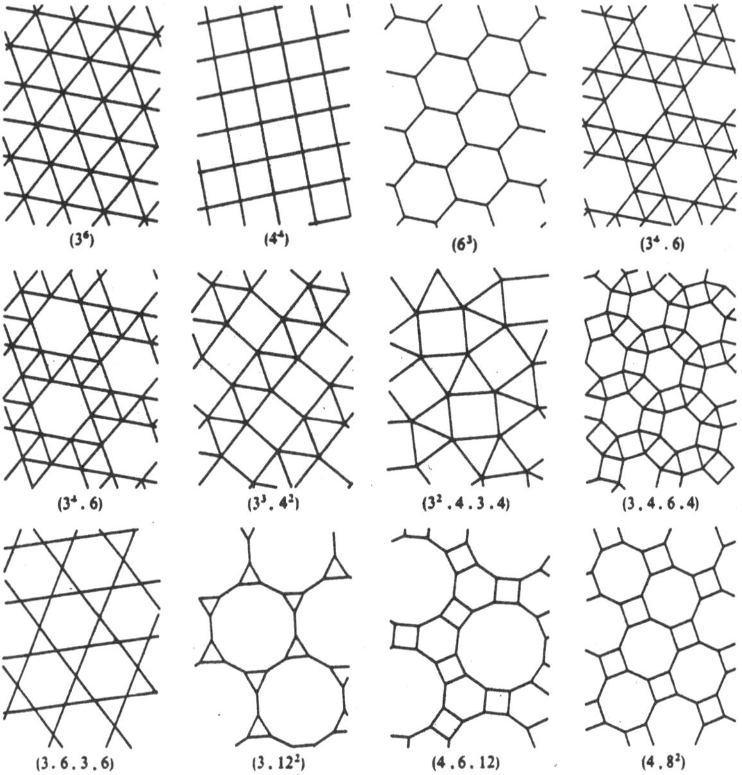

Figure 2. The eleven distinct types of Archimedean tilings. That of type $(3^4.6)$ occurs in two enantiomorphic forms, both of which are shown. These eleven tilings are also called *uniform tilings*. The uniform tiling (3.6.3.6) may be cut by parallel lines into strips that may be slid independently of one another. In this way we obtain an uncountable infinity of tilings all of whose vertices are of species number 5. In the uniform tiling $(3^2.4.3.4)$ there are zigzags of edges as shown on the left. The tiling may be cut along any such zigzag and then one half replaced by its mirror image. This process leads to an uncountable infinity of distinct tilings with all vertices of species number 3. In the uniform tiling (3.4.6.4) there are "disks", each consisting of a hexagon and its neighbours, as indicated on the left. Any such disk may be rotated through the angle $\pi/6$ without altering the species of the vertices. Because pairwise disjoint disks can be independently rotated, this procedure yields an uncountable infinity of distinct tilings with all vertices of species number 6.

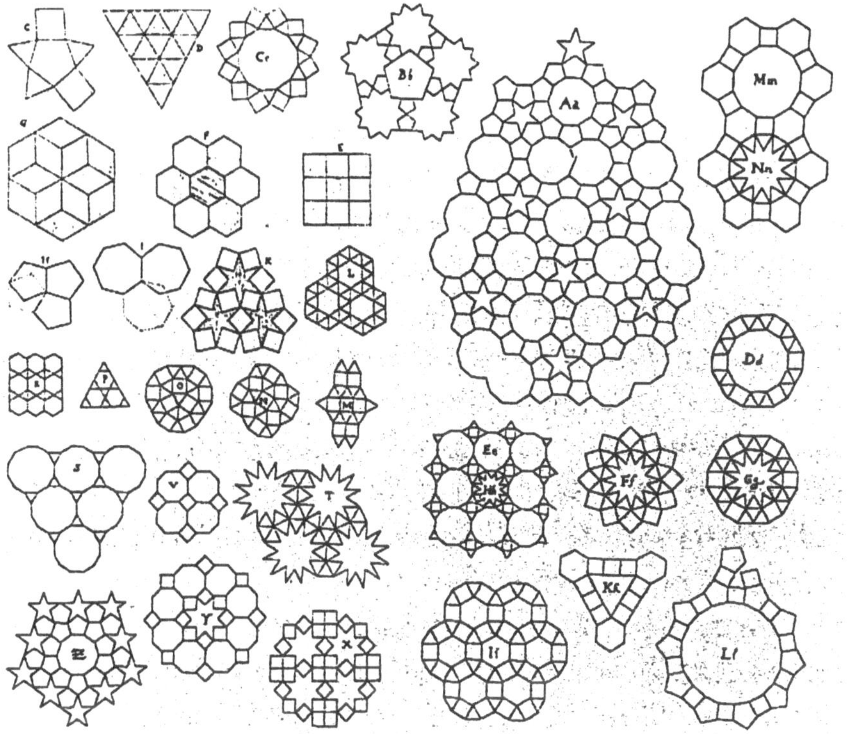

Figure 3. Kepler's experiments with polygon packings. The Archimedean tilings are labelled *D, F, E, L, P, N, M, S, V, Ii*, and *Mm*. The tiling labelled *Aa* is one of Kepler's more remarkable tilings. The tiles are regular pentagons, pentacles, regular decagons and "fused decagon pairs" or "monsters" as Kepler called them. Concerning the construction procedure of "regular tilings", it is to expected that Kepler would consider the possibility of tiles in the shape of *star polygons*; among them we have: (a) the *pentagram* (5/2) with five corners and five equal sides, and (b) a non-convex decagon with ten equal sides and angles of two sizes; this will be called a *pentacle* and denoted by (5/2). With regard to the very meaning of the term "regular star polygon", there are at least two possible interpretations, both of which occur in Kepler's work. In the first book of his *Harmonice Mundi* (1619), star polygons are obtained by extending the sides of regular (convex) polygons. In a modern spirit, Kepler treats only the endpoints of the extended sides as the corners of the star polygon, and not the corners of the original polygon. On the other hand, in the second book of *Harmonice Mundi*, when dealing with tilings, Kepler treats the star pentagon as a non-convex decagon, with ten equal sides and five angles of each of two different sizes. He considers other star polygons in a similar way. It is never made quite clear exactly what polygons may be used.

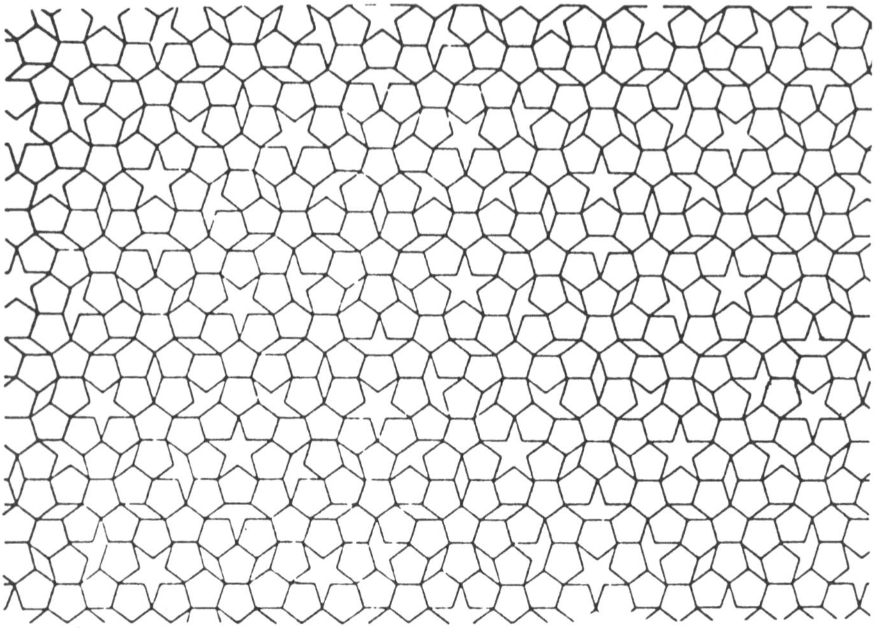

Figure 4. Penrose's first aperiodic tiling. Notice that the prototiles have four different shapes. When the edges are decorated as required by the matching rules, there are six prototiles. There are, of course, many sets of prototiles which admit non-periodic tilings; they have been found by Roger Penrose, John Conway and Robert Ammann. However, the essential feature of an aperiodic set of prototiles is that *every* tiling admitted by them is *necessarily* non-periodic. It must also be emphasized the difference between two tilings being *congruent*, which means that there exists an isometry which maps one onto the other, and *equal* which means that one can be mapped onto the other by a similarity, where a similarity is defined to be an isometry followed by a change of scale, that is, an *expansion* or *contraction*. In fact, Penrose's first tiling family is essentially a completion of Kepler's *Aa*. This completion was a giant step. In the first place, the Penrose tilings cover the entire plane, while Kepler gave up after tiling a finite region. One of Penrose's discoveries was that some tilings can be generated by substitution, from which follow the two properties: (i) the Penrose tilings are non-periodic, (ii) the protoset is finite, the tiling is repetitive, and all tilings with this protoset belong to a single local isomorphism class.

So a transformation is just a mapping on the points that is both one-to-one and onto. The set of all transformations, as well as the set of all collineations, are said to form a group if they simultaneously satisfy the closure property, the associative property, the identity property, and the inverse property. If transformations, say α and β, satisfy the commutative law, such that $\alpha \times \beta = ß \times \beta$, and if the commutative law is always satisfied by the elements from a group, then the group is said to be *abelian* or *commutative.*

A general theorem concerning transformations states that *an isometry is a collineation that preserves betweenness, midpoints, segments, rays, triangles, angles, angle measure, and perpendicularity.* Another, closely related to the previous one, states that, 1. *the set of all symmetries of a set of points forms a group,* and 2. *the set of all isometries forms a group.*

For Euclidean three-space, we shall limit our-self to give the most needed definitions. A transformation of three-space is a one-to-one correspondence from the set of all points in space onto itself. A transformation α having the property that $\alpha(l)$ is a line for every line l is a *collineation*. Transformation α is an *isometry* if $P'Q' = PQ$ for all points P and Q where $P' = \alpha(P)$ and $Q' = \alpha(Q)$. The *identity* ι is defined by $\iota(P) = P$ for every point P. Transformation α is an *involution* iff $\alpha^2 = \iota$ but $\alpha \neq \iota$. Isometry α is a *symmetry* for a set of points if α fixes that set of points. If Δ is a plane, then the *reflection* σ_Δ is the mapping on the points in space such that $\sigma_\Delta(P) = P$ if point P is on Δ and $\sigma_\Delta(P) = Q$ if point P is off Δ and plane Δ is the perpendicular bisection of PQ. If planes Γ and Δ are parallel, then $\sigma_\Delta\sigma_\Gamma$ is a *translation* along the common perpendicular lines to planes G and Δ. If two planes Γ and Δ intersect at line l, then $\sigma_\Delta\sigma_\Gamma$ is a rotation about the axis l. Note that the identity is a translation but not a rotation. The *halfturn* σ_l about the line l is the involutory rotation about l. A *screw* is the product of a non-identity translation along a line l and a rotation about the line l. (An halfturn is sometimes called a *line reflection*, and a screw is sometimes called a *twist* or a *glide rotation*). From all that follows the theorem: *An isometry is a collineation; an isometry preserves segments, rays, and planes. The set of all collineations forms a group. The set of all symmetries for a given set of points forms a group. The set of all isometries forms a group.* Recall, finally, that the symmetry groups of the Platonic solids (which are regular and convex, and which, except for the cube, are named after their number of faces) play an important role in the determination of all finite groups of isometries.

In general terms, what symmetry means is that the (physical) system possesses the possibility of a change that leaves some aspect of the system unchanged. Symmetry of the laws of nature concerns conservation. There are a number of conservations, called "conservation laws", that hold for quasi-isolated systems. The best known of them are conservation of energy, conservation of linear momentum, conservation of angular momentum, and conservation of electric charge. What is meant is that, if the initial state of any quasi-isolated physical system is characterized by having definite values for one or more of those quantities, then any state that evolves naturally from that initial state will have the same values for those quantities. The conceptual definition of symmetry can be thus: *Symmetry is immunity to a possible change*. We can point out the two following essential components of symmetry: 1. Possibility of change. 2. Immunity. If a change is possible but some aspect of the system is not immune to it, we have asymmetry. The system can be said to be asymmetric under the change with respect to that aspect.

The *symmetry principle* is fundamental to the applications of symmetry in science, and especially in physics. It states that *the symmetry group of the cause is a subgroup of the symmetry group of the effect*. In other words: *the effect is at least as symmetric as the cause*. However these principles is in many situations contradicted by the phenomenon of "spontaneous symmetry breaking". There appear to be cases of physical systems where the effect simply has less symmetry than the cause, where the symmetry of the cause is possessed by the effect only as a badly broken symmetry, so that the exact symmetry group of the effect is a subgroup of the symmetry group of the cause, rather than vice versa. In fact, what is assumed to be the exact symmetry of the cause is really only an approximate symmetry. Just how small, symmetry-breaking perturbations of a cause affect the symmetry of the effect? What can be said about the symmetry of an effect relative to the *approximate* symmetry of its cause? That depends on the actual nature of the physical system, on whatever it is that links cause and effect in each case. But we ca, consider the possibilities.

1. *Stability*. The deviation from the exact symmetry limit of the cause, introduced by the perturbation, is "damped out," so that the approximate symmetry group of the cause is the minimal symmetry group of the effect.

2. *Lability*. The approximate symmetry group of the cause is the minimal approximate symmetry group of the effect, of more or less the same goodness of approximation.

3. *Instability*. The deviation from the exact symmetry limit of the cause, introduced by the perturbation, is "amplified," and the minimal symmetry

of the effect is only the exact symmetry of the cause (including perturbation), with the approximate symmetry of the cause appearing in the effect as a badly broken symmetry. That is what is commonly called *spontaneous symmetry breaking*. Thus, although symmetric causes must produce symmetric effects, nearly symmetric causes need not produce nearly symmetric effects: a symmetry problem need have no stable symmetric solutions.

As an example of instability, we can take the solar system, its origin and evolution. Modern theory has the solar system originating as a rotating cloud of approximate axial symmetry and reflection symmetry with respect to a plane perpendicular to its axis. If that state of what is now the solar system is taken as the cause, the present state can be taken as the effect. And any axial symmetry the proto solar system one had has clearly practically disappeared during the course of evolution, leaving the solar system as we now observe it. The random, symmetry-breaking fluctuations in the original cloud grew in importance as the system evolved, until the original axial symmetry became hopelessly broken. Consider now, for another example of spontaneous symmetry breaking, a volume of liquid at rest in a container; such liquid is isotropic, that is to say that its physical properties are independent of direction, hence it is a symmetric system. Now, a small crystal of the frozen liquid thrown into the liquid breaks the symmetry, but is soon melts and isotropy returns. However, when the liquid is cooled to below its freezing point, the situation alters drastically. Let now throw in a crystal, then the supercooled liquid will immediately crystallize and thus become highly anisotropic. If in the subfreezing temperature range the system is unstable for isotropy; any anisotropic perturbation is immediately amplified until the whole volume becomes anisotropic and stays that way. The cooler the liquid (below its freezing point), the greater its instability. The freezing point is the boundary between the temperature range of stability and that of instability.

It must be pointed out that one of the most important upheaval in the scientific vision of nature in the last century has been the discovering that spontaneous breaking symmetries, bifurcations and singularities are three mechanisms which play a fundamental role for the organisation of physical and living matter and the unfolding of natural phenomena. These mechanisms are very deep related, because each time that a physical or living system bifurcs, the immediate consequence is that the symmetry of the system break down and instead of that a new broader symmetry will appear. Besides, the fact that a system may bifurc at some moment of his evolution means that its unfolding stops to be (mathematically speaking) continuous or linear and become discontinuous and no-linear. In many situations, this non-linearity (of partial differential equations) lead to the emergence of new order-disorder transition phenomena which exhibits non-equilibrium states that can be mathematically expressed by time dependent equations, and it is a source of instability, bifurcation and symmetry breaking phenomena. Many of these macroscopic and local dynamical laws and phenomena manifest time-asymmetry or irreversibility, which is a feature of key significance. Let me first mention some examples and fields in which spontaneous symmetry-breaking manifests itself as a primary feature of the problem.

1. Morphogenesis, pattern formation, and molecular biology

A striking example of symmetry breaking in a biological system is the breakdown of rotational symmetry in the *Fucus* seaweed egg. At a critical stage in the development of the egg a transition is made from a spherically symmetric membrane potential distribution to a polarized state with an axial symmetry, and a net transcellular current leaving one pole and entering the opposite. This phenomenon (or effect) is termed "self-electrophoresis". The net transcellular potential gradient is believed to be essential in the development of the asymmetry that leads to dramatically different rhizoid and thallus cells after the first division of the egg. The symmetry breakdown in the *Fucus* egg is of the form rotational invariance to axial invariance. That is, prior to self-electrophoresis the solutions are invariant under the entire rotation group $O(3)$, while the bifurcating solutions are invariant only under a subgroup of rotations about a fixed axis. The solutions thus appear in two-dimensional orbits with one-dimensional isotropy subgroup. This, however, is by no means the only symmetry breakdown that can occur in rotationally-invariant systems.

Consider now embryonic development in algae. In the brown alga *Fucus*, the body axis (apical-basal) is determined by environmental signals while the zygote is still a single cell. Determination of the axis leads to asymmetric cleavage of the zygote transverse to the axis, which delineates the two main regions of the algal body. Studies of *Fucus* illustrate the importance of the cell wall as a potential source of developmental signals. The eggs of *Fucus* are fertilized externally, and the zygote drifts through the water until it encounters a suitable surface on which to settle. Once settled, it begins to develop. At first cleavage, the zygote is divided into two cells of different size, the smaller of which gives rise to the root-like rhizoid, and the other to the thallus, or 'leafy' part of the alga. This asymmetric cell division reflects an apical-basal polarity that is set up in the zygote before cleavage begins, and which can be determined by the site of sperm entry. A similar transverse asymmetric division indicates the direction of apical-basal polarity in the cleaving zygote of many higher plants. The first sign of asymmetry in the fertilized *Fucus* egg appears before the first cleavage as a protrusion in the region of the future rhizoid. Even though the fertilized egg may be polarized, experimental manipulations have shown that this polarity can be easily overriden by environmental signals. The fertilized egg is initially unpolarized. Environmental factors, such as illumination from one side, gravity, or pH gradients, impose an asymmetry on the zygote that results in the development of an electrical current through it. This confers a polarity on the zygote. The current is partly carried by calcium ions. The environmental influences result in an increased flow of calcium ions into the cell in one region and an increased outflow on the opposite side. In the case of directional illumination, the shaded side becomes the site of increased calcium influx, which becomes the basal pole of the zygote and the site of future rhizoid formation. The apical-basal axis is fixed by the accumulation of cell vesicles, mitochondria, and Golgi bodies at the site of calcium influx. Cell wall material is deposited at this site and act in filaments become localized there. The first cleavage occurs transverse to the apical-basal axis, and is asymmetric, resulting in a smaller basal cell and a larger apical cell.

Processes' underlying the growth and reproduction of living organisms seems to be governed by a fundamental asymmetrical structure. In particular, sister cells can be born different by an asymmetric cell division. At each stage in its development, a cell in an embryo is presented with a limited set of options according to the state it has attained: the cell travels along a developmental pathway that branches repeatedly. At each branch in the pathway it has to make a choice, and its sequence of choices determines its final destiny. In this way, a complicated array of different cell types is produced. To understand development, we need to know how each choice between options is controlled, and how those options depend on the choices made previously. To reduce the question to his simplest form: how do two cells with the same genome come to be different? When a cell undergoes mitosis, both of the resulting daughters cells receive a precise copy of the mother cell's genome. Yet those daughters will often have different specialized fates, and, at some point, they or their progeny must acquire different characters. In some cases, the two sister cells are born different as a result of an *asymmetric cell division*, in which some significant set of molecules is divided unequally between the two daughter cells at the time of division. This asymmetrically segregated molecule (or set of molecules) then acts as a *determinant* for one of the cell fates by directly or indirectly altering the pattern of gene expression within the daughter cell that receives it. Asymmetric division are particularly common at the beginning of development, when the fertilized egg divides to give daughter cells with different fates, but they also occur at later stages – in the genesis of nerve cells, for example.

Many structures or patterns such as, say, the feathers on a bird's skin, are found to be more or less regularly spaced with respect to one another. Such spacing could occur by the mechanism of *lateral inhibition*. Given a group of cells that all have the potential to differentiate in a particular way, for example as feathers, it is possible to regularly space the cells that will form feathers by a mechanism in which cells that begin to form feathers inhibit the adjacent cells from doing so. Positional specification is just one way in which cells can be given a particular identity. A separate mechanism is based on *cytoplasmic localization* and asymmetric cell division (figure 5). Asymmetric divisions are so called because they result in daughter cells having properties different from each other, independently of any environmental influence. The properties of such cells therefore depend on their lineage or line of descent, and not on environmental cues. Although some asymmetric cell divisions are unequal divisions in that they produce cells of different sizes, this is not usually the most important feature in animals; it is the unequal distribution of cytoplasmic factors that makes the division asymmetric. There are many cases where eggs or cells divide so that some cytoplasmic determinant becomes unequally distributed between the two daughter cells and they develop differently. This happens at the first cleavage of the nematode egg, and defines the anterior-posterior axis of the embryo. The germ cells of *Drosophila* are also specified by citoplasmic determinants, in this case contained in the cytoplasm located at the posterior end of the egg. However, daughter cells most often become different because of signals from other cells or from their extracellular environment, rather than because of the unequal distribution of cytoplasmic determinants.

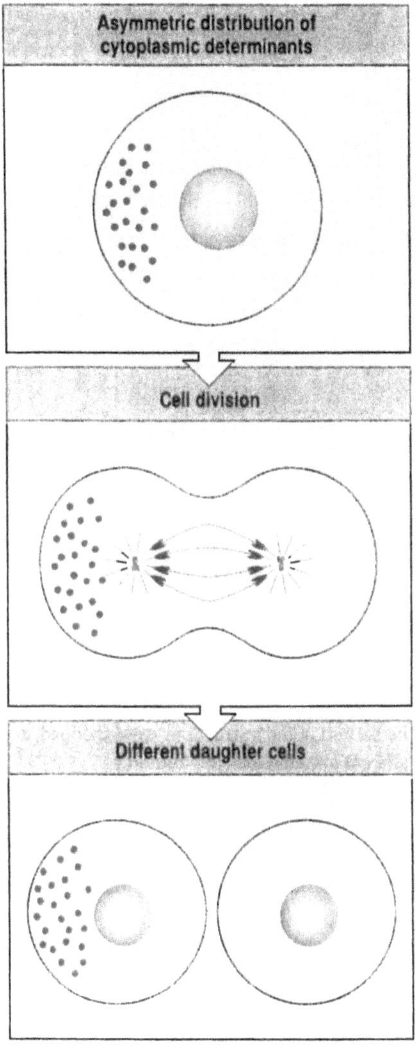

Figure 5. Cell division with asymmetric distribution of cytoplasmic determinants. If a particular molecule is distributed unevenly in the parent cell, cell division will result in its being shared unequally between the cytoplasm of the two daughter cells. The more localized the cytoplasmic determinant is in the parented cell, the more likely it will be that one daughter cell will receive all of it and the other none, thus producing a distinct difference between them.

2. *Fluid mechanics, wave propagation in neural networks*

Bifurcation phenomena in simple mathematical models of excitatory inhibitory neuro-networks have been discussed recently by many peoples (see, for instance, G. A. Carpentier and S. Grossberg, 1991). Neural networks are aggregates of nerve cells which interact with other neurons in the network in either an excitatory or inhibitory way, and so it is plausible to expect these networks to exhibit such non-linear collective phenomena as bifurcation, threshold effects, and hysteresis. One can model these networks by a system of equations

$$\mu Y = - Y + S(KY + P) \tag{2.1}$$

where Y is a two-component vector, S is a non-linear vector-valued function, K is a linear convolution operator, and P is the external stimulus. Equation (1) may be studied in one, two, or three dimensions. Some neurophysiologists seek to model the patterns of activity of the central nervous system by showing how organized space-time neuronal activity patterns can arise through the mechanisms of bifurcation from an initially uniform resting state. They investigate the structure of the bifurcation when two pairs of complex conjugate eigenvalues cross the imaginary axis simultaneously. In that case one gets secondary bifurcation as some of the parameters in the problem are varied. Cowan and Ermentrout (1979) have treated hallucinatory phenomena from the standpoint of symmetry breaking bifurcations. Recent experiments on mescaline induced hallucinations have led to the conclusion that most simple hallucinations could be classified into one of four categories:

(*a*) grating, lattice, honeycomb or chessboard;
(*b*) cobweb;
(*c*) funnel, tunnel, cone or vessel;
(*d*) spiral.

Cowan and Ermentrout base their analysis on the contention that simple formed hallucinations arise from an instability of the resting state leading to concomitant spatial patterns of activity in the cortex. This instability arises from a combination of enhanced excitatory modulation and decreased inhibition. They demonstrate that such spatial patterns are a property of neural nets with long strong lateral interactions acting to provide a dominant negative feedback. They formalize these postulates into a simple mathematical model and then use bifurcation theory to demonstrate the existence of the relevant spatial patterns.

The relevant spatial patterns are none other than those crystallographic patterns that have already made their appearance in the Bénard problem, with one additional factor. Experimental observations have established that in primates there is a conformal transformation from the retinal field, which is circular, to the cortical field, which has Cartesian (rectangular) symmetry. This implies that the transformation from retinal polar co-ordinates to cortical rectangular co-ordinates must be essentially logarithmic in nature. Such a logarithmic transformation would take e tunnel pattern consisting of concentric circles of activity to a pattern of rolls parallel to the y-axis. Similarly, spirals are transforms of rolls with some other direction. Thus the patterns observed in hallucinatory phenomena are images under the log transformations of the cellular patterns familiar in the analysis of the Bénard problem: hexagons, squares, rectangles, and rolls. One can in fact assume that, as some parameter λ increases, the strength of the excitation increases until, beyond some critical value λ_c, the rest state becomes unstable and gives way to the stationary patterns of spatial activity. Thus, according to this theory, the drug-induced hallucinatory patterns are precisely those which one would see when Euclidean invariance is broken.

One problem in fluid mechanics which has attracted must interest in recent years is the so-called Bénard problem, named after Henri Bénard who first performed his series of experiments at the turn of the century. In these experiments a layer of fluid is heated from below, causing an instability to develop in the fluid layer when the temperature drop across the layer exceeds a certain critical value. The resulting instability takes the form of convective motions in the fluid. One of the most streaking features of the experiment is the regular cellular, in fact crystallographic structure exhibited by these fluid motions. The appearance of the Bénard cells is not an isolated example, but rather typifies a broad range of phenomena in nature. Bifurcation, and symmetry breaking instabilities in particular, plays an important role in a diversity of physical disciplines, including buckling problem in elasticity, pattern formation in reaction-diffusion problems, convective flows in geophysical phenomena, neurobiology, physical chemistry, and statistical physics, to name a few. The formation of order in dissipative structures is a subject currently of interest not only to physicists, but also to biologists endeavoring to explain the mechanisms of morphogenesis and pattern formation in evolving biological organisms. The thesis that order-disorder transitions in biological structures can be modeled by systems of partial differential equations describing the processes of reaction and diffusion was advanced by Alain Turing in 1952 and is today the basis of much of the work in theoretical biology and morphogenesis.

3. *Phase transitions in statistical mechanics*

The notion of symmetry breaking is fundamental to phase transitions, yet much harder to treat mathematically. Until the renormalization theories developed in the last two decades, the primary approach to phase transition was, in one way or another, a mean-field approximation coupled with a bifurcation analysis of the mean-field equations. The simplest mean-field theories for critical phenomena were the scalar equations of state, such as the Van der Waals equation for a gas of the Curie-Weiss model for a ferromagnet. In more elaborate theories the state of the ensemble is described, for example, by a single particle density function, and an integral equation is derived for this function by some kind of closure hypothesis for the hierarchy of higher-order (multiple particle) correlation functions. Nevertheless, these approximations are still mean-field theories, and depend, for their validity, on the assumption that fluctuations are negligible; the major difficulty is that in many cases, large fluctuations become important precisely at the critical point. In fact, at a critical point the fluctuations very often diverge to infinity, making the mean-field approximation invalid, and it is this fact which accounts for the deviation of the critical exponents from the "classical exponents" predicted by bifurcation (mean-field- models. All this notwithstanding, the bifurcation models do have some areas of validity, and are generally successful in predicting the symmetry changes actually observed. Landau's theory of second-order phase transitions is a phenomenological description of phase transitions, which is essentially a theory of "symmetry-breaking bifurcations". According to this point of view, the generalized mean-field approximation usually brings us to the formulation of the broken-symmetry problem in terms of the bifurcation on a non-linear integral equation solution for the Bogolyubov quasi-average. Especially the liquid-solid phase transition is considered as a bifurcation of the solution of the equation of Hammerstein type

$$\Phi(r_1) - \mu \int K(r_1, r_2)\, f(\Phi(r_2), r_2)\, dr_2 = 0. \tag{2.2}$$

The phase transitions of the ensemble are described in terms of bifurcations of this integral equation. In the area of non-equilibrium thermodynamics the operation of the laser can be described by a mean-field theory which is amenable to a bifurcation analysis. In the Dicke-Haken-Lax model of the laser it is possible to describe the many body photon field by a mean-field theory as N (the number of degrees of freedom) tends to infinity. Thus it is possible in this case to solve a non-linear quantum mechanical model, far from equilibrium, by reducing the problem to a system of ordinary differential equations for the expectation values of the extensive variables. The onset of laser action in these theories is then described by the bifurcation of time-periodic solutions from the equilibrium solution, that is, so-called Hopf bifurcations.

2.1 Mathematical aspects of bifurcations, singularities and universality

Bifurcation, as a scientific terminology, has been used to describe significant and qualitative changes that occur in the solution curves of a dynamical system, as the key system parameters are varied. Very frequently, it is used to describe the qualitative stability changes of the solution curves of a non-linear dynamical system. In other words, the concept of bifurcation allows to study the branch points in non-linear equations, that is, of singular points of the equations where several solutions come together. It is important in applications because bifurcation phenomena typically accompany the transition to instability when a characteristic parameter passes through a critical value. Most of the dynamical systems naturally depend on parameters. For some special (critical) values of the parameters, say c, the non-generic situations may occur. For example, two stationary points A and B, depending on the parameter c, may collide at $c = 1/4$. If c is decreasing, the unique stationary point existing for $c = 1/4$, is "subdivided" into two points A and B. In such examples, all topological changes of the phase portraits under the change of the parameters are called *bifurcations*. A *phase singularity* is a point at which phase is ambiguous and near which phase takes on all values. In other words, *singularity* means a place where slopes become infinite, where the rate of change of one variable with another exceeds all bounds, and where a big change in an observable is caused by an arbitrarily small change in something else. Various areas of physics (solid state physics, hydrodynamics, fluid mechanics, physical chemistry, and statistical physics) are a rich source of instability and bifurcation phenomena. As we already saw, the formation of convection cells in the Bénard problem furnishes an excellent example of what is called a "symmetry breaking instability". Prior to the onset of instability the solution is invariant under the entire group of rigid motions, whereas the bifurcating convective motions are invariant only under a crystallographic subgroup. Symmetry is broken "spontaneously", because the symmetry group of the equations is unchanged, while the bifurcating solutions have a smaller symmetry group.

The *centre manifold theorem* is one of the most useful tools for giving a representation of the solution trajectories of a non-linear dynamical system in a neighborhood of a non-hyperbolic equilibrium. It permits to understand the transition from stability to unstability in many non-linear dynamical systems – the stability may vanish at the criticality appearing with different kinds of bifurcation points and trajectories or other singularities – and the emergence of new periodic or non-periodic (such as in the case of chaotic time evolutions like hydrodynamic turbulence and strange attractors) solutions. To introduce this notion, which works with higher-dimensional systems, we let $(\mathbf{x}; \mu_0)$ be an equilibrium (need not to be of hyperbolic type) of the dynamical system

$$(2.1.1) \qquad \mathbf{x} = \boldsymbol{f}(\mathbf{x}; \mu),$$

and let E_s, E_u and E_c be the corresponding *generalised eigenspaces* of the Jacobian of the system, defined by the real part of the eigenvalues of the Jacobian, $\lambda = \lambda(\mu_0)$:

$$(2.2.2) \qquad R(\lambda) \quad \begin{array}{ll} < 0 & \text{defines } E_s, \\ = 0 & \text{defines } E_c, \\ > 0 & \text{defines } E_u. \end{array}$$

There exist a *stable manifold*, M_s, an *unstable manifold*, M_u, a *centre manifold*, M_c, that are tangential to E_s, E_u and E_c, respectively, at the equilibrium $(\mathbf{x}; \mu_0)$. Here, the important role that the center manifold plays is that the asymptotic behavior of the overall dynamics of the non-linear system is preserved by those trajectories on the centre manifold, locally in a neighborhood of the equilibrium. The figure 6 below gives a summary of different equilibrium solutions for two-dimensional dynamical systems.

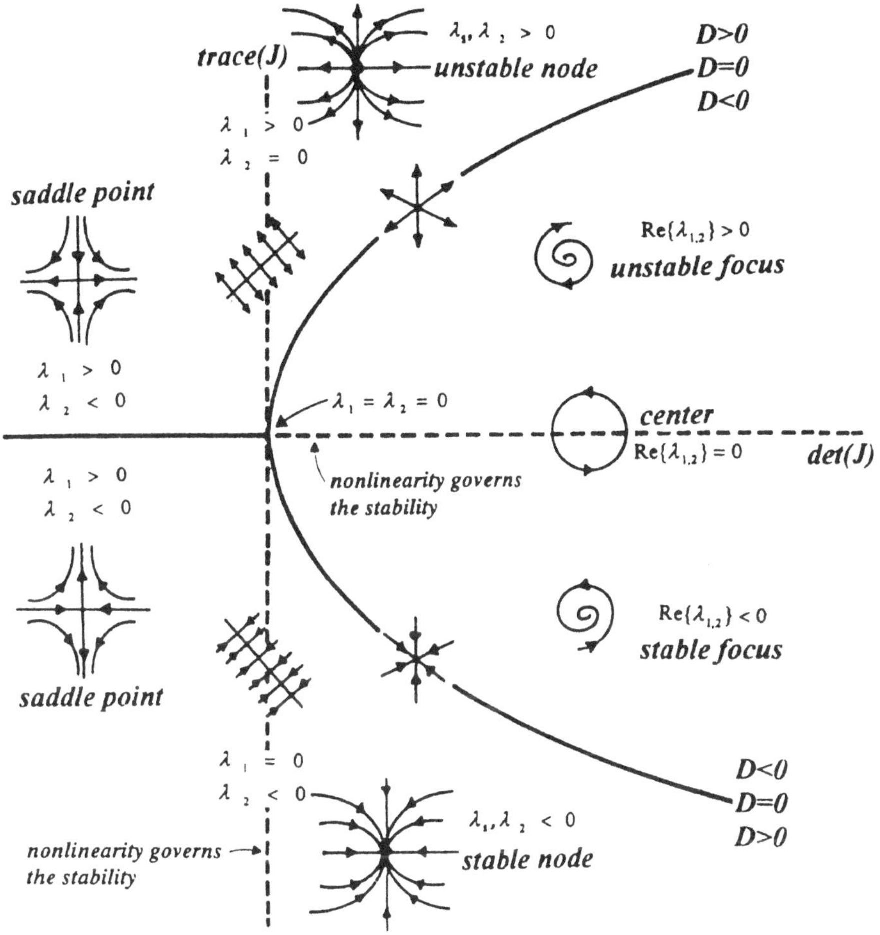

Figure 6.

To introduce the Hopf bifurcation theorem, we first need the concept of limit cycles from non-linear dynamical systems. A periodic solution of a non-linear dynamical system corresponds to a closed orbit in the phase space, as shown in figure 6, where (a) shows an *inner limit cycle*, (b) an *outer limit cycle*, (c) a *stable limit cycle*, (d) an *unstable limit cycle*, and (e) and (f) periodic orbits that may be called *saddle limit cycles*.

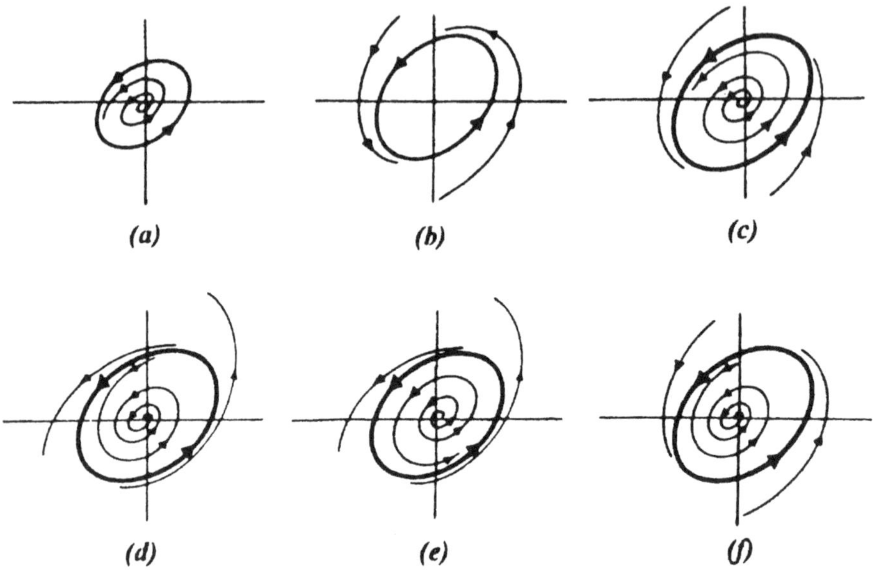

Figure 7.

For two-dimensional dynamical systems, the earlier conjecture on the existence of periodic solutions given by Poincaré was first formally presented by Andronov et *al.* in 1937. Hopf (1942) published independently the important *Hopf bifurcation theorem*, which proves the existence of limit cycles in an n-dimensional system, $n \geq 2$, assuming only the smoothness of the non-linear vector field of the system. This theorem provides a powerful analytical tool for exploring properties of periodic solutions of ordinary differential equations (ODEs). To simplify the presentation of the Hopf bifurcation theorem, and to visualize the geometric meaning of the results, we will restrict our discussion on two-dimensional (second-order) systems of non-linear ODEs, although almost all these results can be extended to general n-dimensional (nth-order) systems. Consider, therefore, a second-order non-linear autonomous ODE of the form

(2.1.3) $\quad \mathbf{x} = \boldsymbol{f}(\mathbf{x}; \mu),$

where $\mathbf{x} \in R^2$, $\mu \in R$, and assume that all necessary conditions on the non-linear vector field f are satisfied, so that with any given initial value $\mathbf{x}_0$ belonging to a certain region of R^2, the differential equation (2.1.3) has a unique solution for each fixed parameter $\mu \in R$. The Hopf bifurcation theorem on the stability of limit cycles for the non-linear dynamic system (2.1.3) is now stated as follow:

Theorem (Poincaré-Andronov-Hopf). Suppose that the non-linear autonomous system (3) has an equilibrium point at the origin: $\mathbf{x} = 0$, and that the associate Jacobian $\hat{\mathbf{A}} = \partial \boldsymbol{f}/\partial \mathbf{x}|_{\mathbf{x} = \mathbf{x} = 0}$ has a pair of purely imaginary eigenvalues $\lambda(\mu)$ and $\lambda^*(\mu)$. If

$$(2.1.4) \qquad dR[\lambda(\mu)]/d\mu|_{\mu = \mu_0} > 0,$$

for some μ_0, where $R\{^\bullet\}$ denotes the real part of the complex eigenvalues, then

(i) $\mu = \mu_0$ is a bifurcation point of the system;
(ii) for close enough values $\mu > \mu_0$, the origin $\mathbf{x} = 0$ is an asymptotically stable equilibrium solution of the system;
(iii) for close enough values $\mu > \mu_0$, the origin $\mathbf{x} = 0$ is an unstable equilibrium solution of the system; and
(iv) for close enough values $\mu \neq \mu_0$, the origin $\mathbf{x} = 0$ is surrounded by a limit cycle of magnitude $O(\sqrt{|\mu|})$.

We already said that the concepts of bifurcation and attractor are very important for understanding the transition from stable dynamical systems to unstable dynamical systems in a large class of natural and living phenomena. Closely related to this question, is a recent remarkable discovery – the so-called *Feigenbaum universality*, which is based on the well-known renormalization-group method in theoretical physics, first used in statistical mechanics and quantum field theory. The problem with which Feigenbaum started consists in studying how dynamical systems depending on a parameter pass from a stable type of motion, which it is natural to call laminar, to an unstable type that involves the appearance of strong statistical properties frequently associated with turbulence. The Feigenbaum universality refers directly to sequences of period-doubling bifurcations. In traditional bifurcation theory it is usual to consider the local behavior of families of dynamical systems in a neighborhood of a bifurcation value of the parameter.

Here, however, we encounter a completely new problem: the local behavior of a family of dynamical systems in a neighborhood of a parameter value where infinitely many parameter bifurcation values accumulate. It has been already observed that the form of the trajectories becomes more complicated as the parameter increases for a broad class of one-parameter families of maps of a closed interval into itself, namely, a stable periodic trajectory becomes unstable as the parameter increases, and a stable periodic trajectory with twice the period is created, which attracts all points except for unstable cycles. Feigenbaum observed that the successive parameter values where such bifurcations take place for the family of maps $x \rightarrow \mu x(1-x)$ $(0 \leq \mu \leq 4)$ of $[0, 1]$ into itself converge to a limit at the rate of a geometric progression with the ratio $\delta = 4.6692\ldots$, the famous Feigenbaum constant. He then made analogous calculations with the family $f(x{:}\ \mu) = \mu \sin(\pi x)$ and observed here a geometric progression with the same ratio. This led to the natural conjecture that δ does not depend at all on the form of the specific family of maps. Feigenbaum also proposed a theory explaining the universality of δ. It is useful qualitatively to form an intuitive picture of the phenomenon taking place when there is an infinite sequence of period-doubling bifurcations. Let us consider a smooth (C^∞)-system of ordinary differential equations in R^n depending on a single parameter μ:

$$(2.1.5) \qquad dx_i/dt = f_i(x_1, \ldots, x_n; \mu).$$

We assume that for $\mu = \mu_0$ the system (2.1.5) has a stable periodic solution $x(t; \mu_0) = (x_1(t; \mu_0), \ldots, x_n(t; \mu_0))$ with period $T = T(\mu_0)$, that is, $x(t+T; \mu_0) = x(t; \mu_0)$. In this case stability means that the spectrum of the monodromy matrix lies strictly inside the unit disk. Suppose that a loss of stability of this periodic trajectory takes place as μ increases to some value μ_1: one of the eigenvalues of the monodromy matrix becomes equal to -1, while all the other eigenvalues stay less than 1 in modulus. In this case, if the first derivatives satisfy certain simple inequalities, then there is a period-doubling bifurcation as the parameter goes through μ_1: the previously stable periodic trajectory becomes unstable, and at the same time a stable periodic trajectory with twice the period appears. As the parameter increases further, each of these periodic trajectories is somewhat displaced in the space, while keeping its own type of stability. We assume that the next period-doubling bifurcation happens when $\mu = \mu_2 > \mu_1$, with the result that two unstable periodic trajectories appear along with one stable periodic trajectory with period roughly twice that of the previous stable trajectory and roughly four times that of the original periodic trajectory. By now its is clear what happens after n such bifurcations. Namely, there is one stable periodic trajectory with the largest period, surrounded by n unstable periodic trajectories with periods decreasing roughly in a geometric progression with period 2^{-1}. We can now describe the object emerging as $n \to \infty$: we obtain an invariant set that is topologically a van Dantzig solenoid, and there are unstable periodic trajectories in any neighborhood of it. In each such efficiently small neighborhood all the trajectories starting in an open dense subset are attracted to this invariant set. The invariant set described is an attractor in this sense. It is difficult to imagine that such an object can be found analytically.

A last general remark on this topic. The principle of universality asserts that singularities associated with second order phase transitions are universal. This means that they not depend on the details of the model. Hence, although the temperature at which a phase transition occurs is typically model dependent, the macroscopic or long distance behavior at the transition is believed to depend on only a few general features such as the dimension of space and the symmetry of the model. Universality explains why relatively simple mathematical models can give quantitatively accurate information about transitions for a wide class of physical and mathematical systems.

2.2 Spontaneous symmetry breakdown, gauge fields and particle physics

Here are some long-standing problems in particle theory: (1) How can we understand the hierarchical structure of the fundamental interactions? Are the strong, medium strong (i.e. $SU(3)$-breaking), electromagnetic, and weak interactions truly independent, or is there some principle that establishes connections between them? (2) How can we construct a renormalizable theory of the weak interactions, one which reproduces the low-energy successes of the Fermi theory but predicts finite higher-order corrections? (3) How can we construct a theory of electromagnetic interactions in which electromagnetic mass differences within isotopic multiplets are finite? (4) How can we reconcile Bjorken scaling in deep inelastic electroproduction with quantum field theory? The SLAC-MIT experiments seem to be telling us that the light-cone singularities in the product of two currents are canonical in structure; ordinary perturbation theory, on the other hand, tells us that the canonical structure is spoiled by logarithmic factors, which get worse and worse as we go to higher and higher orders in the perturbation expansion. Are there any theories of the strong interactions for which we can tame the logarithms, sum them up and show they are harmless? Very significant advances have been made on all of these problems in the last twenty years. There now exists a large family of models of the weak and electromagnetic interactions that solve the second and third problem, and it has been discovered a somewhat smaller family of models of the strong interactions that solve the fourth problem. As we shall see, the structure of these models is such that we are beginning to get ideas about the solution of the (very deep) first problem; connections are beginning to appear in unexpected places, and one might optimistically say that we are on the road to the first truly unified theory of the fundamental interactions. All these marvelous developments are based upon the ideas of spontaneous symmetry breakdown and gauge fields.

Let us briefly discuss spontaneous symmetry breakdown, Goldstone bosons, gauge fields, and the Higgs phenomenon in the simplest context, that of classical field theory. We will have no time to go into the renormalization problem, nor into the non-Abelian generalizations of the Wald identities, and other aspects of the quantization of gauge fields. In general, there is no reason why an invariance of the Hamiltonian of a quantum-mechanical system should also be an invariance of the ground state of the system. Thus, for example, the nuclear forces are rotationally invariant, but this does not mean that the ground state of a nucleus is necessarily rotationally invariant (i. e. of spin zero). This is a triviality for nuclei, but it has highly non-trivial consequences if we consider systems which, unlike nuclei, are of infinite spatial extent.

The standard example is the Heisenberg ferromagnet, an infinite crystalline array of spin $-1/2$ magnetic dipoles, with spin–spin interactions between nearest neighbors such that neighboring dipoles tend to align. Even though the Hamiltonian is rotationally invariant, the ground state is not; it is a state in which all the dipoles are aligned in some arbitrary direction, and is infinitely degenerate for an infinite ferromagnet. A little man living inside such a ferromagnet would have a hard time detecting the rotational invariance of the laws of nature; all his experiments would be corrupted by the background magnetic field. If his experimental apparatus interacted only weakly with the background field, he might detect rotational invariance as an approximate symmetry; if it interacted strongly, he might miss it altogether; in any case, he would have no reason to suspect that it was in fact an exact symmetry. Also, the little man would have no hope of detecting directly that the ground state in which he happens to find himself is in fact part of an infinitely degenerate multiplet. Since he is of finite extent (this is the technical meaning of "little"), he can only change the direction of a finite number of dipoles at a time; but to go from one ground state of the ferromagnet to another, he must change the directions of an infinite number of dipoles – an impossible task.

At least at first glance, there appears to be nothing in this picture that cannot be generalized to relativistic quantum mechanics. For the Hamiltonian of a ferromagnet, we can substitute the Hamiltonian of a quantum field theory; for rotational invariance, some internal symmetry; for the ground state of the ferromagnet, the vacuum state; and for the little man, ourselves. That is to say, we conjecture that the laws of nature may posses symmetries that are not manifest to us because the vacuum state is not invariant under them. This situation is usually called "spontaneous breakdown symmetry". Let's investigate spontaneous symmetry breakdown in the case of classical field theory. For simplicity, we will restrict ourselves to theories involving a set of n real scalar fields, which we assemble into a real n-vector, ϕ, with Lagrange density

(2.2.1) $$L = 1/2\, (\partial_\mu \phi) \bullet (\partial^\mu \phi) - U(\phi),$$

where U is some function of the ϕs, but not of their derivatives. We treat these theories purely classically, but use quantum-mechanical language; thus, we call the state of lowest energy "the vacuum", and refer to the quantities which characterize the spectra of small oscillations about the vacuum as "particle masses". For any of these theories, the energy density is

(2.2.2) $$H = 1/2(\partial_0 \phi)^2 + 1/2(\nabla \phi)^2 + U(\phi).$$

Thus the state of lowest energy is one for which the value of ϕ is a constant, which we denote by $\langle\phi\rangle$. The value of $\langle\phi\rangle$ is determined by the detailed dynamics of the particular theory under investigation, that is to say, by the location of the minimum (or minima) of the potential U. We call $\langle\phi\rangle$ "the vacuum expectation value of ϕ". Within this class of theories, it is easy to find examples for which symmetries are either manifest or spontaneously broken. The simplest one is the theory of a single field for which the potential is

(2.2.3) $U = (\lambda/4!)\,\phi^4 + (\mu^2/2)\,\phi^2,$

where λ is a positive number and μ^2 can be either positive or negative. This theory admits the symmetry

(2.2.4) $\phi \to -\,\phi.$

If μ^2 is positive, the potential is as shown in Fig. 7. The vacuum is at $\langle\phi\rangle$ equals zero, the symmetry is manifest, and μ^2 is the mass of the scalar meson. If μ^2 is negative, though, the situation is quite different; the potential is as shown in Fig. 8. In this case, it is convenient to introduce the quantity

(2.2.5) $a^2 = -\,6\mu^2/\lambda,$

and to rewrite the potential as

(2.2.6) $U = \lambda/4!\,(\phi^2 - a^2)^2,$

plus an (irrelevant) constant. It is clear from this formula, and also from the figure, that the potential now has two minima, at $\phi = \pm\, a$. Because of the symmetry (2.2.4), which one we choose as the vacuum is irrelevant to the resulting physics; however, whichever one we choose, the symmetry is spontaneously broken. Let us choose $\langle\phi\rangle = a$. To investigate physics about the asymmetric vacuum, let us define a new field

(2.2.7) $\phi' = \phi - a.$

In terms of the new ('shifted') field,

(2.2.8) $U = \lambda/4!\,(\phi'^2 + 2a\phi')^2 = (\lambda/4!)\,\phi'^4 + (\lambda a/6)\,\phi'^3 + (\lambda a^2/6)\,\phi'^2.$

We see that the true mass of the meson is $\lambda a^2/3$. Note that a cubic meson self-coupling has appeared as a result of the shift, which would make it hard to detect the hidden symmetry (2.2.4) directly.

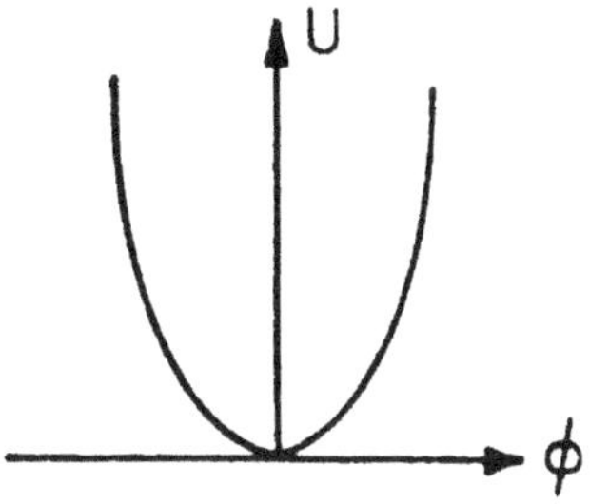

Figure. 8

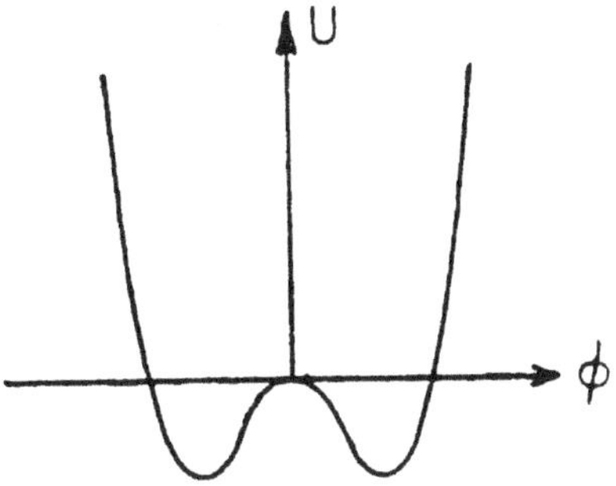

Figure. 9

A new phenomenon appears if we consider the spontaneous breakdown of continuous symmetries. Let us consider the theory of two scalar fields, A and B, with

(2.2.9) $U = \lambda/4!\ [A^2 + B^2 - a^2]^2.$

This theory admits a continuous group of symmetries isomorphic to the two-dimensional rotation group, $SO(2)$:

(2.2.10) $A \rightarrow B \cos \omega + B \sin \omega,\ \ B \rightarrow - A\ sin\ \omega + B\ cos\ \omega.$

The minima of the potential lie on the circle

(2.2.11) $A^2 + B^2 = a^2.$

Just as before, which of these we choose as the vacuum is irrelevant, but whichever one we choose, the $SO(2)$ internal symmetry is spontaneously broken. Let us choose

(2.2.12) $\langle A \rangle = a, \qquad \langle B \rangle = 0.$

As before, we shift the fields,

(2.2.13) $\phi' = \phi - \langle \phi \rangle,$

and find

(2.2.14) $U = 1/4!\ (A'^2 + B'^2 + 2aA')^2.$

Expanding this, we see that the A-meson has the same mass as before, but the B-meson is massless. Such a massless spinless meson is called a *Goldstone boson*; for the class of theories under consideration, its appearance does not depend at all on the special form of the potential U, but is a consequence only of the spontaneous breakdown of the continuous $SO(2)$ symmetry group (2.2.10). To show this, let us introduce "angular variables",

(2.2.15) $A = \rho \cos \theta, B = \rho \sin \theta.$

In terms of these variables, (2.2.10) becomes

(2.2.16) $\rho \to \rho \qquad \theta \to \theta + \omega,$

and the Lagrange density becomes

(2.2.17) $L = 1/2\, (\partial_\mu \rho)^2 + 1/2\, \rho^2 (\partial_\mu \theta)^2 - U(\rho).$

In terms of these variables, $SO(2)$ invariance is simply the statement that U does not depend on θ. The transformation to angular variables is, of course, ill-defined at the origin, and this is reflected in the singular form of the derivative part of the Lagrange density (2.2.17). However, this is of no interest to us, since we wish to do perturbation expansions not about the origin, but about an assumed asymmetric vacuum. With no loss of generality, we can assume this vacuum is at $\langle\rho\rangle = a$, $\langle\theta\rangle = 0$. Introducing shifted fields as before,

(2.2.18) $\rho' = \rho - a, \quad \theta' = \theta,$

we find

(2.2.19) $L = 1/2\, (\partial_\mu \rho')^2 + 1/2(\rho' + a)^2\, (\partial_\mu \theta')^2 - U(\rho' + a).$

It is clear from this expression that the θ-meson is massless, just because the θ-field enters the Lagrangian only through its derivatives. This can also be seen purely geometrically, without writing down any formulae. If the vacuum is not invariant under $SO(2)$ rotations, then there is a curve passing through the vacuum along which the potential is constant; this is the curve of points obtained from the vacuum by $SO(2)$ rotations – in terms of our variables, the curve of constant ρ. If we expand the potential around the vacuum, no terms can appear involving the variable that measures displacement along this curve – the θ variable. Hence we always have a massless meson. This argument can easily be generalized to the spontaneous breakdown of a general continuous internal symmetry group.

Summarizing, we can make the following remarks relating to the fourth section:

(i) There is a large family of field theories that display spontaneous breakdown on internal symmetries. If the spontaneously broken symmetry is discrete, this causes no problems; however, if the symmetry is continuous, symmetry breakdown is associated with the appearance of Goldstone bosons. This can be cured by coupling gauge fields to the system and promoting the internal symmetry group to a gauge group; the Goldstone bosons then disappear and the gauge mesons acquire masses. It should be remembered that, at the time of their inventions, both the theory of non-Abelian gauge fields and the theory of spontaneous symmetry breakdown were thought to be theoretically amusing but physically untenable, because both predicted unobserved massless particles, the gauge mesons and the Goldstone bosons. It was only later that it was discovered that each of these diseases was the other's cure.

(ii) What has been done for classical field theory, can be extended to some extent into the quantum domain. At least for weak couplings, the phenomenon of spontaneous breakdown of internal symmetries survives substantially unchanged; in particular, all of the equations we have derived can be reinterpreted as the first terms in a systematic quantum expansion.

(iii) Regarding theories with fermions, it is clear that if we couple fermions to the scalar-meson systems we have discussed, either directly (through Yukawa couplings) or indirectly (through gauge field couplings), then the shift in the scalar fields will induce an apparent symmetry-violating term in the fermion part of the Lagrangian. A more interesting question is whether spontaneous symmetry breakdown can occur in a theory without fundamental scalar fields. For example, perhaps bilinear forms in Fermi fields can develop symmetry-breaking vacuum expectation values all by themselves. There is one exactly soluble model without fundamental scalars that displays the full Goldstone-Higgs phenomenon. This is the Schwinger model, quantum electrodynamics of massless fermions in two-dimensional space-time.

(iv) It is important to realize that we can make the effects of spontaneous symmetry breakdown as large or as small as we want, by appropriately fudging the parameters in our models. Thus, in the real world, some of the spontaneously broken symmetries of nature may be totally inaccessible to direct observation. Also, of course, there is no objection to exact or approximate symmetries of the usual kind coexisting with spontaneously broken symmetries. Presumably symmetries such as nucleon number conservation, neither broken nor coupled to a massless gauge meson, are of this sort.

3. The topological structure of phase space and the dynamical action of time

Very roughly one can classify the natural phenomena into two great classes: those that do not depend on time, i.e. which are invariant with respect to time changes, and those that depend on time, that is, which transforms in the course of time evolution and, more important, *with* time, i.e. under the action of time. The most astonish example of this variation of many natural phenomena and living systems is the spontaneous symmetry breaking, which produce a *qualitative* change in the state of those phenomena and systems, a fundamental transition in their organization and behavior which may be *reversible* or *irreversible* in nature.

Consider an (non-linear) oscillator, which is an archetypal system having a behavior depending on time. Consider further the periodic movement of a physical pendulum; now this movement will stops after a certain time owing to frictions (and other perturbations). In other words, the amplitude of oscillations will decrease inevitably with time. This phenomenon consists in a dissipation of energy, which we found to be very general and of reach implications for the study of everyday physical experience, can be expressed in a precise mathematical formulation. Let's first consider the ideal case of a simple pendulum where we have, in addition to the punctual character of the mass, the absence of any kind of friction, yet some physical quantities and properties of the system are conserved. The equation

(3.1) $F = ml\,(d^2\theta/dt^2) = -\,mg\sin\theta$

which transforms into

(3.2) $d^2\theta/dt^2 + g/l\, sin\theta = 0$

is nothing else but the general principle of dynamics applied to our system (the oscillating pendulum). The above equation is of course invariant by time reversal.

In order to take into account the dissipative situation, it suffices to modify the previous equation by rewriting it under the form

(3.3) $d^2\theta/dt^2 + \gamma\,(d\theta/dt) + \omega^2\theta = 0,$

where γ is a damping-coefficient, and $\omega^2 = g/l$ is the square of the pulsation. In this way, we got a linear equation of the damped-pendulum, for which the experience shows that it is satisfied when fluid frictions occur.

The evolution of energy can be here expressed by the formula

(3.4) $E\,(\theta, \theta) = 1/2\,(\theta^2 + \omega^2\theta^2)$

from which one gets

(3.5) $dE/dt = -\,\gamma\theta^2.$

Thus, the energy is conserved in the cases where $\gamma = 0$ (which correspond to the absence of friction), and will decrease in the cases where $\gamma > 0$. Since, by definition $E \geq 0$, the energy of the system will tend ineluctably to 0.

The damped-oscillator provide a typical example of a dissipative dynamical system, whose the most striking dynamical properties are the following.

1. For such dissipative systems, there is not in general a time-independent Hamiltonian *H*, hence, nor conservation of the energy of the systems.

2. In some cases, on the other hand, there exists a function of the dynamical variables, called the Liapounov function, which is positive and monotonically decreasing (with time), which means that the system under consideration undertake an irreversible process.

3. One can also have, in the case of a dissipative system, a domain of evolution much more complicated than a simple decreasing. In any case, every time there is dissipation the equations of movement change by time reversal: therefore, the dynamics of dissipative systems is irreversible.

Let us now be a little more precise, from the mathematical point of view, on these points, and especially on the point 2. We start with the following definition, originally due to Hirsch and Smale (1974).

Definition. Let m_0 be a critical point of a vector field (or a manifold) X. Then,

(i) m_0 is *stable* (or Liapounov stable) if for any neighborhood U of m_0, there is a neighborhood V of m_0 such that if $m \in V$, then m is + complete and $F_\lambda(m) \in U$ for all $\lambda \geq 0$.

(ii) m_0 is asymptotically stable if there is a neighborhood V of m_0 such that if $m \in V$, then m is + complete, $F_t(V) \subset F_s(V)$ if $t > s$ and

$$\lim_{t \to +\infty} F_t(V) = \{m_0\}$$

[i.e., for any neighborhood U of m_0, there is a T such that $F_t(V) \subset U$ if $t = T$. It is obvious that asymptotic stability implies stability.

The harmonic oscillator

$$x = -x \tag{3.6}$$

giving a flow in the plane shows that stability need not imply asymptotic stability.

The following result of Liapounov is basic.

Theorem. Suppose X is C^1 and m_0 is a critical point of X. Assume the characteristic exponents of m_0 have strictly negative real parts. Then m_0 is asymptotically stable. In a similar way, if $Re\ (\mu_i) > 0$, m_0 is asymptotically unstable; i.e., asymptotically stable as $t \to -\infty$.

If m is a hyperbolic critical point of a vector field X, the number of eigenvalues (counting multiplicities) with negative real part is called the index of m. It is denoted by $I(X, m)$. The Poincaré-Hopf index theorem states that

Theorem (Poincaré-Hopf). If M is compact and X only has (isolated) hyperbolic points, then

$$\sum_{m \text{ is a critical point of } M} (-1)^{I(X,m)} = \chi(M) \tag{3.7.}$$

where $\chi(M)$ is the Euler characteristic of M.

Related to this theorem, there is the mathematical fact of the existence of closed orbits, one-parameter families of closed orbits $\gamma^s{}_\pi$ with periods T_s depending continuously on s, discovered by Liapounov. So we have the theorem

Theorem. In M_I are fixed closed orbits of period 2π corresponding to the critical points in M_{II}, and for almost all μ, $0 < \mu > \mu_1$ every neighborhood of any of these contains infinitely many closed orbits of arbitrarily high period.

Notation and concepts

First recall that a vector field on a manifold M is a mapping from M to TM that assigns to each point $m \in M$ a vector in $T_m M$. A vector field may be interpreted as the right-hand side of a system of first-order ordinary differential equations in the large, that is, a dynamical system. The study of dynamical systems, also called *flows*, may be motivated as follows. Consider a physical system which is capable of assuming various "states" described by points in a set S. For example, S might be $R^3 \times R^3$ and a state might be the position and momentum (p, q) of a particle. As time passes the state changes. If the state is s_1 at time t_1 and this changes to s_2 at a later time t_2, we set

(3.8) $$F_{t_2,t_1}(s_1) = s_2$$

and call F_{t_2,t_1} the *evolution operator*; it maps a state at time t_1 to what the state would be after time $t_2 - t_1$ has elapsed. So "determinism" is expressed by the law

(3.9) $$F_{t_3,t_2} \circ F_{t_2,t_1} = F_{t_3,t_1}, \qquad F_{t,t} = \textit{identity}.$$

By saying the evolution laws are time independent, we mean F_{t_2,t_1} depends only on $t_2 - t_1$. We call F_t a *flow* and F_{t_2,t_1} a *time-dependent flow*, or as above, an evolution operator. If the system is nonreversible, that is, defined only for $t_2 \geq t_1$, we speak of a *semi-flow*.

In physics, it is usually not F_{t_2,t_1} that is given, but rather the *laws of motion*. In other words, some differential equations are given that we must solve in order to find the flow. The equations of motion have the form

(3.10) $$ds/dt = X(s), \qquad s(0) = s_0$$

given where X is a (possibly time-dependent) vector field on S.

Let us now turn to the case when a vector field is given on a manifold M. Recall that a curve c at a point m of a manifold M is a C^1 map from an open interval I of $\boldsymbol{R}$ into M such that $0 \in I$ and $c(0) = m$. For such a curve we may assign a tangent vector at each point $c(\lambda)$, $\lambda \in I$, $c'(\lambda) = T_c(\lambda, 1)$.

Definition. Let M be a manifold and $X \in \vartheta(M)$. An *integral curve* of X at $m \in M$ is a curve c at m such that $c'(\lambda) = X(c(\lambda))$ for each $\lambda \in I$.

Definition. A time-dependent vector field is a map $X : \boldsymbol{R} \times M \to TM$ such that $X(t, m) \in T_m M$. One defines $F_{t,s}(m)$ to be the integral curve of X_t; that is $(d/dt)F_{t,s}(m) = X_t(F_{t,s}(m))$ such that $F_{s,s}(m) = m$. In other words, $F_{t,s}(m)$ is the solution curve starting at m at time $t = s$. In the time-independent, or autonomous case, $F_{t,s} = F_{t-s}$. We call $F_{t,s}$ the *(time-dependent) flow* of X_t or the *evolution operator* for X_t.

Let us give a last very important piece of these remarks on dynamical systems and the mathematics of time. It concerns the fundamental concepts of *stability* and of *instability*. The main reason why these concepts are so important is that they are closely related to one of the main issue of today science, that is, the *reversibility* and *irreversibility* of natural and of time. In fact, it is well known that in many cases stable phenomena are generally reversible, whereas unstable phenomena are irreversible.

From the mathematical point of view, this problem is related to the study of *equilibria* which plays a central role in ordinary differential equations and their applications. The first thing is that an equilibrium point must satisfy a certain stability criterion in order to be very significant physically. According to Liapounov definition, which we considered before, an equilibrium is stable if nearby solutions stay nearby for all further time. The mathematical definition is:

Definition 1. Suppose $x \in W$ is an equilibrium of the differential equation $x' = f(x)$, where $f : W \to E$ is a C^1 map from an open set W of the vector space E into $\mathbf{R}^n$. Then x is a *stable* equilibrium if for every neighborhood U of x in W there is a neighborhood U_1 of x in U such that every solution $x(t)$ with $x(0)$ in U_1 is defined in W and in U for all $t > 0$.

Definition 2. If U_1 can be chosen so that in addition to the properties described in definition 1, $\lim_{t\to\infty} x(t) = x$, then x is *asymptotically stable*.

Definition 3. An equilibrium point x that is not stable is called *unstable*. This means there is a neighborhood U of x such that for *every* neighborhood U_1 of x in U, there is at least one solution $x(t)$ starting at $x(0) \in U_1$, which does not lie entirely in U.

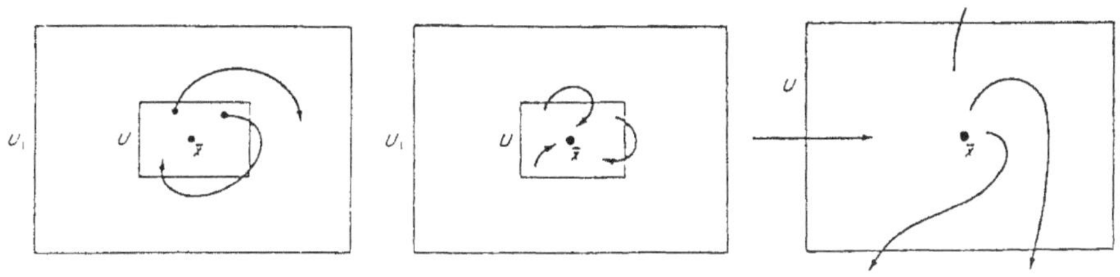

(a) *Stability* (b) *Asymptotically stability* (c) *Unstability*

4. Few brief remarks on the geometry of psychological time

This last reflection is twofold aimed. First, we would like to emphasizing some properties of time, which make up its peculiar structure in the conception of the physical world that governs everyday life. Let us begin by distinguishing *quantitative* from *qualitative* properties of time. In measuring time by the help of clocks we make use of its quantitative, or *metrical*, properties. Such measurements concern the determination of time distances of equal length, represented, for instance, by two consecutive hours; and, in addition, the determination of simultaneity, that is, of equal time values for spatially distant points. The theory of the metrical properties of time has been developed in great detail in modern physics – in particular, in Einstein's theory of relativity. The qualitative, or *topological*, properties of time are fundamental, in that they hold independently of specific procedures of measurement and remain unchanged even if the form of measuring time are varied. They comprise notably those properties that confer upon time its specific nature as different from space and that account for our sensible perception towards time. Following on that point the precise analysis given by Hans Reichenbach (1956; see also Whitrow, 1980), we can formulate in several statements the most evident qualitative properties of time as follows:

(1) *Time goes from the past to the future.* This statement refers to the flow of time; it expresses what we call *becoming.* Time is not static; it moves. We may regard the flow of time as the common product of an objective (physical) factor and a subjective one (connected with the structure of human consciousness).

(2) *The present, which divides the past from the future, is now.* The meaning of "now" might express either (or simultaneously) our subjective and intentional approach to time for the "present", or (and) the fact that we see the things around us in a certain spatial perspective. However that may be, this statement appears, from the psychological point of view, rather enigmatic.

(3) *The past never comes back.* This statement appears to be closely connected with the flow of time, that is, with the fact that time flows linearly in one and same direction, in the direction of a straight line, without thus never and nowhere intersects itself; the one-dimensional and linear continuum is the model of this conception of time.

The following three statements are intended to express the differences between the "past" and the "future".

(4) *We cannot change the past, but we can change the future.* The statement means, between other things, that there are some future happenings which we can predict and control though – owing to the random and complex nature of many macroscopic phenomena – we cannot predict and control cosmic events, or the weather, or earthquakes; and we are rather poor at controlling human society, which continues to drift from crisis into crisis and from war into war, but there are not events of the past which we can change.

(5) *We can records of the past, but not of the future.* It is not possible to predict the future from isolated indications. And even if such a prediction from a few isolated causes is possible, it can be made only in approximate terms. Moreover, even the knowledge of the total cause cannot permit sure predictions.

(6) *The past is determined; the future is undetermined.* In some sense, the past consists of established facts, whereas the future does not; and an established fact is something that we cannot change, whereas the future concerns uncertain and questionable facts, and it is open to very different issues.

In the second place, we want to sketch the essential features of a geometric suited model to represent the multidimensional and polycyclical nature of psychological and possibly physical time upon which rest partly our perception of the world. We barrow the fundamental ideas of this model from the mathematical theory of superstrings and from the theory of Calabi-Yau spaces. The central idea is that the space-time structure of the Universe may have both extended dimensions and curled-up dimensions. This is an astounding suggestion made in 1919 by the Polish mathematician Theodor Kaluza, and refined some years later by the Swedish physicist Oskar Klein. This means that our spatial universe has dimensions that are large, extended, and easily visible, namely the three spatial dimensions of common experience, but that may also have additional spatial dimensions that re tightly curled up into a very tiny space. For instance, circular loops may exist at every point in the familiar extended dimensions. It is worthy of note that the circular dimension is not merely a circular bump within the familiar extended dimensions; rather, the circular dimension is a new dimension, one that exists at every point in the familiar extended dimensions; it is a new and independent direction in which some being, if it were small enough, could move.

In the 1989s, it as been showed that one may generalize the Kaluza-Klein theory to higher-dimensional theories with numerous curled-up spatial directions. These extra dimensions are curled up into the surface of a sphere. Of course, beyond proposing a different number of extra dimensions, one can also imagine other shapes for the extra dimensions, for instance, the shape of a torus. And also more complicated possibilities can be imagined in which there are three, four, five, essentially any number of extra spatial dimensions, curled up into a wide spectrum of exotic shapes. In fact, the extra dimensions or the curled-up dimensions, which seems very profoundly to influence basic physical properties of the universe, look like a class of six-dimensional geometrical shapes known as *Calabi-Yau spaces*. Roughly, we have to imagine replacing each of the spheres – which represented two curled-up dimensions – with Calabi-Yau space. That is, at every point in the three familiar extended dimensions, string theory claims that there are six hitherto unexpected dimensions, tightly curled up into one of these rather complicated-looking shapes. These dimensions are an integral and ubiquitous part of the space's structure; they exist everywhere. For instance, if you sweep your hand in a large arc, you are moving not only through the three extended dimensions, but also through these curled-up dimensions. Of course, because the curled-up dimensions are very small, as you move your hand you circumnavigate them an enormous number of times, repeatedly returning to your starting point.

Now, given the requirement of numerous extra dimensions, it is possible that some are additional *time* dimensions, as opposed to additional space dimensions? We all have an understanding of what it means for the universe to have multiple space dimensions, since we live in a world in which we constantly deal with a plurality-three. But what would it mean to have multiple times? Would one align with time as we presently experience it psychologically while the other would somehow be "different"? It gets even hard to accept when you think about a curled-up time dimension. Nevertheless, we may think of time not solely as a dimension we can traverse in only one direction with absolute inevitability, never being able to return to an instant after it has passed. At any rate, it might be that curled-up time dimensions have vastly different properties from the familiar, vast time dimension that we imagine reaching back to the creation of the universe and forward to the present moment.

But, in contrast to extra spatial dimensions, new and previously unknown time dimensions would clearly require an even more profound change of our intuition. It seems to us that the intriguing possibility of new time dimensions could well play a role in future developments of our conceptions of physical reality and of living beings. Starting from these mathematical objects, one might suggest a geometrical model notably of psychological time which cannot be conceived like a linear and one-dimensional concept any more, but rather as a multidimensional and polycyclical one.

Acknowledgement. I would like to thank Sergio Albeverio, Philippe Blanchard, Enzo Tiezzi and Yves Couder for stimulating conversations on the subject of this chapter.

References

Abraham, R. and J. E. Marsden, *Foundations of Mechanics*, second edition, Addison-Wesley, Reading, MA, 1978.

Anderson, P. W., "More is different-Broken Symmetry and the nature of the hierarchical structure of science," *Science*, 177 (1972), 393-396.

Anosov, D. V. and V. Arnold, (Eds.), *Dynamical Systems I*, Springer-Verlag, Berlin & Heidelberg, 1988.

Anosov, D. V., et al., *Ordinalry Differential Equations and Smooth Dynamical Systems*, Springer-Verlag, Berlin & Heidelberg, 1997.

Baladi, V., "The Magnet and the Butterfly: Thermodynamic Formalism and the Ergodic Theory of Chaotic Dynamics," in *Development of Mathematics 1950-2000*, Birkhäuser Verlag, Basel, (2001), 97-133.

Balian, R., «Le temps macroscopique,» in E. Klein & M. Spiro (eds.), *Les temps et sa flèche*, Editions Frontières, Paris, (1994), 155-211.

Bergé, P., Pomeau, Y. and Ch. Vidal, *L'ordre dans le chaos*, Hermann, Paris, 1988.

Bergson, H., *Durée et simultanéité*, Félix Alcan, Paris, 1922.

Birkhoff, G. D., "Recent advances in dynamics," in *Collected mathematical papers*, Vol. 2, American Mathematical Society, Providence, R. I., 1920, 106-110.

Bohm, D. and B. J. Hiley, *The Undivided Universe – An Ontological Interpretation of Quantum Theory*, Routledge, London, 1995.

Boi, L., "Theories of space-time in modern physics," *Synthese*, 139 (2004), 429-489.

Boi, L., "Geometrical and Topological Foundations of Theoretical Physics: From Gauge Theories to the String Program," *International Journal of Mathematics and Mathematical Sciences*, 34 (2004), 1777-1836.

Boi, L., "Topological knots models in physics and biology", in *Geometries of Nature, Living Systems and Human Cognition*, edited by L. Boi, World Scientific, London (2005), 211-291.

Boi, L., «Modèles de géométries, symétries et représentations d'espaces», in Proceedings of the International Symposium *«Architectures, Urbanisme & Géométries»*, Association pour la Création de la Cité des Géométries (2004), à paraître chez Springer.

Boi, L., «Les formes vivantes: de la topologie à la biologie», *Rivista di Biologia/Biology Forum* (à paraître).

Boi, L. and E. Bois, «Mathématiques créatives, physiques significatives et le livre ouvert de la nature: quelques remarques sur les systèmes dynamiques chaotiques, l'espace de phases et le statut du temps», Paris, à paraître.

Boltzmann, L., *Vorlesungen über Gastheorie*, Barth, Leipzig, 1896-98.

Bouligand, Y., "Remarks on the geometry of micelles, bilayers and cell membranes", *Liquid Crystals*, 26 (1999), 501-515.

Coleman, S., *Aspects of Symmetry*, Selected Erice lectures, Cambridge University Press, Cambridge, 1985.

Connes, A. and C. Rovelli, "Von Neumann algebra automorphisms and time-thermodynamics relation in general covariant quantum theories," *Preprint,* IHES/M/94/36, Bures-sur-Yvette, June 1994,

Costa De Beauregard, O., *Le temps des physiciens*. La notion du temps. Le second principe de la science du temps, Aubin Editeur, Paris, 1996.

Collet, P. and J.-P. Eckmann, *Instabilities and Fronts in Extended Systems*, Princeton University Press, Princeton, 1990.

Davies, P. C. W., *The Physics of Time Asymmetries*, University of California Press, Berkeley, 1974.

Demazure, M., *Bifurcations and Catastrophes*, Springer, Berlin Heidelberg, 2000.

Douady, S. and Y. Couder, "Phyllotaxis as a Dynamical Self Organizing Process Part I: The Spriral Modes Resulting from Time-Periodic Iterations", *Journal of Theoretical Biology*, 178 (1996), 255-274.

Du Plessis, A. and T. Wall, *The Geometry of Topological Stability*, Clarendon Press, Oxford, 1995.

Eddington, A. S., *The Nature of the Physical World*, Cambridge University Press, Cambridge, 1929.

Eckemann, J. P., "Roads to turbulence in dissipative dynamical systems," *Review of Modern Physics*, 53 (1981), 643-687.

Fermi, E., *Thermodynamics*, Prentice-Hall, New York, 1937.

Fraisse, P., *The Psycholody of Time*, Harper & Row, New York, 1963.

Gardner, M., *The Ambidextrous Universe: Mirror asymmetry and time-reversed worlds*, Charles Scribner's sons, New York, 1979.

Géhéniau, J. and I. Prigogine, "The Birth of Time," in *Between Quantum and Cosmos.* Studies and Essays in Honor of John Archibald Wheeler, Edited by W. H. Zurek, A. van der Merwe, and W. A. Miller, Princeton University Press, (1988), 159-165.

Goldstone, J., Salam, A. and S. Weinberg, "Broken symmetries," *Phys. Rev.*, 127 (1962), 965.

Greene, B., *The Elegant Universe: Superstrings, Hidden Dimensions, and the Quest for the Ultimate Theory*, W. W. Norton, New York, 1999.

Guckenheimer, J., "Isochrons and Phaseless Sets", in *Studies in Mathematical Biology*, Studies in Mathematics, Vol. 15, S. A. Levin editor, The Mathematical Association of America (1978), 295-315.

Guerra, F., "Reversibilità/irreversibilità," *Enciclopedia Einaudi*, Vol. 11, Turin (1980), 1067-1106.

Guckenheimer, J. and P. Holmes, *Non-linear oscillations, dynamical systems and bifurcations of vector fields*, Springer-Verlag, New York, 1983.

Guth, A. H., *The Inflationary Universe*, Adison-Wesley, Reading, Mass., 1997.

Halliwel, J. J., Perez-Mercader, J. and W. H. Zurek (editors), *The Physical Origins of Time Asymmetry*, Cambridge University Press, Cambridge, 1994.

Hartle, J. B. and S. W. Hawking, "Wave Function of the Universe," *Phys. Rev. D*, 28 (1983), 2960-2992.

Hawking, S. and R. Penrose, *The Nature of Space and Time*, Princeton University Press, Princeton, 1996.

Hawking, S., *A Brief History of Time*, Bantam Books, New York, 1988.

Helleman, R. H. G. (ed.), *Non-linear Dynamics*, Annals of the New York Academy of Sciences, Vol. 357 (1980), 1-507.

Hirsch, M. W. and S. Smale, *Differential Equations, Dynamical Systems, and Linear Algebra*, Academic Press, New York, 1974.

Hirsch, M. W., "The Dynamical Systems Approach to Differential Equations," *Bulletin of the American Mathematical Society*, 11 (1), (1984), 1-63.

Husserl, E., *Vorlesungen zur Phänomenologie des inneren Zeitbewusstseins*, Max Niemeyer Verlag, Tübingen, 1928.

Isham, Ch., «La cosmologie quantique et l'origine du temps,» in E. Gunzig and S. Diner (eds.), *Le vide: univers du tout et du rien*, Editions complexe, Bruxelles (1998), 366-380.

Isham, Ch., "Quantum Gravity," in *The New Physics*, Edited by P. Davies, Cambridge University Press, Cambridge (1993), 70-93.

Kiefer, C., "Quantum Cosmology and the Emergence of a Classical World," in *Philosophy, Mathematics, and Modern Physics,* E. Rudolph and I.-O. Stamatescu Editors, Springer-Verlag, Heidelberg, 1994, 105-119.

Klein, E. and M. Spiro, *Le temps et sa flèche*, Editions Frontières, Paris, 1994.
Le Bras, H., *Essai de géométrie sociale*, Odile Jacob, Paris, 2000.
Lee, B. W. and J. Zinn-Justin, "Spontaneously broken gauge symmetries. I. Preliminaries," *Phys. Rev.*, D5 (1972), 3121.
Maldacena, J., "Black Holes, Strings and Quantum Gravity," *Princeton Centennial Lectures,* IAS, October 15 (2000), 1-15.
May, R., *Stability and Complexity in Model Ecosystems,* Princeton University Press, Princeton, 2001.
Moiola, J. L., Chen, G., *Hopf Bifurcation Analysis*, World Scientific, Singapore, 1996.
Moser, J. K., Siegel, C. L., *Lectures on Celestial Mechanics*, Springer-Verlag, Berlin & Heidelberg, 1995.
Newhouse, S. and J. Palis, "Cycles and Bifurcation Theory," *Astérisque*, 31 (1976), 43-140.
Nicolis, G. and I. Prigogine, *Exploring Complexity: An Introduction*, R. Piper Verlag; Münich, 1989.
Novello, M., *Le cercle du temps*, Atlantisciences, Paris, 2001.
Novikov, I. D., *The River of Time*, Cambridge University Press, Cambridge, 1998.
Palis, J., Jr. and W. de Melo, *Geometric Theory of Dynamical Systems. An Introduction,* Springer-Verlag, New York, 1982.
Peitgen, H.-O., Hartmut, J., Saupe, D., *Chaos and Fractals. New Frontiers in Science,* Springer-Verlag, New York, 1992.
Peixoto, M. M. (ed.), *Dynamical Systems*, Academic Press, New York, 1973.
Peixoto, M. M., "Qualitative Theory of Differential Equations and Structural Stability," in J. K. Hale and J. P. LaSalle (eds.), *Differential Equations and Dynamical Systems*, Academic Press, New York (1967), 469-480.
Penrose, R., "Singularities and time-asymmetry," in S. W. Wawking and W. Israel (eds.) *An Einstein Centenary Survey*, Cambridge University Press, Cambridge (1979), 581-638.
Penrose, R., *L'esprit, l'ordinateur et les lois de la physique*, InterEditions, Paris, 1992.
Percival, I. C., "Chaos in Hamiltonian Systems," in *Dynamical Chaos*, Edited by M. V. Berry, I. C. Percival, and N. O. Weiss, Princeton University Press, Princeton, 1987, 131-144.
Poincaré, H., *Les méthodes nouvelles de la mécanique céleste*, Gauthier-Villars, Paris, 1899.
Poincaré, H., «L'espace et le temps,» in *Dernières Pensées*, Flammarion, Paris, 1913.
Pomian, K., *L'ordre du temps*, Gallimard, Paris, 1984.
Prigogine, I. and I. Stengers, *Entre le temps et l'éternité*, Flammarion, Champs, Paris, 1992.
Prigogine, I., *Introduction to thermodynamics of irreversible processes*, Wiley, New York, 1962.
Reichenbach, H., *The Direction of Time*, University of California Press, Berkeley, 1956.
Richter, P. H., "Harmony and complexity order and chaos in mechanical systems", in B. Pullman (ed.), *The Emergence of Complexity in Mathematics, Physics, Chemistry, and Biology*, Pontificiae Academiae Scientiarum Scripta Varia 89, Princeton Univ. Press, Princeton (1996), 103-123.
Robinson, Cl., *Dynamical Systems: stability, symbolic dynamics, and chaos*, CRC Press, Boca Raton, Florida, 1995.
Rosen, J., *Symmetry in Science: An Introduction to the General Theory*, Springer-Verlag, New York, 1995.
Rovelli, C., "Is there incompatibility between the ways time is treated in general relativity and in standard quantum mechanics?", in A. Ashtekar and J. Stachel (eds.), *Conceptual Problems of Quantum Gravity*, Birkhäuser, Boston (1991), 126-140.

Ruelle, D., "Differentiable Dynamical Systems and the Problem of Turbulence," in *The Mathematical Heritage of Henri Poincaré*, Proceedings of Symposia in Pure Mathematics, Vol. 39, Part 2, Amer. Math. Soc., Providence, Rhode Island (1983), 141-154.

Ruelle, D., "Irreversibility revisited," in A. Fokas, J. Halliwell, T. Kibble and B. Zegarlinski (eds.), *Highlights of Mathematical Physics*, American Mathematical Society, Providence, 2002.

Ruelle, D., "Strange Attractors," *The Mathematical Intelligencer*, 2 (3), (1980), 126-137.

Sachs, R. G., *The Physics of Time Reversal*, The University of Chicago Press, Chicago, 1987.

Sattinger, D., *Topics in syability and bifurcation theory*, Springer-Verlag, Berlin, 1973.

Schuster, H. G., *Deterministic Chaos: An Introduction*, third edition, VCH Verlagsgesellschaft, Weinheim, 1995.

Sinai, Ya. G., Editor, *Dynamical Systems*, collection of papers, World Scientific, Singapore, 1991.

Slawianowski, J. J., *Geometry of Phase Spaces*, John Wiley & Sons, Warszawa, 1991.

Smale, S., "Dynamical systems and the topological conjugacy problem for diffeomorphims," *Proc. Internat. Congress Math.* (Stockholm, 1962), Institute Mittag-Leffler, Djursholm (1963), 440-496.

Smale, S., *The Mathematics of Time. Essays on Dynamical Systems, Economic Processes, and Related Topics*, Springer-Verlag, New York, 1980.

Spencer, T., "Universality, Phase Transitions and Statistical Mechanics," in M. Gromov *et al.* (eds.), *Visions in Mathematics*, Towards 2000, GAFA Special Volume, Part II, Birkhäuser (2000), 839-858.

Thom, R., "On the Reversibility (or Irreversibility) of Time," in *Workshop on Dynamical Systems*, Z. Coechlo and E. Shiels (Eds.), Wyley, New York (1990), 59-66.

Thom, R., «Les symétries brisées en physique macroscopique et la mécanique quantique,» *Apologie du logos*, Hachette, Paris, 1990.

Thorne, K. S., *Black Holes and Time Warps*, W. W. Northon, New York, 1994.

Tiezzi, E., *The Essence of Time*, Wit Press, London, 2002.

Turing, A., "The chemical basis of morphogenesis," *Philos. Trans. Royal Soc. London*, Ser. B 237 (1952), 37-72.

Weinberg, S., "General theory of broken local symmetries," *Phys. Rev.*, D7 (1973), 1068.

Whitrow, G. J., *The Natural Philosophy of Time*, Oxford, Oxford University Press, 1980.

Witten, E., "Reflections on the Fate of Space-Time," *Physics Today*, 49 (4), April 1996, 24-30.

Winfree, A., *The Geometry of Biological Time*, Springer-Verlag, New York, 1980.

Zeh, H. D., *The Phisical Basis of the Direction of Time*, fourth edition, Springer-Verlag, Berlin & Heidelberg, 2001.

Le chaos dynamique et la dynamique de la nature

Eric BOIS
Observatoire de la Côte d'Azur
Département Cassiopée, CNRS-UMR 5804
B.P. 4229, F-06304 Nice Cedex 04 (France)

«La nature elle-même nous signifie.»
Aristote

Abstract: In this article we stress the importance of certain phenomenological and dynamical properties of chaos and non-linear dynamical systems, especially in celestial mechanics. Among these properties, we describe the unpredictable nature of many deterministic systems and their mathematical non-integrability. Furthermore, we highlight some striking physical features of chaos. Finally, we propose a new epistemological and ontological interpretation of dynamical chaos and of its meaning for the study of nature.

1. Introduction

1.1 Liminaire

Les concepts du chaos et sa phénoménologie traversent aujourd'hui une large variété de champs scientifiques. La mécanique céleste, l'hydrodynamique, la physique expérimentale ou encore la chimie ont notamment rencontré et développé la phénoménologie du chaos. Ne serait-ce qu'en restant sur le terrain des sciences de la nature, le chaos s'avère un objet d'étude éminemment pluridisciplinaire. Mais de cet aspect pluridisciplinaire à ses invitations transdisciplinaires tout azimut, il s'est produit comme un «emballement», comme un phénomène de mode. Il s'en suit que la grande diversité des discours, des techniques, expériences et approches diverses qui conduisent à l'affirmation du chaos, n'aide pas nécessairement à se forger une idée claire de sa signification épistémologique.

Il est bien connu, par exemple, que le chaos se manifeste par une limite de prédictibilité. Est-il pour autant réductible à une limitation du calcul, une conjoncture pratique? Que deviendrait la fameuse sensibilité numérique aux conditions initiales si les ordinateurs avaient une infinité de décimales? Le chaos est-il réductible à de la non-prédictibilité? La limite de prédictibilité, est-elle le signe d'une spécificité dynamique? Autrement dit, au-delà de la limite de prédictibilité, trouve-t-on *immédiatement* et *nécessairement* une phénoménologie particulière? Et si ce n'est pas le cas, qu'est-ce donc que le chaos? Est-il virtuel ou signifie-t-il un comportement particulier du monde physique? Je décrirai le chaos en vue de dégager sa signification, sa cohérence et sa portée.

Face aux difficultés légitimes de compréhensions satisfaisantes de l'idée de chaos croisant une large variété de résultats issus de spécialités scientifiques différentes, il m'est apparu nécessaire de proposer plusieurs niveaux de signification du chaos.[1] Mais ce faisant, il est apparu opportun d'interroger les conséquences de l'analyse épistémologique de la théorie du chaos vis-à-vis de certains aspects de philosophie des sciences. La doctrine philosophique du réductionnisme statue en effet que les propriétés d'un système sont réductibles aux propriétés de ses parties. On parle aussi parfois de micro-réductionnisme pour signifier une explication du comportement d'un tout structuré en termes des lois gouvernant les parties de ce tout.[2] Quelle est donc à ce titre la sensibilité de la théorie du chaos à la méthodologie scientifique? Je me contenterai de donner quelques pistes, quelques éléments montrant comment la théorie du chaos se situe par rapport à l'application universelle de la méthode du micro-réductionnisme d'une part, et par rapport à la validité du réductionnisme d'autre part.

L'objectif de notre étude consiste plus précisément dans l'effort de comprendre la portée de l'analyse épistémologique du chaos en philosophie générale de la Nature. Que nous apporte la signification du chaos vis-à-vis de notre lecture du réel!? Il serait éloquent de produire aujourd'hui une revue des exemples du seul chaos dynamique se produisant dans l'Univers et ceci à différentes échelles (mécanique céleste du Système solaire, dynamique stellaire, dynamique galactique, etc.). Du reste, cet effort est accompli, du moins en partie, à l'occasion des exposés d'introduction des colloques spécialisés ayant trait au chaos. Mais la multiplicité des situations

1 Bois (1997, 2001).
2 Voir par ex. Causey (1969).

célestes où désormais le chaos intervient, conduit à cerner les grandes lignes fédératrices, c'est-à-dire les aspects génériques du chaos dynamique comme processus à l'œuvre dans la nature. C'est là, principalement, l'objet de notre étude.

1.2 Les cadres d'étude théorique du chaos

Avant toute chose, il convient d'avertir que le sens du mot «chaos» (en dynamique) ne coïncide pas avec le sens classique, que ce soit mythologique (vide ou confusion existant avant la création, tohu-bohu) ou figuratif (confusion, désordre complet, bouleversement, trouble…).[3] De plus, et ce en raison du succès de la théorie du chaos et de la recherche de son usage tout azimut, d'autres variations sont venues élargir la confusion… En fait, et c'est bien là l'intrigue du chaos, celui-ci se dit dans un registre particulier (système mathématique ou expérimental, conservatif ou dissipatif, etc.) et le registre particulier n'épuise pas tout ce qui peut se dire sur le chaos. Certes, au préalable de cette étude, l'on pourrait choisir de baliser le terrain en signalant explicitement quelques confusions et contresens entourant la notion de chaos. Cependant, compte tenu d'une étude précédente[4] et de manière à en venir rapidement au développement qui nous préoccupe, je ferais l'économie d'un tel préambule.

A la base de la quintessence théorique du chaos, se trouve l'enseignement apporté par l'étude approfondie des systèmes dynamiques. Les *systèmes dynamiques* sont par définition des systèmes dont l'évolution temporelle est décrite par un nombre fini d'équations *déterministes*. Les systèmes dynamiques peuvent être conservatifs ou dissipatifs suivant que l'énergie totale se conserve ou se dissipe (par perte ou par transfert).[5] Les systèmes dynamiques conservatifs se caractérisent – et ceci rend spécifique leur étude – par l'existence de points fixes dans l'espace des phases (points stables et instables) et de solutions quasi-périodiques autour de ces points. Les systèmes dynamiques, conservatifs ou dissipatifs, sont déterministes. Mais il existe une autre catégorie de systèmes où tel n'est pas le cas. Ces systèmes

3 Ceci semble autoriser à se poser la question sur les motivations culturelles du choix du mot *chaos*, ou bien il s'agit d'une affaire de champ sémantique à élargir…

4 *Le chaos, sens, contresens et cohérence* (Bois, 1997).

5 De ce fait, un système conservatif est un système qui conserve la structure Hamiltonienne.

et leurs processus associés sont dits stochastiques. Dans les systèmes stochastiques, le déterminisme et le hasard sont volontairement et astucieusement mêlés; ce qui ouvre le champ des combinaisons du chaos et du hasard. Les systèmes conservatifs, dissipatifs et stochastiques constituent très généralement les trois différents cadres d'étude théorique des comportements des systèmes potentiellement chaotiques.

Les systèmes dynamiques étant déterministes et suffisants pour produire du chaos[6], ils se présentent alors comme étant philosophiquement les plus sobres et scientifiquement les plus économiques – en particulier les systèmes conservatifs – pour cerner de façon sûre les ingrédients stricts qui font du chaos. Or, il s'agit d'interroger le rapport de l'impossibilité à produire des prédictions vis-à-vis de l'imprévisibilité réelle et intrinsèque. Nous nous situerons donc dans le cadre des systèmes dynamiques conservatifs. Nous verrons qu'il existe néanmoins différents niveaux de signification du chaos déterministe.

2. Vers un déterminisme non-prédictible

Il est bien connu que les planètes du Système solaire suivent, en première approximation, les lois de Képler. Cela signifie qu'il est possible de construire la dynamique du Système solaire à la manière d'un puzzle, en fixant tour à tour le mouvement de chaque planète comme si elle était seule à tourner autour du Soleil. Chaque orbite est alors elliptique et suit parfaitement les lois de Képler. Autrement dit, la dynamique du problème des deux corps constitue l'archétype de la structure dynamique du Système solaire. Le problème des deux corps est intégrable et cet archétype constitue une solution parfaitement périodique, à savoir une orbite Képlerienne. Bien entendu, les interactions gravitationnelles entre les planètes viennent contredire ce bel édifice. Les intégrales premières du mouvement sont perdues et notre assemblage de problèmes à deux corps devient un authentique

6 Par exemple, le problème des 3 corps. Sa mise en équations demeure étonnamment simple compte tenu de tout l'enseignement dont il est porteur.

problème à *N* corps. Cependant, les solutions du problème vont malgré tout conserver des propriétés de quasi-périodicité.[7] Le théorème KAM montre qu'il existe un domaine de stabilité autour de la trajectoire de chaque planète. Autrement dit, pour chaque planète, le faisceau de trajectoires consécutives reste confiné dans un domaine borné, en l'occurrence sous forme de tores. Les solutions des équations du mouvement restent ainsi quasi-périodiques dans ces domaines. La durée de cette stabilité dynamique n'est certes pas infinie, mais s'agissant du Système solaire, elle s'avère néanmoins fort longue (plusieurs dizaines de millions d'années[8]). Nous verrons plus loin qu'il ne s'agit pas là d'une durée nominale de stabilité, générique pour tout système planétaire. Ce point est à garder à l'esprit lorsque nous envisagerons, à la fin de ce texte, le rapport de la stabilité dynamique aux possibilités d'émergence de la complexité physico-chimique. Cela étant, pour le Système solaire, cette robuste propriété de quasi-périodicité explique qu'il soit possible de traiter les interactions planétaires à la manière de perturbations, autour de mouvements moyens convenablement choisis.

La Figure 1 présente ainsi le tore 3-D constitué des trajectoires consécutives de la Terre.[9] Sans les perturbations mutuelles des planètes, l'épaisseur de ce tore se réduirait à une simple ellipse, fixe et invariable, tour après tour reproduite. Mais avec les perturbations planétaires, ce tore reste toutefois confiné d'une manière homogène, et l'on peut concevoir qu'une orbite Képlerienne, issue du problème des deux corps, puisse constituer une bonne orbite moyenne pour une théorie des perturbations.

7 Ceci en vertu du théorème KAM (Kolmogorov, Arnold et Moser). Le théorème KAM exprime que sous des perturbations suffisamment faibles, un mouvement intégrable reste dans une large mesure quasi-périodique, i.e. régulier. Bien que les intégrales globales n'existent plus en vertu du théorème de Poincaré, une forte proportion de solutions possèdent la même régularité que les solutions du problème non-perturbé.

8 Il conviendrait de détailler le cas des planètes intérieures (Mercure, Vénus et Terre) de celui des planètes extérieures avec notamment le cas particulier du couple Jupiter-Saturne en résonance 5/2. Voir à ce sujet Laskar (1994) et Hubbard et Hubbard (1995).

9 Ce calcul a été effectué avec notre modèle relativiste BJV (Bois, Journet, Vokrouhlicky) d'intégration numérique du Système solaire. Cependant, relativiste ou non, la Figure 1 serait la même. D'autre part, celle-ci ne contient volontairement qu'un très petit nombre d'orbites, une centaine (il ne s'agit que de l'amorce d'un tore), en vue d'une comparaison cohérente avec la Figure 2.

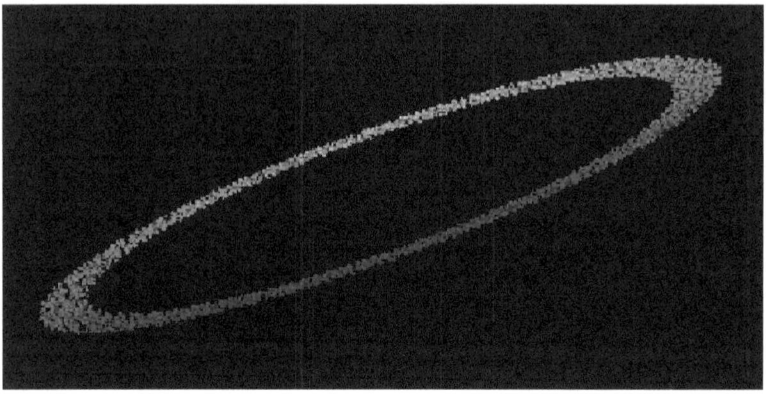

Figure 1. Tore 3-D de la Terre (une centaine d'orbites).

C'est ce point précis qui ne tient plus dans le cas du mouvement de la Lune. Considérons simplement la Terre, la Lune et le Soleil, de masses ponctuelles, en interactions gravitationnelles. La trajectoire de la Lune, cumulée tour après tour, donne le «tore» 3-D en forme de couronne représenté en Figure 2. L'on appréciera la complexité de sa géométrie spatiale, sur une dizaine d'années seulement du mouvement orbital de la Lune autour de la Terre. L'on comprend ici immédiatement pourquoi il fut vain de chercher une bonne théorie de la Lune en perturbant une orbite Képlerienne. Le mouvement orbital de la Lune autour de la Terre ne suit pas une représentation Képlerienne. La présence du Soleil vient rompre la simplicité d'une représentation moyenne prévue pour le problème des deux corps.

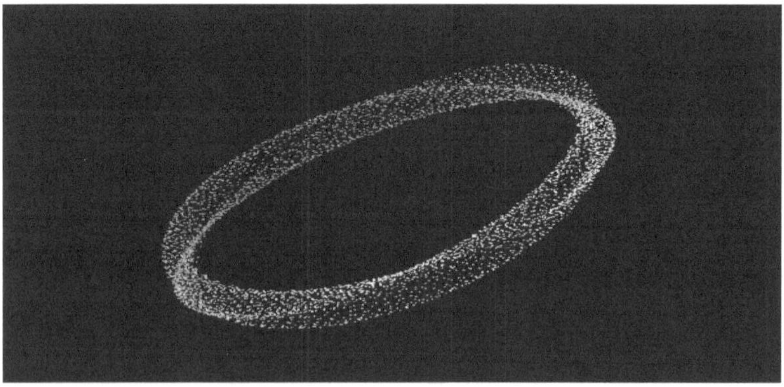

Figure 2. «Tore» 3-D de la Lune (une centaine d'orbites).

La Lune inaugure le fameux problème des trois corps et, pendant plus de deux siècles (XVIII et XIXe siècles), la théorisation de son mouvement constituera la difficulté majeure de la Mécanique Céleste appliquée. Cela étant, le mouvement de la Lune garde lui aussi des propriétés de quasi-périodicité dans un domaine à la structure topologique plus complexe. Ces propriétés justifient qu'il fut néanmoins possible, bien que difficile, de développer des théories analytiques ou algébriques et de produire ainsi des éphémérides, au sens très prédictif du terme. Aux XVIII et XIXe siècles en effet, bien des méthodes de navigation étaient basées sur l'observation de la position apparente de la Lune par rapport aux étoiles. La navigation maritime avait donc besoin de tables précises du mouvement de la Lune. Les recherches sur le mouvement de la Lune ont été ainsi stimulées par les amirautés maritimes et ont contribué largement à l'essor de la Mécanique Céleste dans son ensemble. L'on peut citer les travaux des mathématiciens Euler, Clairaut, d'Alembert, Lagrange et Laplace ainsi que les trois premières grandes et désormais mythiques théories de la Lune, c'est-à-dire celle de Hansen, celle de Delaunay et celle dite de Hill-Brown.

Or, le problème des trois corps demeure l'exemple non seulement historique mais encore emblématique d'un problème aux équations simples, et pourtant suffisant pour produire du chaos! Il suffit de considérer 3 points matériels de masses m_i à des distances mutuelles r_{ij}, soumis selon une loi de force Newtonienne au potentiel mutuel U tel que:

$$(1) \qquad U = \frac{m_1 m_2}{r_{12}} + \frac{m_1 m_3}{r_{13}} + \frac{m_2 m_3}{r_{23}}$$

A la fin du XIXe siècle, le grand mathématicien et physicien Henri Poincaré montrait que le problème des trois corps en interaction gravitationnelle pouvait avoir des solutions impliquant des trajectoires irrégulières, c'est-à-dire ni périodiques, ni quasi-périodiques.[10] Par conséquent, pour ces trajectoires, le calcul des prédictions de positions est mis à mal. Prenons un exemple pour illustrer ce phénomène de perte de prédictibilité. Restons avec la Terre, la Lune et le Soleil, comme exemple d'un système à trois corps (de masses ponctuelles). Considérons ce problème dans les con-

10 Poincaré, H., *Méthodes Nouvelles de la Mécanique Céleste,* 1892 (vol. I), 1893 (vol. II), 1899 (vol. III), Gauthier-Villars, Paris.

ditions particulières où les interactions gravitationnelles sont réduites au champ gravitationnel du Soleil s'exerçant sur le couple Terre-Lune en interaction mutuelle.[11] Intéressons-nous au mouvement de la Lune.

La Figure 3, traduisant donc le mouvement de la Lune, est présentée pour illustrer ce type de comportement introduit par Poincaré. Mais il s'agit d'une *section de Poincaré*[12] tracée dans *l'espace des phases*[13]. Le plan de cette section est orthogonal au plan de l'orbite périodique qu'aurait la Lune en l'absence du Soleil (problème intégrable des deux corps). Ce plan, contenant le Soleil et le barycentre Terre-Lune, est en mouvement uniforme autour du Soleil. Ce plan est donc traversé par la Lune, tour après tour, dans son mouvement autour de la Terre. De la sorte, chaque point ne traduit pas la position du corps quelque part sur son orbite mais la signature d'une orbite ou plus généralement d'une trajectoire tour après tour. Les interactions mutuelles de ce problème à trois corps associées au balayage d'une variété de conditions initiales (positions et vitesses) font que les points ne se cumulent pas aux mêmes endroits de l'espace des phases, loin s'en faut. Si l'on s'était limité aux conditions initiales strictes de la résonance spin-orbite de la Lune autour de la Terre, un tel diagramme ne produirait que des îles de libration stable, sous forme de courbes fermées. En s'écartant un peu de ces conditions initiales particulières, l'on obtient la coupe représentée en Figure 3.

Observons la répartition des points. Au cours de la simulation, des points aux conditions initiales successives se répartissent de manière ordonnée, en formant in fine des structures régulières; ils traduisent des trajectoires régulières. D'autres points semblent remplir toute une région du plan de manière désordonnée et aléatoire. La prédictibilité est perdue. Des conditions initiales, aussi voisines que l'on veut, provoquent dans ces régions des points non seulement éloignés les uns des autres mais ne constituant, tour après tour, aucune structure particulière. Les trajectoires correspondantes, dites irrégulières, sont divergentes les unes des autres. C'est un comportement chaotique.

11 Il s'agit du problème de Hill (voir par exemple Hénon 1969).

12 *Section de Poincaré (ou surface de section)*: intersections successives d'une trajectoire, tour après tour, avec un plan convenablement choisi (plus généralement une surface).

13 *Espace des phases* (en dynamique): espace où le corps étudié est repéré par ses positions et vitesses (dans l'espace ordinaire, dit de configuration, il ne l'est que par ses seules coordonnées de position). En général, une coupe tracée dans l'espace des phases signifie que l'on a balayé une grande variété de conditions initiales de positions et vitesses.

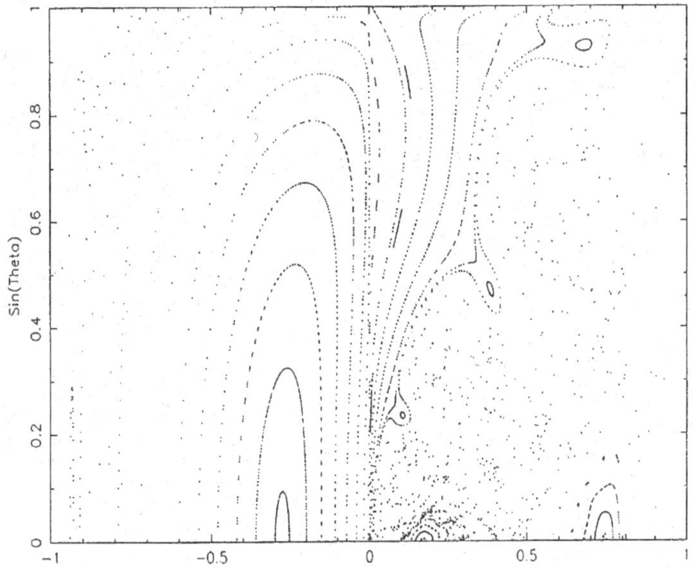

Figure 3. Surface de section du problème de Hill pour une valeur de la constante de Jacobi *C = 9.00*. Les orbites sont dites régulières ou irrégulières selon la répartition respectivement ordonnée ou désordonnée des points successifs. Les orbites sont rétrogrades ou directes pour des abscisses respectivement négatives ou positives (axe horizontal *x*). Les îles représentent des orbites quasi-périodiques stables. Dans les systèmes conservatifs, des orbites quasi périodiques restent toujours confinées dans certaines limites, en ce sens elles sont stables. Cette Figure est extraite de l'*Atlas of the Circular Planar Hill's Problem* par Chauvineau et Mignard (Edition restreinte, Observatoire de la Côte d'Azur, janv. 1991).

En observant les régions désordonnées de la section de Poincaré représentée en Figure 3, régions appelées *zones chaotiques*, les points apparaissent ainsi dispersés au hasard. Pour le moins, le chaos présente l'apparence du hasard. Des systèmes dynamiques obéissant à des lois complètement déterministes, ne comportant aucun élément aléatoire, pourraient néanmoins avoir une évolution apparemment indiscernable d'un mouvement erratique! D'où vient cette apparence?

En principe, les systèmes dynamiques sont déterministes au sens où des prédictions peuvent être faites pour toute date dans le temps. Ces prédictions ne sont pas nécessairement pleines de sens! Mais le déterminisme signifie, dans les calculs, que le passé et le futur découlent d'une manière *unique* du présent. En pratique, des déviations sont amplifiées exponentiellement dans des régions dites chaotiques. Les systèmes dynamiques ne sont alors plus prédictibles. Quelles sont les raisons de ces déviations? Faut-il les attribuer:

- aux formulations approchées des équations de mouvement?
- aux erreurs dans les conditions initiales?
- aux erreurs numériques (d'arrondis et d'intégrations)?

Bref, sommes-nous en présence de l'effet de l'ordinateur: le résultat représente-t-il la dynamique du problème ou bien l'ordinateur? Notons que cette question se pose pour le cas de l'intégration numérique et non pas pour celui de l'intégration analytique où il arrive qu'il soit possible de déterminer les propriétés des solutions sans calculer ces dernières sous forme littérale du temps. Au demeurant, cela donne un «garde-fou» à l'analyse des solutions issues des intégrations numériques sur ordinateur.

Mais plus fondamentalement, une autre question se pose. Le résultat représente-t-il la dynamique du système ou bien traduit-il vraiment la dynamique de la réalité? Cette question tout à fait classique, liée au rapport usuel entre des équations et la réalité, ne prend-elle pas une tournure particulière en cas de conclusions «non-régulières»?

3. Le chaos par propriété de non-intégrabilité

Dans ses *Méthodes Nouvelles de la Mécanique Céleste*, Henri Poincaré ne se limite pas au cas du problème des trois corps. Il démontre que la plupart des systèmes dynamiques ne sont pas intégrables et sont par conséquent soumis à ce type de comportement dit *chaotique*. Quelle est donc cette propriété de non-intégrabilité? Comment peut-elle engendrer un comportement de type chaotique?

Un système est dit *intégrable,* au sens de Poincaré, s'il possède une intégrale indépendante du mouvement pour chacun de ses degrés de liberté.[14] Cette intégrale est dite intégrale première; elle correspond à une loi de conservation d'une grandeur de la physique (par exemple l'énergie ou le

14 Tous les problèmes à un degré de liberté sont intégrables.

moment angulaire). La fonction $F(x_j, t) = C$ est une intégrale première d'un système dynamique représenté par les équations différentielles du mouvement $\dot{x}_i = G_i(x_j, t)$ si, le long de toute trajectoire, la relation suivante est satisfaite:

$$\text{(2)} \qquad \frac{dF}{dt} - \sum_i \frac{\partial F}{\partial x_i} G_i - \frac{\partial F}{\partial t} = 0$$

En fait, la définition originale de la non-intégrabilité, donnée par Poincaré en 1892, fait état qu'il ne peut exister, pour le problème gravitationnel des N corps avec $N \geq 3$, d'autres intégrales analytiques et globalement valides outre celles de l'énergie, du moment angulaire et du barycentre de masse.

Nous allons à présent tenter de cerner les particularités mathématiques qui participent à la vertu de non-intégrabilité d'un système d'équations différentielles. La propriété de base, incontournable des systèmes dynamiques non-intégrables susceptibles de comportements chaotiques, est la *non-linéarité.*[15] Globalement, on peut considérer un système non-linéaire comme un ensemble de sous-parties inter agissantes. Autrement dit, le système contient des interactions qui modifient les rapports de proportions dans les relations de cause à effet. L'effet d'une cause particulière est aussi le reflet de ces interactions.[16] Mais, bien entendu, tout système non-linéaire n'est pas nécessairement non-intégrable. La non-intégrabilité est quelque chose de plus. Tous les systèmes linéaires sont en effet intégrables, quel que soit leur nombre de degrés de liberté (ainsi que tous les systèmes linéaires ou non, mais à un seul degré de liberté).

Supposons un système non-linéaire mais intégrable. Celui-ci peut être mathématiquement transformé sous quelques contraintes – par un jeu astucieux de changements de variables – en un système de parties mutuellement isolées. Cela n'est plus possible dans le cas d'un système non-intégrable. Un tel système n'est plus décomposable ou séparable en parties isolées sans interaction ou sans couplage. Pour prendre une métaphore simple, le principe évoqué est un peu traduit par le sens d'une phrase qui exprime non

15 *Equation non-linéaire*: la somme de deux solutions ne constitue pas une nouvelle solution. Dans des systèmes non-linéaires, les effets ne sont pas linéairement proportionnels aux causes.

16 Et l'on verra que dans les systèmes chaotiques, les interactions peuvent être plus déterminantes que les actions.

seulement davantage que la somme des sens de chacun des mots qui la compose (non-linéarité) mais dont la saisie du sens, c'est-à-dire son intégration, n'est pas toujours réductible à un algorithme (dépendance au contexte, ton, humour, etc.). Mais prenons un exemple concret de dynamique. Soit le problème de l'intégrabilité des équations de la rotation d'un corps céleste solide autour de son centre de masse. Le corps est à trois axes d'inertie inégaux et sa rotation est soumise à un couple de forces $\boldsymbol{N}$. Les équations d'Euler-Liouville de ce problème sont les suivantes:[17]

$$(3) \qquad \left(\frac{\partial \boldsymbol{L}}{\partial t}\right)_{OXYZ} = \left(\frac{\partial \boldsymbol{l}}{\partial t}\right)_{Oxyz} + \omega \times \boldsymbol{l} = \boldsymbol{N}$$

avec $\boldsymbol{l} = (\mathbf{I})\omega$ où $\boldsymbol{l}$ est le moment angulaire exprimé dans le repère lié au corps (Oxyz), tandis que $\boldsymbol{L}$ est ce moment exprimé dans un repère de référence dynamiquement non-tournant (OXYZ); ω est le vecteur instantané de rotation dans (Oxyz), (**I**) le tenseur d'inertie d'ordre 2 du corps. Comme tout tenseur symétrique d'ordre 2, (**I**) est diagonalisable par le choix des directions x,y,z, en l'occurrence en faisant coïncider les axes liés au corps avec les axes principaux d'inertie; ce qui ne pose aucun problème dans le cas de la rotation rigide. (**I**) est alors réduit à trois termes, les trois moments principaux d'inertie A, B et C.

La rotation non-perturbée, souvent appelée *rotation libre*, est représentée par les équations (3) écrites sans second membre. Sans intégrer explicitement de telles équations, l'assurance de l'intégrabilité peut être acquise par quelques considérations théoriques simples. En effet, quel que soit le triplet de coordonnées généralisées α, β, γ utilisé pour décrire l'attitude spatiale du corps céleste dans OXYZ, il existe quatre intégrales premières du mouvement: l'hamiltonien H et les trois composantes L_X, L_Y, L_Z du moment angulaire restant constantes dans OXYZ. Quatre intégrales premières pour trois degrés de liberté, le problème est intégrable et même sur-intégrable.

$$(4) \quad H(\psi,\theta,\phi,\Psi,\Theta,\Phi) = \frac{1}{2A}\left[\frac{\sin\phi}{\sin\theta}(\Psi - \Phi\cos\theta) + \Theta\cos\phi\right]^2 + \frac{1}{2B}\left[\frac{\sin\phi}{\sin\theta}(\Psi - \Phi\cos\theta) - \Theta\sin\phi\right]^2 + \frac{\Phi^2}{2C} - U(\psi,\theta,\phi)$$

17 Goldstein (1964).

Mais dans le cas de la *rotation perturbée*, il n'y a généralement plus conservation du moment angulaire $\boldsymbol{L}$. Soit donc ce corps dont l'attitude spatiale est repérée par trois angles d'Euler ψ, θ, ϕ et dont la rotation est soumise à un potentiel $U(\psi, \theta, \phi)$.[18] L'hamiltonien du système, écrit avec ces angles d'Euler et les variables conjuguées de Poisson (Ψ Θ Φ , s'écrit de la façon donnée plus haut.

Sous cette formulation, lorsque les trois moments d'inertie sont inégaux ($A \neq B \neq C$), l'hamiltonien est tel qu'il n'est pas possible de séparer les variables. Cependant, pour un solide à symétrie de révolution, l'égalité $A = B$ permet de faire disparaître la variable cyclique ϕ. Il devient alors possible de séparer les variables puis de définir des actions à partir des angles d'Euler et des variables conjuguées de Poisson[19]. Cette propriété de symétrie contribua au succès des premières théories analytiques de la rotation de la Terre. En revanche, la symétrie de révolution n'est pas une bonne approximation dans le cas de la Lune ($A \neq B$)[20].

Le théorème d'Hamilton-Jacobi permet d'affirmer la propriété d'intégrabilité en cas de réussite dans le processus analytique de séparation des variables conjuguées. En revanche, dans le cas contraire, il ne permet pas de conclure quant à la non-intégrabilité. De la même façon, si je dispose, pour un système donné, d'autant d'intégrales premières que de degrés de liberté, je puis conclure à l'intégrabilité. En revanche, dans le cas contraire (moins d'intégrales premières que de degrés de liberté), je suis à la merci d'une intégrale cachée que je ne sais découvrir; je ne puis conclure.

Dans cette situation, et sous certaines conditions d'application, une bonne alternative est de produire une section de Poincaré. L'existence de zones chaotiques sur la coupe m'assure alors que le système n'était pas intégrable au sens de Poincaré. A l'instar de ses illustres prédécesseurs du XIXe siècle (de Cauchy à Weierstrass) qui avaient développé des méthodes de résolution des équations différentielles basées sur des critères de validité locale, Poincaré développe une étude qualitative des équations différentielles, à partir d'une analyse topologique privilégiant l'intuition géométrique. Ainsi les

18 C'est-à-dire les forces appliquées au corps dérivent d'un potentiel U.

19 En supposant, dans un premier temps, $U = 0$; voir Boigey (1972).

20 Si la seule force agissant sur la rotation du corps est à nouveau son propre poids, il fut découvert en 1888 par Sophie Kowalewski qu'une intégrale additionnelle pouvait être trouvée dans le cas particulier où $A = B = 2C$ (*ie.* $a = \sqrt{3}$).

lectures actuelles des sections de Poincaré traduisent des résultats globaux obtenus par Poincaré pour connaître l'allure générale des courbes solutions et leur disposition relative.[21] Les outils et concepts forgés par Poincaré constituent le cadre théorique des recherches actuelles sur les systèmes dynamiques et le chaos déterministe.[22]

S'il peut sembler parfois se produire, sur un plan pratique, une sorte d'identification entre la non-intégrabilité et la chaoticité, cette identification «pratique» ne saurait constituer une définition mathématique ou physique du chaos. Simplement, lorsqu'un système non-linéaire est assurément non chaotique, deux trajectoires initialement voisines vont diverger linéairement. Si le système est assurément chaotique, les deux trajectoires vont diverger exponentiellement. Mais d'une manière assez générale, les coupes de Poincaré d'un système non-intégrable montrent à la fois des régions régulières et des régions chaotiques. Lorsque les points semblent générer une courbe à une dimension, le mouvement correspondant est quasi-périodique; lorsque les points semblent remplir une aire, le mouvement correspondant est chaotique.[23]

En fait, il semble ne pas exister de critères suffisants pour déclarer d'emblée la chaoticité d'un système. Cependant, il faut nécessairement de la non-linéarité et suffisamment de degrés de liberté. Comment comprendre alors, autrement qu'à posteriori, ce «plus» de la non-intégrabilité? Une voie se situe dans la compréhension des raisons qui empêchent l'hamiltonien d'un système non-linéaire d'être à jamais séparable. Et sur cette voie, le

21 Ainsi, par exemple, en considérant la succession des intersections d'une courbe intégrale avec un arc transverse, Poincaré ramène l'étude de la courbe dans le plan à l'étude de la succession des points sur une ligne. De même, afin d'étudier les solutions au voisinage d'une solution périodique d'un système d'équations S, Poincaré coupe les trajectoires par un plan normal à la trajectoire périodique en un point M_0. L'étude de la suite de points, tour après tour dans ce plan, permet de prévoir l'avenir de la trajectoire, solution de S, issue d'un point P_0 initialement proche de M_0.

22 Voir par exemple Chabert et Dahan Dalmedico (1991).

23 Outre la méthode des sections de Poincaré, limitée à des problèmes à peu de degrés de liberté, à noter qu'il existe bien sûr d'autres méthodes de mise en évidence du chaos dynamique ou d'indication de sa possibilité. Une analyse en fréquence, ne convergeant vers aucune fréquence, indique la présence de mouvements chaotiques; une analyse en fréquence de Fourier montre une totale non-uniformité; les nombres caractéristiques de Lyapunov sont positifs, les tores KAM sont perdus, etc.

rôle des *résonances* se présente comme l'ingrédient clef.[24] En effet, par définition, une résonance implique au moins deux degrés de liberté d'un système. Or, le principe même de résonance n'existe plus si je sépare d'une manière adiabatique les deux types de mouvements impliqués dans la résonance. Par exemple, cela se produit si j'isole les deux parties concernées d'un système d'équations en supprimant tout couplage entre ces parties. Avec cette perte d'une qualité locale mais dynamique, l'on comprendra, intuitivement au moins, qu'une certaine richesse du système soit en cause. Les interactions mutuelles répétées par les résonances peuvent déformer les trajectoires au point de perdre la stabilité. Autrement dit, l'existence de résonances a pour conséquence formelle que les sous-parties de celui-ci ne peuvent en aucun cas être mutuellement isolées. Le système non-linéaire est dit *non-intégrable.* Mais afin de ne pas traiter simultanément de toutes les difficultés dans un même paragraphe, nous reviendrons dans une section ultérieure sur le rôle des résonances incluant leur signification géométrique et physique. Pour le moment, progressons dans la compréhension générale d'un comportement de type chaotique.

4. La non-intégrabilité sous l'angle de la méthodologie scientifique

Le succès de la théorie du chaos et son attrait populaire ont conduit à bien des débats philosophico-scientifiques quant à la signification réelle du chaos. Il faut dire qu'un usage pluridisciplinaire du phénomène chaos, ou de tout autre phénomène ou concept commun, entraîne naturellement la mise en œuvre de voies d'accès différentes. Dans ces conditions, les analyses du chaos courent le risque de rester simplement phénoménologique, c'est-à-dire en aval ce de qui le fonde par-delà la variété des protocoles et des différences de nature des systèmes étudiés. Or, de notre point de vue, une

24 Par exemple, le fait que la Lune nous montre toujours la même face manifeste une résonance de type 1/1 entre sa période orbitale et sa période de rotation sur elle-même. Il y a résonance dès lors qu'il existe des rapports de commensurabilité entre différentes périodes de mouvement d'un même système.

juste épistémologie du chaos trouve ses racines dans la signification de la non-intégrabilité. Aussi bien qu'il est connu qu'il existe un lien intime entre les structures mathématiques et les processus naturels, c'est à partir de l'essence mathématique du chaos qu'il est possible de saisir ce qui l'institue comme principe constitutif des lois de la nature. Certes, la signification de la non-intégrabilité n'est pas une question simple. Cependant, elle est selon nous parfaitement incontournable sous peine de passer à côté d'un virage épistémologique.

Dans son ouvrage «In the Wake of Chaos»[25], Stephen Kellert relève que la plupart des présentations de la théorie du chaos (livres et articles) suivent le même schéma, une exposition des modèles utiles et les manières pour les appliquer dans des situations véritables. Au fil des productions, ces modèles standards (l'application standard, le système de Lorenz, l'attracteur de Hénon…) deviennent alors comme des «paradigmes» à toute pensée sur le chaos. L'ouvrage de Kellert propose courageusement une «dissection» philosophique de la théorie du chaos, assortie d'une exploration de l'interaction entre la méthodologie, l'épistémologie et la métaphysique dans le chaos et les données non-linéaires. Or, je ne puis partager l'analyse de l'auteur lorsque celui-ci se base uniquement sur le fait que la théorie du chaos ne fournit aucun exemple de propriétés holistiques qui pourrait servir de contradiction à l'affirmation du réductionnisme.

«Aucun chercheur, ajoute-t-il, ne dirait qu'un exposant positif de Lyapunov soit une propriété du système qui serait alors un tout ontologiquement distinct des propriétés de ses parties».[26]

Certes, mais le non-réductionnisme n'est pas la métaphysique! L'allusion ontologique est ici mal appropriée. D'une part, toute approche de la physique, et en fait de la science en général, n'est pas nécessairement réductionniste, même si, en pratique, cela peut paraître souvent le cas. S'il est légitime (parce qu'il est tout simplement impossible de s'y prendre autrement) de décomposer, sous quelques hypothèses, un problème en sous-problèmes indépendants, chacun plus simple à étudier, le travers n'est pas nécessairement dans le protocole, mais dans le trajet retour qui consiste à recomposer le tout à partir de ses éléments simples.[27] Le «trajet retour» porte le risque du non-ajustement du contenu des conclusions à la significa-

25 Kellert (1993).
26 Ibidem.
27 Le lecteur pourra se reporter à l'annexe «totalité et globalité» dans l'étude de Bois (2000a).

tion essentielle des hypothèses. Autrement dit, le réductionnisme ne se présente pas nécessairement comme un travers de méthode mais éventuellement comme un «travers d'attitude» dans l'interprétation résultante (par exemple dans l'identification d'une réalité à un modèle, dans l'oubli des hypothèses de fondement théorique, etc.). Le réductionnisme procède donc tout aussi bien d'une réduction abusive d'un prisme à l'une de ses facettes que d'une extrapolation déverrouillée dans un processus de déduction.

Par ailleurs, le contraire du réductionnisme n'est pas lui-même réductible à l'existence d'un niveau ontologique! C'est ce point que nous allons maintenant souligner. Un système d'équations différentielles non-linéaires est non-linéaire parce qu'au moins un monôme de l'une des équations est lui-même non-linéaire. En revanche, l'on peut trouver quantité de systèmes non-intégrables pour lesquels il n'existe aucun sous-système direct qui soit lui-même non-intégrable. Ainsi, la non-intégrabilité des systèmes dynamiques, signifiant la non-séparabilité en sous-parties mutuellement isolées, est techniquement une propriété exclusive du système pris comme un tout. Cela n'était pas le cas avec la non-linéarité.

Du reste, Stephen Kellert admet finalement l'onde de choc lorsqu'il clame:

> La théorie du chaos fournit non seulement une limite de prédictibilité mais une nouvelle limitation à l'application de la physique classique. La sensibilité aux conditions initiales ébranle la justification de l'hypothèse méthodologique derrière les stratégies standard d'approximations et d'analyse en perturbations.[28]

En outre, il apparaît à l'auteur et à nous-mêmes difficile de suivre désormais l'injonction méthodologique du micro-réductionnisme, à savoir qu'il soit toujours approprié de chercher à comprendre le comportement d'un système en essayant de déterminer les équations gouvernant les interactions de ses parties...

J'estime finalement que la propriété de non-intégrabilité des systèmes dynamiques, avec les nouvelles techniques qu'elle a engendré dans l'étude globale des possibilités dynamiques d'un système, marque un virage épistémologique majeur de la seconde moitié du XXe siècle. Le déploiement de la structure dynamique d'un système dynamique dans l'espace des phases d'une section de Poincaré est l'exemple d'une telle technique poussée par un progrès mathématique (la non-intégrabilité), relayée par un progrès technologique (les ordinateurs et la capacité à réaliser des intégrations numériques).

28 Ibidem.

5. Définition conventionnelle du chaos dynamique

Dans les systèmes conservatifs, le chaos dynamique se définit par un comportement *ni périodique, ni quasi-périodique*, c'est-à-dire irrégulier, causé par la nature *non-linéaire* inhérente au système, notamment lorsque celui-ci contient des *résonances*. Autrement dit, la dynamique chaotique nécessite la non-intégrabilité. Le chaos dynamique est la «marque» des systèmes dynamiques non-intégrables, mais non pas la marque exclusive. Les sections de Poincaré montrent de l'irrégularité, généralement en plus des comportements réguliers (comme en témoignent les exemples classiques de surfaces de section, ainsi celle du problème des trois corps en Figure 3).

Le cœur du chaos dynamique découle donc d'une propriété mathématique, celle de *non-intégrabilité* au sens de Poincaré. Le chaos est ainsi conventionnellement défini par un comportement non quasi-périodique, lié aux causes constitutives de la non-intégrabilité des systèmes, telles que la non-linéarité, l'instabilité et les résonances. En conséquence, la signification épistémologique du chaos dynamique est fondée sur son essence mathématique. La relation entre l'instabilité et la chaoticité est alors que le système manifeste une *haute sensibilité* aux changements de conditions initiales: de petites causes ont de grands effets.[29] En conséquence, l'on imagine l'intérêt et la difficulté quant à la maîtrise des conditions initiales dans les problèmes de prédiction à long terme. Comment négliger quelques incertitudes initiales dès lors que ces dernières portent la capacité d'une divergence? Mais aussi comment ne négliger aucune incertitude initiale!? Quoiqu'il en soit, les états futurs (ou passés) ne peuvent être prédits à partir des prises de mesures présentes. Soulignons au passage que la sensibilité aux changements de conditions initiales ne constitue pas la définition du chaos mais une manifestation (néanmoins caractéristique).

Ainsi, si le chaos issu des systèmes dynamiques conservatifs et dissipatifs se caractérise par une *limite de prédictibilité* et un apparent désordre des points, sur les coupes, aux allures de «fait du hasard», il n'est pas sans dissimuler un *déterministe* très fort.[30] Dans les systèmes dynamiques non-linéaires à plusieurs degrés de liberté, le chaos se produit assez générale-

29 Un exemple populaire est celui de l'effet dit «papillon» en météorologie dynamique via les équations de Lorenz (Lorenz 1963).

30 Le déterminisme signifiant l'unicité de la relation d'antécédent à conséquent dans les calculs.

ment autour des résonances (dans l'espace des phases)[31], mais ni les données d'entrée aléatoire, ni la complexité ne sont nécessaires à produire du chaos. Nulle intervention du hasard ne peut être invoquée. Le chaos dynamique est fondamentalement l'issue de la nature non-intégrable des systèmes dynamiques de ce genre. Or, les phénomènes de la nature sont généralement mieux représentés par des systèmes non-intégrables! Il faut dire que la variété des équations intégrables ne constitue qu'une infime sous-classe de l'immense variété des systèmes d'équations non-intégrables qui tissent le quotidien des chercheurs en Dynamique non-linéaire. Il s'ensuit que détecter du chaos traduit moins un réel challenge que de caractériser le degré de chaoticité (faible, large, profond, etc.) et de comprendre par là même la structure dynamique d'un problème avec ses possibilités d'évolution.

6. Une classification simple des mouvements

De l'échelle planétaire à l'échelle galactique et au-delà, la Nature, partout, toujours, en permanence, se produit en mouvement. La Dynamique s'est donnée pour programme la compréhension causale des mouvements de la Nature, principalement les mouvements macroscopiques. C'est en quelque sorte la science du mouvement. D'une manière générale, il apparaît que l'immense multitude des mouvements de la Nature, compris dans l'intelligibilité de la Dynamique, peut désormais se décomposer en deux grandes familles et deux seulement:

– *Les mouvements réguliers*. Ils sont périodiques ou quasi-périodiques. Par nature, les mouvements réguliers sont stables ou instables de manière permanente.[32] Dans l'espace des phases d'un système conservatif, les solu-

31 Nous reviendrons plus loin sur les résonances et leur rôle dans les systèmes non-linéaires à plusieurs degrés de liberté.

32 La *stabilité* au sens de Lagrange correspond à la stricte périodicité de la trajectoire; au sens de Poisson, elle se suffit d'un certain voisinage par rapport à la position initiale; au sens de Poincaré-Lyapunov, elle concerne l'écart entre une trajectoire périodique et les trajectoires voisines, si l'écart diminue, la trajectoire est stable. Dans les systèmes conservatifs, des orbites quasi-périodiques restent toujours confinées dans certaines limites, en ce sens elles sont stables.

tions quasi-périodiques se manifestent autour de points fixes, lesquels peuvent être soit stables (points fixes de nature elliptique), soit instables (points fixes de nature hyperbolique).[33] Ces solutions quasi-périodiques construisent, toujours dans l'espace des phases, des courbes régulières. Celles-ci peuvent se refermer ou avoir tendance à se refermer sous forme d'îles de libration, à contrario des courbes résolument ouvertes, dites de circulation. Les îles de libration (souvent imbriquées), fermées ou semi-fermées, expriment l'existence de solutions quasi-périodiques autour de situations d'équilibre, respectivement stables ou instables. Les librations de la Lune sont le type même de mouvements réguliers stables, aux solutions quasi-périodiques.[34] La notion de *libration*, dans l'espace de configuration, exprime en effet, et par définition, un mouvement de balancements réguliers d'un astre autour d'une configuration d'équilibre stable (par exemple une résonance). Enfin, et pour rester sous la rubrique des exemples de rotation des corps célestes, il est tout à fait possible de concevoir un mouvement régulier de rotation instable, c'est-à-dire à l'évolution d'attitude instable. Soit un corps à trois axes d'inertie inégaux a, b et c respectant l'une des deux hiérarchies suivantes: $a < b < c$ ou $a > b > c$. Dans le processus de décomposition dans R^3 de la rotation de ce corps autour de son centre de masse, pour que la rotation soit instable, il suffit que la rotation élémentaire de plus grande énergie se fasse autour de l'axe intermédiaire d'inertie, c'est-à-dire autour de b. Dans ce cas, l'objet effectue une succession de «flip-flops», c'est-à-dire qu'un pôle dit Nord passe au Sud et ainsi de suite selon une cascade régulière faite de paliers et de rapides bascules.[35] Il ne s'agit donc plus d'oscillations mais de *bascules* régulières, comme dans le cas des comètes dites à «à bascules» (objets théoriques).[36]

– *Les mouvements irréguliers*. Ils ne sont ni périodiques, ni quasi-périodiques. Le comportement irrégulier est dit «chaotique» à la fois dans les systèmes conservatifs et dissipatifs. Cependant le vocable «attracteurs étranges» est

33 Voir, par exemple, le diagramme des phases du mouvement du pendule.

34 Les librations physiques de la Lune résultent d'un système dynamique non-intégrable (illustré par l'hamiltonien (4)) mais conservant des propriétés de quasi-périodicité en vertu du théorème KAM précédemment cité. Le lecteur pourra se reporter à Bois (2000b) pour un point actualisé sur les librations lunaires.

35 Les pôles Nord et Sud étant définis par l'axe de figure principal autour duquel s'effectue la rotation élémentaire de plus grande énergie (Bois *et al.* 1992).

36 Cette étude est indiquée dans Bois (1995) dans le cadre d'une classification générale des états de rotation des corps célestes solides. Voir aussi Boudin *et al.* (1994).

spécifique de la description du chaos issu des systèmes dissipatifs, tandis qu'on parle de «mouvements chaotiques» pour les systèmes conservatifs.[37] Prenons un exemple en restant dans le cadre de la rotation des corps célestes solides. Hyperion, satellite de Saturne, est un corps dont le mouvement de rotation est le siège de *bascules chaotiques* (son attitude étant en mode instable).[38] Cela signifie qu'Hyperion effectue dans sa rotation des bascules, mais de plus, la succession de ces dernières n'est plus régulière, au sens où elle n'est pas même quasi-périodique. Les raisons de cette rotation chaotique, pour Hyperion, seront données plus bas.

7. La physique du chaos

L'essence *formelle* du chaos est présente dans les systèmes non-linéaires non-intégrables. Or, les phénomènes de la nature sont généralement mieux représentés par des systèmes non-linéaires et non-intégrables. La question est alors la suivante: Quelles sont les causes naturelles dont le chaos peut dépendre?

Il nous faut tout d'abord revenir au rôle des résonances dans la description d'un problème engendrant du chaos. Illustrons ce rôle par l'entremise de quelques exemples de dynamique spin-orbite de quelques corps du système Solaire. La Lune nous montre toujours la même face en effectuant une révolution autour de la Terre dans la même période de temps qu'elle effectue une rotation sur elle-même. C'est une rotation synchrone ou encore une résonance spin-orbite de type 1/1. D'autres rapports d'un nombre entier de rotations du corps sur lui-même à un nombre entier d'orbites, effectuées dans une même période de temps, expriment d'autres types de résonances spin-orbite. Or quasi généralement, dans l'espace des phases, presque toutes les résonances spin-orbite apparaissent encerclées par des zones chaotiques, même si, dans certains cas, ces zones chaotiques peuvent être très étroites.

37 Ces phénomènes ont en commun un exposant de Lyapunov positif grand et la divergence correspondante des solutions voisines.

38 Cf. Wisdom *et al.* (1984).

C'est le cas des surfaces de section traduisant le comportement rotationnel de Phobos et Deimos (satellites de Mars) autour de différents états de résonance dont la rotation synchrone (voir les Figures 4 et 5).[39] Il est remarquable de constater la nette différence de largeur de la zone de chaoticité pour ces deux corps d'asphéricité et d'excentricité différentes. Les valeurs du paramètre normalisé d'asphéricité α du corps et de l'excentricité de son orbite sont respectivement $\alpha = 0.83$; 0.81 et $e = 0.015$; 0.0005 pour Phobos et Deimos.[40] La largeur des zones chaotiques dépend en effet et principalement du degré d'irrégularité de la forme dynamique du corps combiné avec la valeur de l'excentricité de son orbite. En Figure 5, la zone chaotique de Deimos s'avère ténue mais non pas inexistante en raison de la valeur de son excentricité orbitale, valeur extrêmement faible mais non pas nulle. Tandis que la largeur de la zone chaotique dépend exponentiellement du paramètre d'asphéricité, elle dépend seulement linéairement de l'excentricité orbitale.

Mais il est important de noter que ce sont les résonances qui structurent le problème en zones dynamiquement différentes. Les interactions mutuelles répétées aux résonances peuvent déformer les trajectoires au point de perdre la stabilité. Le chaos local s'avère ainsi presque toujours présent au voisinage d'une résonance.[41] Les résonances sont ainsi responsables dans les systèmes non-linéaires à plusieurs degrés de liberté, du comportement chaotique local (*i.e.* autour des résonances[42]). Elles signifient davantage que de simples singularités cinématiques.

39 Le principe du calcul du couplage spin-orbite est le suivant (Figures 4, 5 et 6). L'on considère une rotation du satellite autour d'un seul axe, le plus petit axe d'inertie du corps, perpendiculaire au plan orbital. Dans ce plan, l'orientation spatiale du corps est repérée par l'angle θ, pris entre l'axe de plus grande inertie du corps et une ligne de référence (la ligne joignant la planète mère et le péricentre de l'orbite du satellite). Les états synchrones, sur ces sections, à $\theta = 0$ et $\theta = \pi$, diffèrent simplement par le fait que le satellite présente des faces opposées à la planète mère. Le taux de variation de l'orientation, $(1/n)(d\theta/dt)$ où n est le moyen mouvement du satellite sur son orbite, est tracé par rapport à son orientation spatiale θ, à chaque passage à son péricentre orbital.

40 $\alpha = \sqrt{3(B-A)/C}$

41 De plus, dans un système dynamique possédant plusieurs résonances en interactions, il se produira du chaos par diffusion.

42 En revanche, aux points stricts d'équilibre de l'espace des phases des systèmes conservatifs, existent des solutions périodiques autour desquelles «oscillent» des solutions quasi-périodiques.

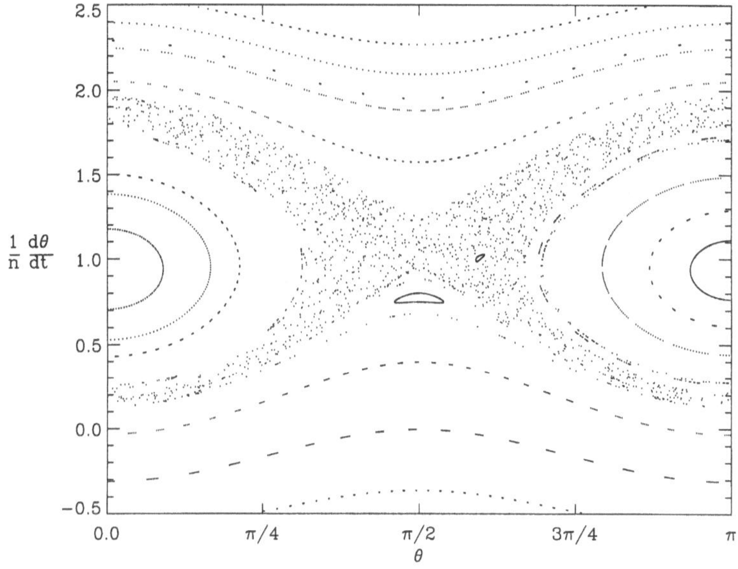

Figure 4. Surface de section du comportement rotationnel de Phobos (satellite de Mars).

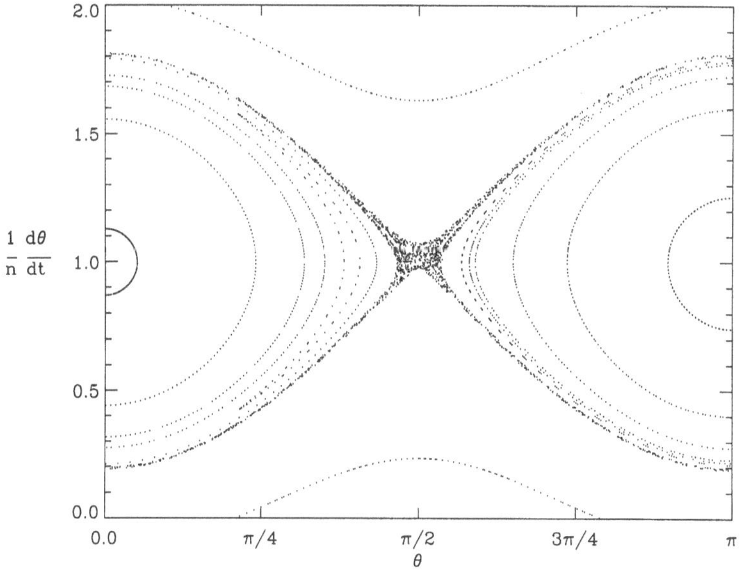

Figure 5. Surface de section du comportement rotationnel de Deimos (satellite de Mars).

Qu'en serait-il de la structure d'une surface de section traduisant les possibilités de rotation d'Hyperion? Pour ce satellite de Saturne en effet, l'asphéricité et l'excentricité de son orbite sont toutes deux très supérieures à celles de Phobos: $\alpha = 0.89$ et $e = 0.1$. Le calcul fut effectué en 1984 par Wisdom, Peale et Mignard.[43] Comme en témoigne la Figure 6, ces auteurs ont trouvé une zone chaotique singulièrement large des états spin-orbite d'Hyperion. Cette zone s'étend d'un état sans rotation, dans un repère inertiel, à un taux de rotation d'environ 2.5 fois le mouvement orbital angulaire moyen! La théorie du chaos prédit ainsi qu'il fut plus probable qu'Hyperion ait une rotation chaotique plutôt que régulière, vu l'étendue de sa zone chaotique dans l'espace des phases.

En 1989, les observations de Klavetter sont venues confirmer cette prédiction. Les observations par une recherche en fréquence de périodes de rotation ne détectèrent aucune période manifeste, que du «bruit blanc». Hyperion fut le premier exemple de comportement chaotique permanent et rapide dans le Système solaire. Dans le cas de Deimos, la zone chaotique est extrêmement fine (mais non pas infime) compte tenu de sa très faible excentricité orbitale. La zone chaotique pour Phobos est assez conséquente, mais ses zones régulières le sont davantage. Et de fait Phobos est actuellement en état de libration. Hyperion, en revanche, effectue dans sa rotation d'attitude instable, des bascules chaotiques en conséquence de sa forme très irrégulière, de son excentricité orbitale grande et d'une lente évolution par friction maréale vers un état de rotation synchrone.

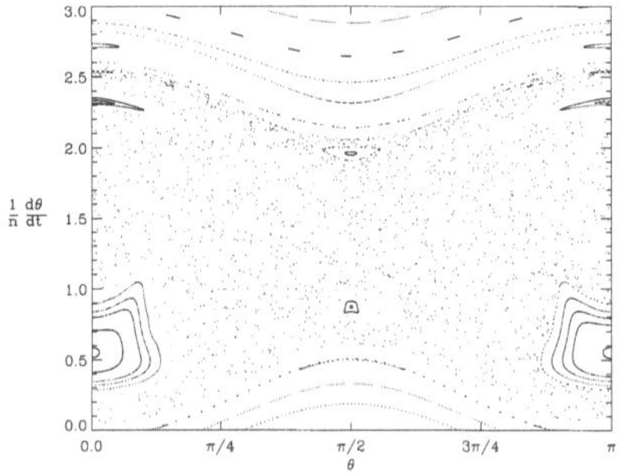

Figure 6. Surface de section du comportement rotationnel d'Hyperion (satellite de Saturne). La zone chaotique, entourant l'état spin-orbite d'Hyperion, s'étend d'un état sans rotation (dans un repère inertiel) à un taux de rotation d'environ 2.5 fois le mouvement orbital angulaire moyen.

43 Wisdom *et al.* (1984).

8. Classification des niveaux de signification du chaos

Physiquement, si un comportement stable renvoie à une notion d'équilibre (oscillations, librations...), si un comportement instable réfère à une notion de divergence sans repasser à l'équilibre, que signifie à ce titre un comportement chaotique? Je propose trois niveaux de signification:

(i) *1er niveau*: Simple affirmation (normalement conséquente d'un calcul) de l'existence d'une limite de prédictibilité déterministe. Cette limite de prédictibilité, obtenue assez généralement dans les systèmes conservatifs et dissipatifs par le calcul du temps de Lyapunov[44], n'indique ni nécessairement ni généralement, qu'il s'agit de l'horizon au-delà duquel l'objet d'étude présente immédiatement un comportement physiquement chaotique. D'une part, le temps de diffusion ou de fuite est supérieur ou égal au temps de Lyapunov, c'est-à-dire que la connaissance de la limite de prédictibilité ne suffit pas à dire si le chaos réel s'effectue juste au-delà. D'autre part, le temps de Lyapunov est «modèle-dépendant»; il dépend notamment du nombre de résonances injectées dans le système. A ce niveau, l'imprédictibilité n'implique donc pas l'imprévisibilité.

(ii) *2e niveau*: La théorie prédit un comportement imprévisible au-delà de la limite de prédictibilité déterministe. L'adjectif «imprévisible» est utilisé ici non pour signifier un aspect aléatoire mais pour souligner la capacité de l'objet à «traverser» tous les comportements possibles permis par le système. Il peut y avoir une succession de phases stables et instables (à l'avantage de l'instabilité), ceci de manière non-périodique et sans que les phases de même nature se ressemblent. Mais l'on ne dispose pas d'observations pour confirmer ou infirmer ce genre de «prédiction», lié comme dans les cas de prédiction classique, aux critères de validité des modèles. A ce niveau, le rapport de l'imprévisibilité dynamique, issue du système, à l'imprévisibilité réelle est lié au degré de confiance attribué au système de représentation.

44 Lorsque la croissance de la divergence entre des trajectoires issues de points aussi voisins qu'on le veut s'effectue de manière exponentielle au cours du temps, la distance entre ces trajectoires croît donc proportionnellement à une fonction $exp(t/T)$ où $1/T$ est l'exposant de Lyapunov et T *le temps de Lyapunov*.

(iii) *3e niveau*: Le caractère d'imprévisibilité décrit au deuxième niveau est non seulement prédit mais vérifié, observé. L'objet d'étude peut repasser à l'équilibre ou non. Il peut connaître de courtes phases stables (le plus souvent éphémères) puis instables (généralement plus longues), globalement sans reproductibilité des phases. Sur une durée conséquente, le comportement dynamique de l'objet est caractérisé par son irrégularité au sens où tout paraît possible. A ce troisième niveau, l'on a l'assurance que le chaos n'est ni simplement pratique, ni modèle-dépendant. Il s'agit d'une imprévisibilité naturelle. Le système non-intégrable constitue un réel modèle de représentation du comportement physique chaotique en question.

On trouvera dans Laskar et Froeschlé (1991) plusieurs candidatures au chaos troisième niveau dans le Système solaire (astéroïdes, planètes...).[45] Mais selon notre classification, le cas d'Hyperion avec ses bascules chaotiques appartient sûrement au *troisième niveau*, celui du *chaos physique observé*. Au-delà de la limite de prédictibilité, l'assurance est acquise d'un comportement dynamique particulier où l'imprédictibilité se manifeste *comme* une imprévisibilité. Hyperion peut occuper toutes sortes de positions possibles selon une grande variété de comportements. Par exemple, il peut effectuer des flip-flops, se stabiliser un court moment, puis repartir en rotation rapide, puis se stabiliser à nouveau, dans une autre configuration spatiale, puis basculer à nouveau sans que les bascules soient ni de durées équivalentes, ni spatialement analogues. La non-reproductibilité des différentes phases annule la prédictibilité.

9. Aux entrailles du chaos, quelques clefs de lecture

Si les ordinateurs avaient une infinité de décimales, que deviendraient les «chaos» de premier niveau? Certes la divergence exponentielle des trajectoires s'atteste par le calcul d'un exposant de Lyapunov plus ou moins grand. Mais que dire de la sensibilité aux conditions initiales en présence d'une

45 Voir aussi Wisdom (1987).

infinité de décimales mises à disposition? Probablement, bien des pseudo-chaos s'évanouiraient. Cela étant, comme nous l'avons dit plus haut, la sensibilité aux conditions initiales ne constitue ni la définition ni l'explication du chaos, mais une manifestation, une conséquence néanmoins caractéristique du comportement chaotique issu de l'intégration des systèmes non-intégrables. Tout n'est pas dit sur le chaos dans l'inférence d'une sensibilité aux conditions initiales. L'exemple purement mathématique de l'itération de la fonction de Feigenbaum, avec sa cascade de doublements périodiques, le montre à l'évidence.[46] L'essence formelle du chaos est mathématique. Elle est notamment présente dans les systèmes non-linéaires non-intégrables. Au travers des résonances, la différence entre la stabilité et l'instabilité est liée à l'approximation des nombres irrationnels par des nombres rationnels.[47] Ceci montre au passage un exemple de ce lien intime de *«causalité formelle»* entre les mathématiques et la réalité qu'ils traduisent.[48]

Le chaos, à savoir ce qu'il désigne par sa phénoménologie, se présente finalement comme une propriété naturelle dont la compréhension fut restée cachée à l'intelligibilité scientifique jusqu'au XXe siècle. L'on admettra donc sans peine, je pense, que le chaos n'est pas en premier lieu et par essence lié à la complication croissante des problèmes, mais plutôt à la profondeur apportée à l'étude de ceux-ci. En revanche, attendu que la complication n'est pas la complexité, qu'en est-il des relations du chaos à la complexité de la nature? Je fais ici référence à la distinction entre la *complexité rationnelle* ou «complexification» (liée au dire, à l'analyse, à la méthode, à la représentation, etc.) et la *complexité réelle* (liée à la nature et ses processus immanents). Ainsi une question critique se pose quant à la signification du chaos: Lorsque par exemple, dans la préface d'un numéro spécial de *Pour La Science* consacré au chaos (1995), P. Bergé et Y. Pomeau indiquent (annonçant en cela l'article de J.P. Delahaye) que «le chaos est l'art de former du complexe à partir du simple», de quelle complexité s'agit-

46 Ce qui compte dans cette fonction, c'est sa structure au voisinage de son maximum. Voir l'article de Hofstadter (1995).

47 Voir le développement de cet aspect dans l'article de B.B. Hubbard et J. Hubbard (1995).

48 *Causalité formelle* (par distinction à la *causalité efficiente*): au sens des formes structurelles, constitutives et dynamiques, permettant de rendre compte causalement des principes de la dynamique des structures. Voir un développement de ce thème dans Bois (2000a).

il?[49] A en croire D. Ruelle (dans le même numéro), il s'agirait de la complexité rationnelle: «Là réside la signification du chaos, cette impossibilité pratique de calculer l'évolution de systèmes déterministes.» Que la signification du chaos soit réductible à une contingence d'ordre pratique, c'est annuler sa phénoménologie immanente et par là, selon l'expression fameuse de Wigner, cette «irraisonnable efficacité des mathématiques».[50]

En fait, l'essai épistémologique de David Ruelle cadre avec la définition que nous avons donné du chaos de premier niveau. Les autres niveaux peuvent contenir cet aspect mais en même temps en disent davantage. La limite de prédictibilité peut être pratique, «modèle-dépendant» ou annoncer l'imprévisibilité naturelle. Que la non-prédictibilité cache ou annonce un chaos ne répond pas du statut de ce dernier en regard des épreuves ordinaires de tout objet de science, c'est-à-dire schématiquement: la pratique, la théorie et l'observation, ou encore l'ordinateur, les mathématiques appliquées et l'expérimentation. Ces trois démarches ne sont pas à homologuer aux trois niveaux de signification du chaos, mais elles se conjuguent pour le statut de celui-ci. *L'impossibilité pratique de calculer*, c'est-à-dire l'existence de limitations aux prévisions, renvoie aux propriétés mathématiques des équations qui sont intégrées. A l'essence mathématique du chaos correspond une *manifestation en pratique*. Mais ces équations peuvent approcher une réalité et ce chaos signifier quelque chose de naturel.

49 A noter que pour Delahaye (1995), les mathématiques sur le chaos déterministe ne doivent pas faire oublier le ‹bon sens›: «Quand le simple engendre du complexe, c'est que le complexe est déjà caché au départ…» Par ailleurs, le critère de complexité choisi par cet auteur, à savoir la complexité de Kolmogorov, est une complexité de type rationnelle. Si ce critère peut en effet très bien convenir à caractériser la complexité rationnelle d'une suite mathématique, il serait néanmoins fort imprudent d'homologuer la dite complexité rationnelle à la complexité réelle. Que pourrait donc signifier la longueur d'un programme informatique vis-à-vis d'une réalité décrite par quelques mathématiques? Quelques fois, à trop vouloir s'abstraire de l'expérience humaine, la recherche de signification s'enferme dans la représentation axiomatique du calcul et ne peut plus faire sens, par absence de sujet.

50 Wigner (1960).

10. Un facteur de déploiement des possibilités dynamiques de la nature

Le chaos dynamique issu des systèmes conservatifs et dissipatifs non-stochastiques n'est certes pas le hasard. Mais le chaos n'est pas non plus réductible à une simple inférence de divergence de trajectoires. Pour un jeu d'équations différentielles, un jeu de conditions initiales donne une trajectoire. Pour ce même jeu d'équations, la variation des conditions initiales, c'est-à-dire le balayage de la multitude de valeurs et de combinaisons possibles, donne un faisceau de trajectoires. L'étude du mouvement dans l'espace des phases donne ainsi la variété des comportements possibles. L'étude de l'évolution d'un système dynamique s'effectue alors, et désormais, globalement au travers du déploiement de ses évolutions possibles. Ce déploiement permet de dire la possibilité de telle ou telle occurrence, mais ne permet pas d'affirmer si celle-ci aura effectivement lieu. L'ignorance classique des conditions initiales réelles, primordiales ou simplement exactes vis-à-vis de la modélisation dynamique de telle réalité est en partie compensée par le balayage suivi de ces conditions initiales dans l'espace des phases.

Le chaos déterministe «deuxième et troisième niveau» signifie essentiellement qu'un mouvement chaotique peut explorer une large portion de l'espace des mouvements. De ce fait et paradoxalement, la connaissance de ce que signifie en profondeur la non-prédictibilité compense en quelque sorte l'ignorance sur la prédictibilité quantitative de positions! La nuance à comprendre est la suivante. La prédictibilité classique ou quantitative n'est pas perdue faute de connaissance, mais elle n'a plus de sens dans les régimes chaotiques! Ce qui est perdu, en fait, c'est son caractère absolu comme critère de scientificité. Ce qui est gagné, c'est une prédictibilité «qualitative» sur la nature des régimes possibles. Le régime chaotique lui-même est prédictible, en tant que régime dynamique.

Mais il y a plus. Cette possibilité théorique de déployer les possibilités dynamiques d'un système permet d'accéder aux possibilités naturelles de «transits» et de «traversées» d'un objet dans son propre espace des phases. Toutes les traversées ne sont pas possibles; certaines le sont, d'autres non. Il existe des *contraintes dynamiques*. Celles-ci sont prédictibles.

Par exemple, dans le cas de l'évolution de la rotation d'Hyperion, l'analyse de la surface de section, en Figure 6, permet de prédire les grandes lignes suivantes (en supposant que l'on ne connaisse pas encore le résultat des observations d'Hyperion). Etant donné que les processus dissipatifs liés aux marées auront tendance à entraîner le mouvement spin d'Hyperion vers un état de synchronicité stable, Hyperion devra nécessairement entrer dans la zone de chaos de son espace des phases, celle-ci étant très large et contenant les principaux rapports de résonance spin-orbite. L'attitude spatiale d'Hyperion deviendra alors instable et commenceront les bascules dans toutes les orientations possibles. Qu'il y ait à partir de cet état chaotique, une capture dans les états de résonance spin-orbite 1/1 (état synchrone) ou ½, est impossible puisqu'ils sont également d'attitude instable. En revanche, une capture dans l'état de résonance 2/1 d'attitude stable est théoriquement possible, mais improbable en raison de la petitesse de cet îlot dans l'espace des phases. L'évolution vers l'état de résonance 3/2 n'est pas à envisager vu qu'il n'existe pas sur l'espace des phases; etc. De ces considérations, les auteurs de l'article (Wisdom *et al.* 1984) concluaient qu'Hyperion devrait être trouvé en rotation chaotique. Cette prédiction qualitative fut confirmée, quelques années plus tard, par les observations.

D'une manière plus générale, en planétologie dynamique, il semble se manifester une tendance des systèmes dynamiques conservatifs à plusieurs corps dissipatifs en interaction gravitationnelle, à évoluer vers des blocages en synchronisme. Citons l'exemple de l'évolution du système Terre-Lune où la rotation synchrone de la Lune fut atteinte moyennant les forces de friction développées par les marées. Selon Wisdom[51], tout satellite (naturel) de forme irrégulière, en rotation spin-orbite synchrone, a dû connaître dans son passé une phase de bascules chaotiques. Il est en effet impossible d'évoluer via les marées dans un état synchrone sans passer par une région d'attitude instable. En général, la chaoticité locale se manifeste au voisinage des résonances où, par le jeu des ingrédients de l'instabilité et de l'évolution des processus dissipatifs (comme les marées), des situations d'équilibre peuvent être atteintes, captées et maintenues.

Par exemple, à l'éloignement séculaire de la Lune par rapport à la Terre (conséquence du mécanisme de marées entre la Terre et la Lune) se combine un ralentissement séculaire de la rotation de la Lune sur elle-même, selon un taux préservant le maintien de sa rotation synchrone.[52] Cette situation d'équilibre peut à son tour contribuer à d'autres mécanismes. Par

51 *Urey Prize Lecture: Chaotic Dynamics in the Solar System* (Wisdom, 1987).
52 Cf. Bois *et al.* 1996.

exemple, la stabilité de la climatologie terrestre à longue période est liée à la stabilité dynamique de l'orientation de l'axe de rotation de la Terre. Or, sans la Lune, l'orientation de l'axe de rotation de la Terre ne serait pas stable et subirait des variations chaotiques au cours des âges.[53] Cet enchaînement de stabilisation est ainsi lié à la dynamique d'un simple satellite naturel dont la masse est suffisamment importante (la Lune est le plus gros satellite naturel du Système solaire en regard de sa planète mère). Liées aux perturbations planétaires, «les faibles variations de l'obliquité de la Terre [en présence de la Lune] sont déterminantes pour lui assurer la relative régularité climatique dont elle a bénéficié depuis plusieurs millions d'années, et qui a permis l'apparition de vie organisée telle que nous la connaissons.»[54]

L'étude des systèmes dynamiques conduit à montrer qu'un mouvement chaotique peut explorer une large portion de l'espace des mouvements en puissance, ce qui correspond, sur de longues périodes de temps, à un processus naturel de *déploiement des possibilités dynamiques de la nature.* A ce titre, le chaos peut être intégré comme un des agents opératoires de l'évolution dynamique et physico-chimique des systèmes de corps célestes solides en interactions gravitationnelles.

11. La dynamique chaotique des exo-planètes

Les observations actuelles de planètes extra-solaires permettent aujourd'hui de donner un sens à la recherche des conditions de stabilité dynamique des systèmes planétaires. De plus, les techniques d'études issues de la connaissance contemporaine des systèmes dynamiques permettent d'envisager ces recherches selon une approche globale et qualitative allant au-delà des aspects métrologiques des échantillons observés.

53 Cf. Laskar *et al.* 1993.

54 *La Lune et l'origine de l'homme* (Laskar (1995): Sans la Lune, l'homme aurait-il supporté les changements climatiques résultants des variations chaotiques de l'axe de rotation de la Terre? Sans la Lune, la Terre ne serait-elle jamais sortit de l'âge glaciaire ? Voir aussi Laskar and Robutel (1993).

Ainsi, à titre exemplaire, le système à compagnons multiples autour de l'étoile Upsilon Andromedae présente des aspects particulièrement attractifs.[55] Ce système possède en effet trois planètes avec des masses similaires ou supérieures à celle de Jupiter, mais avec des demi-grands axes des orbites inférieurs à 2.8 UA. Autrement dit, si ces planètes géantes étaient dans le Système solaire, elles seraient contenues dans une petite portion n'allant pas au-delà de la ceinture principale d'astéroïdes! De ce fait, les interactions planétaires dans ce système sont considérables et doivent rendre leurs trajectoires fort complexes. Les orbites consécutives issues de tels systèmes, à haut régime gravitationnel, réalisent des tores irréguliers, très peu confinés, contrastant nettement avec ceux des planètes du Système solaire. Ainsi, la Figure 7 présente le tore 3-D constitué par les trajectoires de la deuxième planète du système Andromedae. Autant dans la Figure 1, il est aisé d'imaginer un mouvement moyen durablement valide, en l'occurrence une orbite Képlérienne, autant ce n'est pas le cas dans la Figure 7 où la géométrie se présente différemment (des zooms effectués dans la constitution de ce tore montrent clairement la grande latitude de mouvements et de variations rapides d'une orbite de base). L'excentricité des orbites balaye chaotiquement un très large intervalle de valeurs.

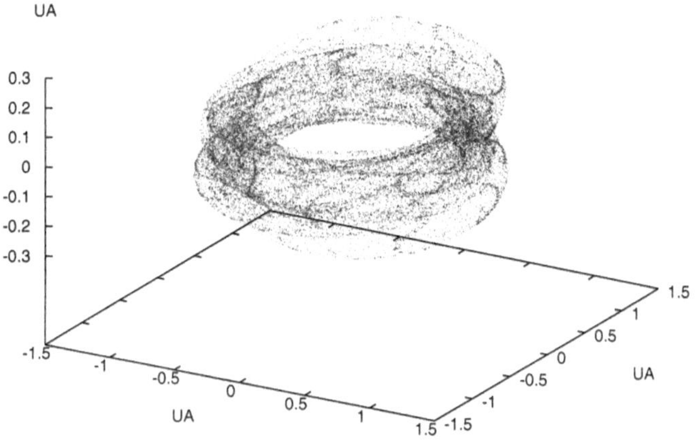

Figure 7. Tore 3-D de la deuxième planète du système Upsilon Andromedae (17 000 orbites).

55 Il s'agit du premier système multi-planétaire trouvé autour d'une étoile semblable au Soleil (Butler *etal.* 1999). υ Andromedae est une étoile brillante, visible à l'œil nu dans l'hémisphère Nord. Elle est située à environ 44 années-lumière de la Terre.

Par exemple, pour cette deuxième planète du système Andromedae, ce balayage parcourt plus de 60 % des possibilités d'une conique elliptique (cf. Figure 8). Les variations de l'amplitude de l'inclinaison sont également drastiques et elles sont chaotiques (pour les trois planètes du système). Des bascules instables sur plusieurs dizaines de degrés des plans d'orbite peuvent se produire en quelques centaines de révolutions. En conséquence, la notion de plan moyen n'a plus de sens et, au-delà, dégénère la notion d'éléments géométriques moyens autour desquels pourrait s'appliquer une théorie des perturbations. En effet, même s'il était possible de trouver un mouvement «topologiquement» moyen, les écarts permanents à ce mouvement ne pourraient plus être considérés comme des perturbations proportionnelles à un petit paramètre en puissance duquel se développeraient des séries représentant ces perturbations.

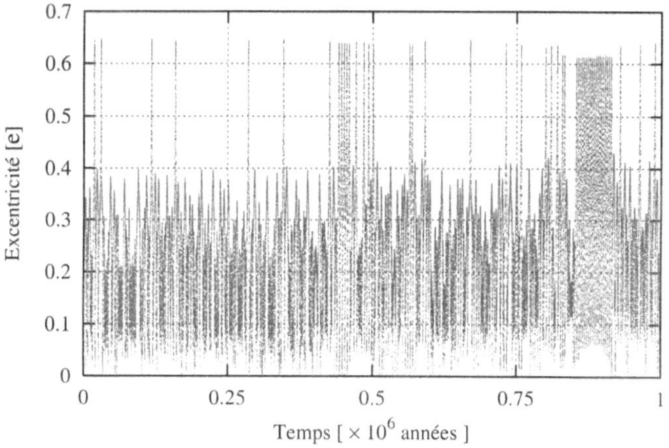

Figure 8. Variations chaotiques de l'excentricité de la deuxième planète du système υ Andromedae. Le temps sur l'axe des abscisses est en années terrestres. Le calcul a été effectué sur 1 million d'années.

Mais ce problème de la perte de sens d'éléments moyens va jusqu'à la difficulté à trouver une pertinence et un intérêt dans la production d'éléments osculateurs à des orbites Képlériennes. Par conséquent, la difficulté se prolonge dans le sens à donner à des intégrations numériques (de ces problèmes à N corps) amorcées par des conditions initiales ainsi produites. L'inclinaison, tout comme l'excentricité, devient ici un paramètre hautement instable et s'il devait se trouver une observation d'une inclinaison (ou d'une excentricité) proche de zéro, il serait à suspecter que cette observation ne traduise qu'un passage dans la valeur observée et non pas une stabilité périodique dans cette valeur. Quel est alors le sens d'une simulation numérique aux conditions initiales dérivées des observations du moment? Comment des observations réduites «à tor» par des lois Képleriennes ou quasi-Képleriennes pourraient-elles donner des valeurs ayant d'une part une quelconque signification en soi, et d'autre part pouvant servir sans distorsion à l'amorce d'un problème à *N* corps? Ce serait là une faiblesse de la théorie – de ne point disposer de bonnes conditions initiales – pour calculer des prédictions. Mais l'on ne calcule pas des éphémérides pour des mouvements chaotiques! C'est alors une force nouvelle d'anticipation de la théorie de pouvoir faire varier les paramètres d'entrée et les conditions initiales sur de longues gammes de valeurs, de repérer ainsi les régimes dynamiques, leurs tendances et leurs degrés de dépendance à tel ou tel paramètre.[56]

Ces considérations mènent à devoir nuancer un «lieu commun» du monde scientifique, qui consiste à croire que les observations possèdent absolument le statut de confirmer ou d'infirmer les théories. L'insuffisance de ce principe tient principalement dans l'idée implicite d'une sorte de dichotomie entre les observations et les théories. Or, cela n'est jamais si simple; il est ici très clair que les résultats d'observations dépendent des théories.[57] Les observations des planètes extra-solaires, pour donner des éléments dynamiques représentant la dynamique réelle du système, doivent être réduites relativement à des intégrations à *N* corps.[58]

La durée de prédictibilité de ce genre de systèmes planétaires (c'est-à-dire où il se trouve au moins deux planètes géantes proches de l'étoile cen-

56 A noter en particulier, qu'une inclinaison relative proche de zéro degré, entre deux planètes d'un tel système, n'est pas viable. En effet, quelle que soit une valeur prise entre un millième de degré et une dizaine de degrés pour l'inclinaison initiale relative entre les deux plans d'orbite de départ des deux planètes extérieures d'Upsilon Andromedae, il se produit comme une sorte d'attracteur autour de 15 degrés dans les variations chaotiques à hautes amplitudes des deux inclinaisons instantanées. Il est ainsi essentiel d'étudier sur un plan théorique les tendances dynamiques, lorsqu'il en existe, prises par les systèmes planétaires (les observations actuelles n'accèdent pas aux valeurs des inclinaisons des orbites des exo-planètes).

57 Il ne s'agit pas là d'une nouveauté épistémologique. En 1914, Duhem soulignait l'importance de la théorie dans l'interprétation des expériences.

58 Voir Laughlin and Chambers (2001).

trale[59] et sans configuration particulière de résonances entre les planètes) s'avère considérablement courte comparativement au cas du Système solaire. Le calcul du temps de Lyapunov obtenu par Laughlin et Adams pour le système υ d'Andromedae donne 340 ans.[60] Les résultats de ces auteurs indiquent qu'υ Andromedae présente un comportement extrêmement chaotique pour toutes les régions de l'espace des paramètres permis par les observations. Le chaos redistribue complètement les paramètres orbitaux en quelques milliers d'années, une durée donc bien plus courte que les dizaines de millions d'années avec notre Système solaire!

En réalité, dans l'espace des paramètres, la distribution des comportements stables et instables de systèmes planétaires voisins du type υ Andromedae dépend de façon hautement non-linéaire du rapport hiérarchique des masses des planètes et de leurs inclinaisons relatives.[61] Il est par conséquent essentiel d'étudier sur un plan théorique la dynamique globale et les diverses tendances prises par les systèmes planétaires, d'autant que les observations actuelles n'accèdent pas aux valeurs des inclinaisons des orbites. A l'Observatoire des Sciences de l'Univers de Bordeaux, mon équipe et moi-même avons construit une série de modèles de systèmes planétaires et d'outils d'analyse globale des comportements dynamiques possibles.[62] Nos calculs montrent que les trajectoires des planètes autour d'Upsilon Andromedae sont chaotiques pour une large gamme de valeurs des para-

59 Les exo-planètes sont actuellement déterminées par des méthodes observationnelles de chronométrage ou de mesures des vitesses radiales de l'étoile centrale. Il s'agit d'observations indirectes déduites des fluctuations gravitationnelles subies par l'étoile. Cela explique un biais observationnel permettant de comprendre pourquoi on observe aujourd'hui des planètes géantes gazeuses (du genre de Jupiter) *proches* de l'étoile.

60 Laughlin and Adams (1999).

61 Cf. Kiseleva and Bois (2001) et notre analyse globale dans l'espace des paramètres dans Gozdziewski *et al.* (2001). Les observations ne fournissent pas la masse M de la planète, mais $M \sin i$ où i est l'angle d'inclinaison entre la normale au plan de l'orbite et la ligne de visée. Il en résulte une ambiguïté sur la détermination de la masse des planètes extrasolaires qui porte la capacité de changer le régime dynamique résultant.

62 Ces recherches ont été initiées en 2000 dans le cadre d'un Programme d'Astro-Dynamique Non-linéaire (PADN) à l'Observatoire de Bordeaux. Le PADN consiste dans l'étude des conditions endogènes et exogènes à la stabilité des systèmes planétaires (E. Bois – Pi). Le PADN, initialement sous contrat franco-américain intitulé *«Fine-tuning: From Galaxy Formation to the Stability of Planetary Systems»* (B. Guiderdoni – Pi) se développe aujourd'hui en générant une riche arborescence de sujets et de nouveaux projets internationaux.

mètres d'entrée. Il existe néanmoins quelques sous-ensembles de conditions initiales pour lesquels les mouvements sont stables, ceux-ci s'avèrent minoritaires.[63] Ces résultats suggèrent que beaucoup de systèmes planétaires doivent être dynamiquement très différents du Système solaire.

De façon à construire des modèles les plus réalistes possibles, en s'écartant non seulement des lois de Képler mais aussi de l'hypothèse classique de la mécanique du point (où les corps sont assimilés à des masses ponctuelles), les modèles de systèmes planétaires développés à Bordeaux prennent en compte les moments quadripolaires traduisant les aplatissements dynamiques aux pôles de l'étoile et des planètes ainsi que les interactions de marées entre les corps. Le résultat, contre toute attente, est étonnant. Dans certains cas, ces forces peuvent avoir un rôle «stabilisant» sur la chaoticité des systèmes planétaires, au point d'augmenter significativement la durée de vie de ces systèmes, ceci en évitant leur désintégration par éjection de la planète extérieure.[64]

Dû au haut régime gravitationnel des systèmes planétaires (simulés dans des conditions génériques sur la base des systèmes observés jusqu'à présent), le mouvement des exo-planètes ouvre un nouveau laboratoire de dynamique aux interactions non-linéaires. Liée à la chaoticité interne et rapide de l'évolution de leurs trajectoires, la géométrie globale des orbites est telle que les lois de Képler ne peuvent plus s'y appliquer, du moins directement et simplement. Ce point procurant une valeur particulière à la dynamique du Système solaire, tend à remettre en cause le sens physique des réductions des observations des exo-planètes par des lois strictement Képlériennes. De plus, il nous paraît assez clair qu'il soit vain d'imaginer que les planètes du système υ Andromedae puissent orbiter dans un même plan. En outre, il nous paraît possible d'extrapoler cette conjecture à tout système constitué d'au moins deux planètes géantes proches de l'étoile centrale, à moins qu'un état

63 Gozdziewski *et al.* (2001).

64 Kiseleva and Bois (2001). Liée à l'incertitude sur l'inclinaison des orbites des deux planètes extérieures du système υ Andromedae, même la hiérarchie des masses de ces planètes n'est pas définitivement acquise. Or, nous avons montré qu'il existe des cas où l'on peut passer d'un système stable à un système instable, simplement en jouant sur l'impact de l'incertitude des inclinaisons vis-à-vis de la hiérarchie des masses. Ainsi dans Kiseleva and Bois (2001), nous présentons un cas où le «nouveau» système υ Andromedae (obtenu par l'inversion de la hiérarchie des masses dans la limite permise par le sin i) est si hautement instable qu'il se désintègre en éjectant sa planète extérieure dès les premiers mille ans.

de résonance vienne radicalement stabiliser le système, comme tend à le montrer nos récents calculs à propos du système Gliese 876 (deux planètes géantes en résonance 2:1).

De cette première époque de calculs de la dynamique des systèmes planétaires, l'on tire le sentiment que le mouvement des exo-planètes se présentera souvent (c'est-à-dire sauf cas particuliers) comme irréductible au problème des deux corps. Il appelle au minimum la quintessence du problème des trois corps et la connaissance moderne des systèmes non-intégrables.

L'émergence de la complexité physico-chimique est-elle plus ou moins catalysée par l'équilibre, le non-équilibre, ou une succession chaotique de ces états? Il est encore difficile de tirer des principes universels, s'ils existent, des expériences locales ou particulières. Cependant, il apparaît comme raisonnable d'admettre aujourd'hui que la complexité physico-chimique réclame de longues durées de régimes dynamiques réguliers. Les possibilités dynamiques ne sont donc pas sans fournir des contraintes aux possibilités physico-chimiques. Au demeurant, le chaos dynamique réalise un déploiement naturel des possibilités dynamiques de la nature, contribuant ainsi à l'émergence de configurations dynamiques particulières.

Les possibilités d'élaboration de la complexité physico-chimique apparaissent dès lors pour une part dépendantes des modalités d'évolution dynamique des systèmes planétaires. L'on pouvait s'y attendre. Mais les premières corrélations établies dans ce domaine conduisent, de notre point de vue, à devoir intégrer ces aspects dans le cadre des recherches en exobiologie (ou astrobiologie), sous peine de réduire ce nouveau courant de recherches à une formidable pétition de principes.[65] Autrement dit, alors que le premier rêve de l'exobiologie pensait trouver facilement une distribution foisonnante de la vie dans l'Univers, la dynamique chaotique apporte des contraintes inattendues aux possibilités d'émergence de la vie. Elle contribue en outre à revoir nettement à la baisse les critères de définition des «zones d'habitabilité», habituellement fondées sur les seuls présupposés physico-chimiques.

65 Du genre: *l'Univers est vaste, l'émergence de la vie est un phénomène banal, donc il est licite de chercher la distribution de la vie dans l'Univers…*

12. Conclusion: Le «syndrome du chaos»

L'existence, dans les calculs, de limites de prédictibilité usuelle renvoie aux propriétés mathématiques des équations qui sont intégrées. Celles-ci sont non-intégrables et la bonne manière de les étudier est de déployer dans l'espace des phases le faisceau de comportements dynamiques possibles que leur structure renferme. D'une façon assez générale, ces déploiements montrent la répartition des zones de comportements réguliers, stables ou instables (où des calculs prédictifs ont du sens), en rapport des zones de comportements irréguliers, dits chaotiques (où des calculs d'éphémérides n'ont plus de sens). La sensibilité numérique aux conditions initiales résulte de l'instabilité intrinsèque dans les zones chaotiques des systèmes non-intégrables. Il est par conséquent à souligner que la limite de prédictibilité peut être soit pratique, soit «modèle-dépendant», mais elle peut aussi annoncer l'imprévisibilité naturelle. De la sorte, il est nécessaire de distinguer plusieurs degrés de signification du chaos déterministe, liés aux protocoles de sa mise en œuvre:

1) Un calcul modèle-dépendant conduisant à la seule affirmation d'une limite de prédiction, définit un premier niveau.
2) Un comportement dynamiquement chaotique, dûment établi selon une propriété interne au système dynamique, définit le second niveau.
3) Dans le troisième niveau, cette propriété interne est réellement en acte dans le «morceau» de nature représenté par le système.

Le chaos dynamique «deuxième et troisième niveau» signifie essentiellement qu'un mouvement chaotique peut explorer une large portion de l'espace des mouvements, ce qui correspond à un facteur naturel de *déploiement des possibilités dynamiques de la nature.* Dans le domaine macroscopique, le chaos dynamique n'est ni le hasard, ni le n'importe quoi, il est cohérent, il est déterministe et, à son niveau le plus fort, signifie l'existence d'un *processus exploratoire* du mouvement en puissance, lequel traduit une réalité possible. Mais à ses niveaux inférieurs de signification, il n'en est assurément pas ainsi.

La grande vogue du chaos ne s'est pas développée sans répandre une certaine pathologie associée. Ce que j'appelle le «syndrome du chaos» est tel qu'un phénomène peut présenter les symptômes du chaos sans pour autant procéder de cette pathologie. Ce syndrome prend sa source dans le fait d'identifier imprudemment les *indicateurs* du chaos avec les *preuves* du chaos. Dans ces conditions, l'on comprendra comment d'une indication généreuse du chaos, l'on se retrouve avec une sorte de confusion épistémologique, ou encore, comment se contentant des apparences du chaos, l'on passe à sa «prolifération».

Au «syndrome» pour ainsi dire constitutif du chaos, s'ajoute une curiosité externe, c'est l'intention attractive du chaos. L'intention du chaos, c'est ce que l'on voudrait faire dire au chaos, c'est-à-dire les raisons plus ou moins cachées d'un chaos non plus phénomène, mais érigé en vecteur d'idéologie plus ou moins philosophique. Ici, ce n'est plus le chaos qui instruit, mais l'idée du chaos qui attire et séduit. C'est pourquoi j'appelle ce phénomène socio-anthropologique *«le chaos et l'intention du chaos»* au point que l'on puisse parler aujourd'hui d'une sorte de phénoménologie du chaos. Aux notions classiques, en Science, de *réduction*, *maîtrise*, *prédictibilité, exhaustivité*... se substituent des notions et des concepts balayant aujourd'hui le champ des sciences: *irréductibilité*, *incertitude, imprédictibilité*, *incomplétude*, *indécidabilité*... La similitude de cohérence de ces nouvelles notions peut certainement contribuer à amorcer la question de savoir s'il ne s'agirait pas là, d'un nouveau paradigme en élaboration; ce que je suis enclin à penser. Mais aussi pour mieux asseoir cette idée, l'on voudrait voir la chute du déterminisme et proclamer dans cette même veine, l'*in*déterminisme! Et bien non! Du moins pas avec le chaos!

Dans cette même veine également, l'on voudrait de-ci de-là que le chaos alimente la thèse du hasard érigé en système explicatif. Or c'est tout le contraire, le chaos se présente plutôt comme un territoire d'intelligibilité conquis à l'empire du hasard! Michel Bounias, professeur de Toxicologie et de Biomathématiques à l'Université d'Avignon, l'a très bien compris lorsqu'il intitule l'un de ses articles *«Le hasard: battu par chaos!»*[66] Le chaos, tout comme le hasard, exploite le possible, rien que le possible, jamais l'impossible.[67] Le chaos dynamique déploie les possibilités dynamiques d'un système dynamique.

66 *Science Frontières 30*, pp. 18-23.

67 Qu'on se le dise dans les sciences de la vie! Pour que le chaos puisse être reçu comme un des ingrédients de la dynamique de l'évolution (micro- ou macro-), c'est-à-dire pour que le hasard puisse ne pas être reçu comme la caisse de résonance des complexifications incomprises, il est nécessaire d'identifier les frontières de ce qui ne peut être attendu, sous peine de descriptions statiques sans relations dynamiquement causales et de fait, sans réelle faculté de prédictions.

L'apport de la science du chaos en philosophie de la Nature est que le dualisme *«prédictibilité–imprédictibilité»* ne traduit pas l'alternative *«déterminisme–indéterminisme»*. L'épistémologie du chaos dynamique ouvre, en rompant avec la vieille alternative «hasard ou nécessité», la voie d'une nouvelle philosophie de la Nature, à base de déterminisme affranchi de la contrainte de prédictibilité. Les rapports du déterminisme et de la causalité physique s'affinent au profit de la compréhension de l'immanence. La croissance de la complexité n'est ni le fruit d'une interminable cascade de hasards purs mais propices, ni celui d'une nécessité déterminée mais hautement téléguidée. La Nature possède en elle-même les principes de génération de situations nouvelles, «d'attraction» à la complexité et de catalyse de la croissance de celle-ci. Cependant, ces mêmes principes qui ne sauraient être cause d'eux-mêmes, restent subordonnés à l'existence même de la Nature et de sa subsistance dans l'être. De ce fait, ils ne sauraient signifier quelque argument d'autosuffisance ontologique de l'univers de la Nature et par conséquent de l'être de l'Univers.

Remerciements:
Je remercie mes collaborateurs Nicolas Rambaux et Aleksei Pavlov pour les sections de Poincaré des Figures 4, 5 et 6 calculées et tracées dans les conditions de Wisdom (1987).

Références

Boigey, F., 1972, «Une théorie des perturbations en variables angles-actions. Application au mouvement d'un solide autour d'un point fixe. Précession-nutation», *Journal de Mécanique* 11, 521-543.

Bois, E., 1995, «Proposed terminology for a general classification of rotational swing motions of the celestial solid bodies», *Astronomy and* Astrophysics 296, 850-857.

Bois, E., 1997, «Le chaos, sens, contresens et cohérence», dans J. P. Rozelot (éd.), Comptes-Rendus de l'Ecole Thématique du CNRS «Chaos et Fractales dans l'Activité Solaire», 8-24.

Bois, E., 2000a, «La causalité étendue», dans Luciano Boi (éd.), *Science et philosophie de la Nature: Un nouveau dialogue*, Peter Lang AG, 199-219.

Bois, E., 2000b, «Connaissance de la libration lunaire à l'ère de la télémétrie laser-Lune», *Comptes Rendus de l'Académie des Sciences (Paris),* tome 1, Série IV, 809-823.

Bois, E., 2001, «Les trois niveaux de signification du chaos dynamique», *Revue des Questions Scientifiques* 172, 105-116.

Bois, E., Boudin, F. et A. Journet, 1996, «Secular variation of the Moon's rotation rate», *Astronomy and Astrophysics* 314, 989-994.

Bois, E., Wytrzyszczak, I. et A. Journet, 1992, «Planetary and Figure-figure Effects on the Moon's Rotational Motion», *Celestial Mechanics and Dynamical Astronomy* 53, 185-201.

Boudin, F., Oberti, P. et E. Bois, 1994, «Gravitational Model of Comet Nucleus Rotation», *Annales Geophysicae* 12, Part III Space and Planetary Sciences, C666.

Butler, R.P., Marcy, G.W., Fischer, D.A., Brown, T.M., Contos, A.R., Korzennik, S.G., Nisenson, P. et R.W. Noyes, 1999, «Evidence for multiple companions to Upsilon Andromedae», *Astrophysical Journal* 526, 916-927.

Chabert, J.-L. et Dahan Dalmedico, A., 1991, «Henri Poincaré, le précurseur», *La Recherche* 232, 566-570.

Delahaye, J.-P., 1995, «Le complexe surgit-il du simple?», *Pour La Science*, Dossier hors-série: *Le Chaos*, 30-34.

Duhem, P., 1914, *La Théorie physique: son objet, sa structure*, Editions Rivière (2e), Paris.

Goldstein, H., 1964, *Mécanique classique*, Presses Universitaires de France, p. 172.

Gozdziewski, K., Bois, E., Maciejewski, A.J. et L. Kiseleva-Eggleton, 2001, «Global dynamics of planetary systems with the MEGNO criterion», *Astronomy and Astrophysics*, 378, 569-586.

Hénon, M., 1969, «Numerical exploration of the restricted problem V. Hill's case: Periodic orbits and their stability», *Astronomy and Astrophysics* 1, 223-238.

Hofstadter, D., 1995, «L'universalité du chaos», *Pour La Science*, Dossier hors-série: *Le Chaos*, 18-26.

Hubbard, B. B. et J. Hubbard, 1995, «Loi et ordre dans l'Univers: le théorème KAM», *Pour La Science*, Dossier hors-série: *Le Chaos*, 36-44.

Kellert, S.H., 1993, *In the wake of chaos*, The University of Chicago Press.

Kiseleva-Eggleton, L. et E. Bois, 2001, «Effects of perturbing forces on the orbital stability of planetary systems», *Astrophysical Journal* 553, L73-76.

Klavetter, J.J., 1989, «Rotation of Hyperion. I. Observations», *Astronomical Journal* 97, 570-579.

Laskar, J., 1994, «Large Scale Chaos in the Solar System», *Astronomy and Astrophysics* 287, L9-L12.

Laskar, J., 1995, «La Lune et l'origine de l'homme», *Pour La Science*, Dossier hors-série: *Le Chaos*, 48-54.

Laskar, J. et Froeschlé, Cl., 1991, «Le chaos dans le système solaire», *La Recherche* 232, 572-582.

Laskar, J., Joutel, F. et P. Robutel, 1993, «Stabilization of the Earth's Obliquity by the Moon», *Nature* 361, 615-617.

Laskar, J. and Robutel, P., 1993, «The Chaotic Obliquity of the Planets», *Nature* 361, 608-612.

Laughlin, G. et F.C. Adams, 1999, «Stability and chaos in the υ Andromedae planetary system», *Astrophysical Journal* 526, 881-889.

Laughlin, G. et J.E. Chambers, 2001, «Short-Term Dynamical Interactions Among Extrasolar Planets», *Astrophysical J.*, 551, 109-113.

Lorenz, E., 1963, «Deterministic Nonperiodic Flow», *Journal of the Atmospheric Sciences* 20, 130-141.

Poincaré, H., 1892 (vol. I), 1893 (vol. II), 1899 (vol. III), *Les Méthodes Nouvelles de la Mécanique Céleste,* Gauthier-Villars, Paris.

Ruelle, D., 1995, «Où le chaos intervient-il?», *Pour La Science*, Dossier hors-série: *Le Chaos*, 6-13.

Wigner, E. P., 1960, «The Unreasonable Effectiveness of Mathematics in the Natural Science», *Communications on Pure and Applied Mathematics* XIII, 1-14.

Wisdom, J., Peale, S. J. et F. Mignard, 1984, «The chaotic rotation of Hyperion», *Icarus* 58, 137-152.

Wisdom, J., 1987, «Urey Prize Lecture: Chaotic Dynamics in the Solar System», *Icarus* 72, 241-275.

Les mathématiques profondes et la structure de la réalité physique

Dominique LAMBERT
Facultés Universitaires Notre-Dame de la Paix, Namur
Faculté des Sciences et Département de Philosophie
61 rue de Bruxelles, B-5000 Namur (Belgique)

Abstract: This paper is aimed at studying the role of mathematical invariants in physics. Furthermore, we try to show that these invariants allow for establishing a fundamental interaction between mathematical concepts and physical theories. Moreover, they are at the core of the structure of physical reality. Finally, we try to explain why the "objective" mathematical experience constitutes the "formal" moment of an interpretative process of the physical reality. Consequently, a new Natural Philosophy has to be based on the deep richness of mathematical concepts and structures.

1. Philosophie des mathématiques et philosophie de la nature: changements de perspectives

Les courants récents en philosophie des mathématiques montrent un réel dépassement d'une conception «aprioriste» des mathématiques. Il s'agit de comprendre les mathématiques, non pas à partir d'une reconstruction philosophique dont les traits seraient donnés à l'avance, mais à partir de ce qu'elles sont effectivement. L'histoire concrète des pratiques mathématiciennes joue un rôle beaucoup plus central que par le passé. On s'attache donc à suivre le mouvement conceptuel induit par les théories pour en manifester les lignes de force essentielles. Par ailleurs, le platonisme, même s'il reste défendu par des personnalités éminentes de la communauté des mathématiciens, est fortement concurrencé par une vue plus pragmatique assimilant les mathématiques à des constructions réalisées par des sujets humains en chair et en os[1]. Une attention de plus en plus grande est d'ailleurs accordée à la manière dont le cerveau participe à la constitution des mathématiques[2]. Toutes ces études montrent que la dimension constructive des mathématiques ne contredit pas nécessairement l'idée, chère aux platoniciens, qu'il existe une sorte d'objectivité de la connaissance mathématique[3]. En effet, ce qui se donne dans la construction n'est pas purement arbitraire ou le fruit d'un libre choix. Il existe des résistances, des obstructions qui montrent que quelque chose se donne au fil des constructions, qui n'était pas nécessairement prévu et qui possède une indépendance relative par rapport au sujet mathématicien, sans pour autant se situer dans un «monde des idées» ou directement dans les structures du monde empirique[4]. Nous suivrons ici ce mouvement qui vise à retourner vers la pratique elle-même, en tentant une caractérisation, grossière et non-exhaustive, des mathématiques contemporaines.

Si la philosophie des mathématiques tend à rejoindre le sujet concret qui les développent, la philosophie de la nature tend de son côté à s'en éloigner. En effet, classiquement, la cosmologie philosophique ou philosophie de la nature, construit une interprétation des données «naturelles» (ou des sciences de la nature) en se fondant sur les catégories tirées de notre expérience directe. Cependant, aujourd'hui, on ne peut plus penser interpréter directement les résultats que nous offrent la physique des particules élémentaires par exemple, en termes de référence à une ontologie des objets usuels. Ceci

1 R. HeR. Hersh, «Some Proposals for Reviving the Philosophy of Mathematics» in *New Directions in the Philosophy of Mathematics* (Th. Tymoczko, éd.), pp. 9-28.

2 S. Dehaene, *La bosse des maths*, Paris, Odile Jacob, 1996.

3 Nous retrouvons ici une idée chère à Maurice Merleau-Ponty pour qui l' Etre est «justement en tant que créations. L'Etre est ce qui exige de nous création pour que nous en ayons l'expérience» (*Le visible et l'invisible*, Paris, Gallimard, 1964, p. 251). L'intérêt de la philosophie de Merleau-Ponty pour une compréhension contemporaine des mathématiques a été mis en lumière de manière particulièrement profonde par P. Cassou-Nogues, «Le problème des mathématiques dans la philosophie de Merleau-Ponty» in Merleau-Ponty, *Notes de cours sur «L'origine de la géométrie» de Husserl* suivi de *Recherches sur la phénoménologie de Merleau-Ponty* (sous la dir. de R. Barbaras), Paris, P.U.F., 1998, Epiméthée, pp. 369-404. Le travail de Cassou-Nogues débouche sur une conception des mathémathématiques comme ontologie, nous les envisageront plus loin comme moment formel d'une philosophie de la nature.

4 Il pourrait s'agir en effet, dans une conception naturaliste des mathématiques de l'objet mental qui est à l'origine de l'intuition qui soutient le mathématicien dans son activité de formalisation, d'axiomatisation et de calcul (cf. plus loin).

signifie que toute comparaison de la particule avec une «petite bille» ou de l'atome avec un système planétaire ou encore de l'Univers à grande échelle et d'un organisme vivant, n'ont plus aucun sens (si ce n'est comme analogie vague et peu opérationnelle pour la pensée et pour l'action). Mais alors, et c'est cela qui se passe aujourd'hui, nous sommes contraints soit d'abandonner toute idée d'interprétation philosophique des résultats «évolués» des sciences ou de réserver la philosophie de la nature à un champ d'expériences simplement macroscopiques. Aujourd'hui, nous distinguons les signes d'un nouveau changement de perspective. De fait, les mathématiques et la physique théorique nous ont habitués à interpréter les résultats scientifiques au moyen, non pas de références macroscopiques, mais à partir des champs d'expériences mathématiques pour lesquels nous avions développé une certaine intuition. La philosophie de la nature pourrait retrouver un sens, mais à l'intérieur même de l'expérience mathématique. Nous voudrions établir, dans la suite, le fondement de ce processus d'interprétation «par les mathématiques».

Ces changements de perspectives que nous venons de décrire, tant au niveau de la philosophie des mathématiques que de la philosophie de la nature, se rejoignent. Il s'agit au fond d'un même mouvement qui vise à redécouvrir la place et la portée du savoir mathématique. Détrônées de leur «Ciel des idées» pour être replacées au cœur de l'activité créatrice d'un sujet humain, les mathématiques semblent être tout autre chose qu'un simple jeu arbitraire. En saisissant, dans la suite de notre travail, cette spécificité de l'agir mathématique, nous verrons comment celui-ci devient un travail véritablement philosophique.

2. Un essai de caractérisation des mathématiques

Nous allons tenter d'analyser ici un ensemble de traits qui caractérisent les mathématiques contemporaines. Nous ne voulons pas suggérer qu'il soit possible de donner une caractérisation ou une définition ultime et globale de l'activité et des pratiques mathématiques. En effet, celles-ci sont en développement permanent et les critères qui en délimitent l'extension propre (les critères de rigueur, par exemple) sont également en perpétuelle genèse.

Il est cependant intéressant et pertinent de repérer un certain nombre de traits marquants de l'activité mathématique, pour en saisir la signification. C'est ce que nous allons faire maintenant.

A. Unité et diversité

Les mathématiques contemporaines sont marquées par une montée vers l'unité conceptuelle. Cette unité se manifeste, entre autres, par les relations qui se tissent aujourd'hui entre la théorie des nombres et la géométrie algébrique (géométrie d'Arakelov, par exemple), entre la théorie des nœuds et la théorie des algèbres de von Neumann ou la théorie des catégories, entre la logique et la topologie (via la théorie des topoï de Grothendieck), etc. Cette unité a été conceptualisée, dans un premier temps, par la recherche de fondements commun à toutes les branches des mathématiques: ceci a débouché sur les célèbres travaux du début du vingtième siècle concernant la logique et la théorie des ensembles. Cependant, ces travaux ne peuvent, par eux-mêmes, expliquer directement pourquoi tel domaine de la théorie des nombres par exemple se raccorde à tel autre d'inspiration plus géométrique. La mise en évidence de la notion de structure telle qu'elle avait été pensée par Bourbaki a constitué un nouvel outil susceptible de fournir une explication à l'unification de certains champs conceptuels. Cependant, ceci n'est pas suffisant non plus car il nous faut une sorte de théorie des structures pour en saisir la véritable portée. La théorie des catégories entend répondre à ces vœux en offrant une base conceptuelle pour relier les structures entre elles. Ceci ne semble pas entièrement satisfaisant pour expliquer cette tendance vers l'unité. Une approche intéressante, et qui a été remarquablement mise en lumière par Madame Sinaceur, consiste à retourner à la théorie des modèles[5]. L'unité de certains domaines théoriques, apparemment distincts, peut provenir du fait qu'ils constituent deux modèles (pas nécessairement isomorphes) d'une même axiomatique. Chaque modèle possède ses traits propres (géométriques, arithmétiques, algébriques,...) et leur unité peut être conceptualisée mathématiquement par des «principes de transfert» (s'ils existent, ce qui exige un certain type de complétude de la théorie) qui assurent la traduction de résultats d'un langage vers un autre.

5 H. Sinaceur, *Corps et modèles. Essai sur l'histoire de l'algèbre réelle*, Paris, Vrin, 1991.

L'unité interne des mathématiques peut donc être posée à de multiples niveaux et pour en rendre compte, il conviendrait que l'on ne les confondent pas. Car, une chose est de montrer l'unité des mathématiques en les rapportant à une axiomatique de la théorie des ensembles assortie d'une logique particulière, autre chose est de montrer, dans un domaine particulier comme la géométrie algébrique par exemple, pourquoi les propriétés des courbes elliptiques se trouve liée à la théorie des équations diophantiennes ou pourquoi, dans un autre domaine, la théorie des représentations du plus grand groupe fini sporadique, le «monstre», est reliée à la théorie des algèbres de Lie de dimension infinie. On voit donc ici que la définition et les critères de ce que l'on appellerait volontiers l'unité interne des mathématiques sont des notions tout à fait relatives à «l'échelle» des domaines que l'on considère et à l'état d'avancement conceptuel des mathématiques elles-mêmes. Pouvait-on poser ce problème de l'unité avant d'avoir exhibé les concepts d'isomorphisme, de catégorie, de modèles,...? Il semble bien que la réponse à cette question soit négative.

Si la définition de l'unité peut être problématisée, il n'en reste pas moins vrai qu'elle est réelle et surprenante. Cependant, elle n'est jamais réalisée de manière globale et absolue. A tout moment, dans le développement des mathématiques, apparaissent de nouveaux outils et concepts qui perturbent cette montée vers l'unité dont nous avions parlé. Il est par ailleurs évident que l'unité des mathématiques[6] ne peut être obtenue de manière totale en raison de la coexistence de systèmes axiomatiques incompatibles entendant décrire un même domaine d'intuitions (celui qui préside à la constitution de la théorie des ensembles, par exemple). Il semble plus correct de parler d'une *unification régionale* des mathématiques. Ceci signifie qu'il existe des domaines présentant une unité, à un certain niveau, mais que cette unité ne s'étend pas à l'ensemble des mathématiques. Le fondement de la limite «régionale» de l'unité pourrait être cherché, tout d'abord, dans le fait que les mathématiques sont des constructions faisant intervenir, de temps à autre, des choix libres de l'esprit humain. Ces moments de bifurcations conceptuelles, qui se marquent de manière éclatante dans certains choix axiomatiques qui engagent l'avenir des mathématiques, sont de

6 Nous parlons ici des mathématiques telles que les mathématiciens les écrivent. Dans une perspective platonicienne, on pourrait considérer qu'il puisse exister une unité du «monde des idées mathématiques» sans qu'il existe, *hic et nunc*, une unité des approches partielles réalisées par les travaux des mathématiciens cherchant à cerner ce «monde».

nature à remettre en cause la consistance ou simplement les principes unificateurs antérieurs. Un autre fondement de cette unité régionale pourrait être liée à l'existence de champs d'intuitions ou d'idées logiquement distinctes. Si les mathématiques traduisent formellement des idées ou des concepts ou même des images mentales[7], il ne serait pas étonnant que ces traductions ne soient pas nécessairement unifiables à tous les niveaux. Un ensemble d'images, d'idées ou de concepts n'étant pas obligatoirement homogène ou en rapport direct avec un autre

On pourrait dire que l'image offerte par les mathématiques contemporaines est une tension dynamique entre l'unité et la diversité. Des champs conceptuels variés sont de mieux en mieux unifiés, mais ceux-ci coexistent avec d'autres régions conceptuelles qui n'entretiennent que peu de rapports avec les premiers.

Il nous faut remarquer que la perception d'une unité régionale ne se fait pas d'emblée. Elle est souvent reconnue en mettant en évidence des *«nœuds conceptuels»* où semblent s'entrecroiser diverses théories. Un des exemples récents est celui du théorème de Fermat-Wiles[8], où s'entrecroisent la théorie des équations diophantiennes, la théorie des courbes elliptiques, la théorie de Galois et la théorie des formes modulaires. Un autre exemple saisissant est celui du théorème de l'index de Jones[9] qui apparaît dans la théorie des algèbres de von Neumann. La démonstration de ce théorème fait intervenir l'algèbre du groupe des tresses d'Artin[10]. Elle permet également de construire un invariant topologique des nœuds (le polynôme de Jones) dont Witten a donné une interprétation dans le contexte d'une théorie quantique et topologique des champs. Le résultat de Jones est relié égale-

7 Nous reviendrons sur cet aspect dans quelques instants.

8 Nous renvoyons le lecteur aux ouvrages ou articles suivants: H. Edwards, *Fermat last theorem: a genetic introduction to algebraic number theory*, Berlin, Springer-Verlag, 1977; P. Ribenboim, «Recent results about Fermat's last theorem», *Expo. Math.*, 5 (1987) 75-90; K. Rubin, «A report on Wiles' Cambridge lectures», *Bull. Amer. Math. Soc.*, 31 (1994) 15-38.

9 J. S. Birman, «The work of Vaughan F. R. Jones» et V. F. R. Jones, «von Neumann Algebras in Mathematics and Physics» in *Proceedings of the International Congress of Mathematicians. August 21-29, 1990, Kyoto, Japan*, Vol. I, Berlin, Springer-Verlag, 1991, pp. 9-18 et pp. 121-138.

10 Ce groupe réalise d'ailleurs une unité entre des notions combinatoires purement discrètes (une tresse définit une permutation) et des notions topologiques (la tresse est réalisée au moyen de courbes continues).

ment de façon naturelle à la théorie des groupes quantiques et à celle des représentations des algèbres de Lie simples. Dans le passé, le problème de la factorisation des sommes de carrés en un produit de sommes de carrés (problème de Hurwitz[11]) est un autre exemple de ces «nœuds conceptuels» où se rejoignent des questions arithmétiques (représentations d'entiers en sommes de carrés), des questions algébriques (quelles sont les algèbres normées et à division sur le corps des réels?) et des questions topologiques (quelles sont les sphères parallélisables?).

Nous voyons que l'unité des mathématiques présente deux aspects différents: un aspect «local» où l'on repère une unité de champs conceptuels à partir d'un «problème-nœud» ou d'une «théorie-nœud» et un aspect «global» où l'unité est pensée à partir de vastes cadres (méta-)théoriques: structures, catégories, théorie des modèles, … L'unité n'est pas toujours acquise «naturellement», autrement dit elle n'est pas nécessairement reconnue a priori. Elle ne se donne qu'a posteriori, à l'occasion de la mise en évidence de problèmes-noeuds par exemple. Elle est parfois recherchée pour elle-même et pour ainsi dire «construite». C'est précisément le cas lorsqu'on recherche la manière de plonger toutes les géométries d'un certain type définies sur un espace, dans une structure unique[12]. On construit alors un «super-espace» pour réaliser ce but. Bien entendu la construction peut très bien ne pas réussir ou il peut exister des obstructions empêchant partiellement la réalisation de cette tâche. Cependant, il est clair que dans ce cas l'unité est cherchée a priori et suscitée, plus que découverte a posteriori.

11 Cf. A. R. Rajwade, *Squares*, Cambridge University Press, 1993, London Mathematical Society. Lecture Note Series n° 171.

12 On peut penser ici à l'espace de Teichmüller qui est l'espace des structures complexes définies sur une surface de Riemann ou à l'espace des modules de ce même genre de surface. On peut aussi penser ici à la construction de faisceaux ou de fibrés qui recollent en une structure consistante des structures définies en chaque point d'un espace donné (variété, …). Nous savons que de telles constructions, si elles sont recherchées a priori, se heurtent souvent à des obstructions. Par exemple, toutes les variétés n'admettent pas nécessairement un recollement consistant global des groupes de spin définis en chacun de leur point (structures de spin). L'obstruction est mesurée ici par la non-trivialité de la deuxième classe de Stiefel-Withney (qui est un invariant topologique particulier de la variété).

B. Les mathématiques expérimentales

Les mathématiques contemporaines ont mis en évidence une double pratique. D'une part, les exigences des formalistes du début du siècle ont poussé à définir les mathématiques autour de la notion de démonstration rigoureusement contrôlée et de l'axiomatisation précise des champs conceptuels. Mais, par ailleurs, cette fin de siècle a vu la remise en valeur de pratiques «expérimentales». Ce qualificatif recouvre deux pratiques.

(1) D'une part, il s'agit de l'activité de simulation ou d'expérimentations proprement dite sur les ordinateurs. Celles-ci permettent de développer une intuition de nouveaux domaines ou de suggérer des pistes conduisant à la découverte de solutions de problèmes compliqués. L'étude des fractals est un exemple de lieu où la simulation a permis de susciter une intuition de phénomènes complexes et de conduire à l'élaboration de théories précises. L'étude topologique des variétés de dimension 3 bénéficie également de ce support de l'intuition. On peut «voir», par exemple, les parallèles de Clifford sur la sphère à trois dimensions en calculant et en les représentant, dans l'espace ordinaire, au moyen de la projection stéréographique.

(2) D'autre part, la pratique expérimentale recouvre aussi des avancées conceptuelles qui ne respectent pas nécessairement tous les critères de rigueur imposés aux résultats mathématiques valides. Il s'agit d'essais conceptuels dont la validité n'est attestée que par leur capacité à résoudre des problèmes importants ou à produire des résultats valides. On connaît, bien entendu, les exemples classiques du calcul symbolique de Heaviside ou des «fonctions singulières» de Dirac avant l'élaboration de la théorie des distributions. Mais, nous pouvons citer ici les travaux de Witten qui dérivent le polynôme de Jones, dont nous avons déjà parlé, et qui est un authentique invariant topologique des nœuds, à partir d'une intégrale définie sur toutes les 1-formes de connexion à valeurs dans le groupe SU(2) et définies sur une variété de dimension 3, fermée et compacte[13]. La définition rigoureuse des mesures et des intégrales définies sur toutes les connexions n'est pas encore disponible. Cependant, l'activité expérimentale, empirique pourrait-on dire, fait comme si cela était le cas, en raison des succès pratiques que ce concept prodigue.

13 Cf. par exemple: C. Nash, *Differential Topology and Quantum Field Theory*, New York, Academic Press, 1991, pp. 342-360.

Des prises de position récentes ont montré que la communauté des mathématiciens était divisée quant au statut de la démarche empirique en mathématique. Arthur Jaffe et Franck Quinn[14] se sont élevés contre les dangers d'une diminution des standards de rigueur corrélative d'une valorisation du côté expérimental des mathématiques[15]. Saunders Mac Lane va dans le même sens lorsqu'il affirme[16]: «It is not mathematics until it is finally proved». Armand Borel, un des membres du groupe Bourbaki résidant aujourd'hui à Princeton, pense au contraire qu'il convient de donner une place de choix à la partie «empirique» des pratiques mathématiciennes. Il affirme en effet la chose suivante[17]:

> I have often maintained, and even committed to paper on some occasions, the view that mathematics is a science, which, in analogy with physics, has an experimental and theoretical side, but operates in an intellectual world of objetcs, concepts and tools. Roughly speaking, the experimental side is the investigation of special cases, either because they are of interest in themselves or because one hopes to get clue to general phenomena, and the theoretical side is the search of general theorems.

C'est aussi l'avis de Georg Chaitin[18]. Ce dernier suggère en effet que: «...elementary number theory should be pursued somewhat in the spirit of experimental science, [...], number theorists, even when they are doing elementary number theory, should behave a little more like physicists do...». Il nous semble que cette confrontation entre ces grands mathématiciens fait apparaître qu'il ne convient pas d'opposer les mathématiques «expérimentales» aux mathématiques «rigoureuses». Elles constituent deux aspects complémentaires et nécessaires de l'élaboration des connaissances mathématiques.

14 A. Jaffe, F. Quinn, «Theoretical mathematics: toward a cultural synthesis of matematics and Physics», *Bulletin of the American Mathematical Society*, 29 (1993) 1-13.

15 De manière étonnante, ces auteurs appellent «theoretical mathematics» ce qui relève d'une démarche empirique ou euristique et «rigourous mathematics» ce qui relève des démarches de preuves rigoureuses. «Theoretical» évoque ici le caractère spéculatif et non prouvé (la preuve étant l'expérience mathématique qui établit la validité d'un résultat).

16 Sa prise de position se situe dans un ensemble de réaction à l'article de Jaffe et Quinn: M. Atiyah, A. Borel, G.J. Chaitin, D. Friedan, J. Glimm, J.J. Gray, M.W. Hirsch, S. Mac Lane, B.B. Mandelbrot, D. Ruelle, A. Schwartz, K. Uhlenbeck, R. Thom, E. Witten, C. Zeeman, «Responses to ‹Theoretical Mathematics› by A. Jaffe and F. Quinn», *Bulletin of the American Mathematical Society*, 30 (1994) 178-207.

17 A. Borel, «Responses to ‹Theoretical Mathematics›», *op. cit.*, p. 180.

18 G. Chaitin, *Ibid.*, p. 182.

Entre ces deux types de pratiques, il existe en fait une série d'activités intermédiaires, hybrides. Nous pensons par exemple aux démonstrations par ordinateurs ou aux démonstrations qui font intervenir une logique non-classique ou une rigueur affaiblie. Ce genre d'activités devraient peut-être à l'avenir être pensées pour elles-mêmes et non pas comme une sorte d'auxiliaire temporaire de la méthode démonstrative classique (réalisée exclusivement par un humain suivant des critères rigides).

Il est frappant de voir que les mathématiques contemporaines tendent à rejoindre, comme le suggérait Borel, les sciences de la nature au niveau de leur méthodologie. Les mathématiciens simulent, expérimentent, puis cherchent à trouver des théories qui rendent compte des «phénomènes» qu'ils découvrent au fil des leurs expérimentations ou de leurs découvertes heuristiques. Nous allons voir maintenant qu'un des traits saillants de l'activité mathématique contemporaine consiste justement en son inextricable connexion avec les sciences, la physique en particulier.

C. Interactions bilatérales entre les mathématiques et la physique

Il est assez évident que les mathématiques ont toujours bénéficié d'un apport de problèmes et d'idées venant de l'extérieur d'elles-mêmes. Il suffit de penser à l'origine de la géométrie ou de l'arithmétique élémentaire ou aux liens entre mécanique et analyse du temps de Newton et Leibniz ou encore aux liens entre la théorie des équations aux dérivées partielles et la théorie de la chaleur. De tels apports ont fondé la physique mathématique classique. Cependant, aujourd'hui, on assiste à la constitution de ce que Flato appelle la «mathématique physique»[19]. Il s'agit d'un domaine d'activités où les mathématiciens se servent d'intuitions et de méthodes directement importées de la physique pour résoudre des questions de mathématiques pures.

Nous pourrions citer ici la traduction de certaines questions de la théorie des nœuds en termes de mécanique statistique, la recherche d'invariants des variétés de dimension 4 utilisant les concepts de la théorie de Yang-Mills (généralisation des équations de Maxwell) ou de Seiberg-Witten. Nous avons déjà parlé précédemment de la dérivation d'invariants de nœuds

19 M. Flato, *Le pouvoir des mathématiques*, Paris, Hachette, p. 62.

comme le polynôme de Jones à partir d'intégrales définies en théorie topologique des champs quantiques sur une variété particulière de dimension trois.

Un exemple intéressant est donné par l'étude du «monstre», ce groupe fini sporadique dont l'ordre est approximativement 8.10^{53}. L'étude des représentations de ce groupe peut être réalisée en utilisant la théorie des «algèbres d'opérateurs de vertex» qui intervient en théorie des champs[20]. La traduction d'un domaine à l'autre se produit lorsqu'on réalise qu'une représentation du «monstre» peut être réalisée sur un module gradué qui peut s'interpréter comme une algèbre de vertex. Cette théorie est en fait liée à la théorie conforme des champs en dimension 2. On peut donc aussi obtenir des renseignements concernant la représentation du «monstre» en le considérant comme un «groupe de symétrie» d'une théorie conforme des champs. On passe donc de manière surprenante de l'algèbre à la physique et retour! Pour terminer, nous pourrions mentionner un exemple plus ancien qui est celui de la résolution de l'équation de Laplace (la recherche de fonctions harmoniques) à partir d'une interprétation liée au mouvement brownien[21].

Nous assistons donc à la mise en place d'un réseau d'interactions bilatérales au moyen desquelles les mathématiques et la physique s'engrènent et se stimulent mutuellement. On pourrait dire que chacune des deux disciplines ne pourrait subsister sans l'aide et l'appui de l'autre. Cela ne signifie pas, bien entendu, que ces disciplines n'ont pas une certaine autonomie. Il est clair que les mathématiques peuvent, pendant un certain temps, se déployer sous une logique et un mouvement qui leur sont propres. Néanmoins, cette autonomie n'est que relative. On voit bien que les mathématiques ont parfois besoin d'un stimulant externe et c'est jusqu'à présent souvent la physique qui a joué ce rôle pour poursuivre leur développement historique. Cette stimulation peut d'ailleurs se produire de deux manières différentes: (1) les sciences de la nature offrent aux mathématiciens des problèmes nouveaux: ce fut le cas pour la théorie des séries de Fourier, grâce à la théorie de la chaleur; (2) les sciences de la nature réactivent des domaines déjà

20 Nous renvoyons le lecteur à l'ouvrage suivant: I. Frenkel, J. Lepowsky, A. Meurman, *Vertex operator algebras and the Monster*, New York, Academic Press, 1988.

21 S. Kakutani, «Two-dimensional Brownian Motion and Harmonic functions», *Proc. Imp. Acad. Tokyo,* 20 (1944) 706-714.

constitués mais dont les potentialités n'avaient pas été développées par manque de motivation: ce fut le cas pour la théorie des spineurs qui existait déjà moralement dans les travaux de Cartan et qui a été restimulée par la théorie de l'équation de Dirac[22] ou pour le cas des ondelettes qui avait été développée par Calderon et Sygmund et qui a été restimulée et développée à la suite des travaux de Morlet sur l'analyse du signal appliqué à la prospection pétrolière et de Grossman[23] sur la théorie des états cohérents.

L'existence des interactions bilatérales rapproche une nouvelle fois les mathématiques des sciences de la nature. Par ailleurs, nous devons bien avouer que les mathématiques ne coïncident pas strictement avec la théorie physique ou avec une quelconque science de la nature. Il existe en effet de nombreux exemples où des solutions mathématiquement admissibles des équations de la physique ne correspondent à aucune situation physiquement admissible. Ce qui retiendra notre attention ici, c'est l'analyse de ce qui, au cœur de certaines théories mathématiques, permet cet «ancrage» dans les descriptions de phénomènes physiques. Or, il est intéressant d'observer, sur une petite échelle de temps, que la plupart des théories fécondes[24] en mathématiques sont celles qui ont été appliquées avec succès en physique[25]. Si nous prenons comme référence le *Panorama des mathématiques pures* de Dieudonné[26] qui donne un aperçu des mathématiques traitées au Séminaire Bourbaki jusqu'en 1977, nous voyons que la plupart des rubriques relatives aux applications aux sciences de la nature, qui étaient vides à l'époque de la parution de l'ouvrage, pourraient être

22 Cf. E. Cartan, *Leçons sur la théorie des spineurs*, Paris, Hermann, 1938.

23 Cf. B.B. Hubbard, *Ondes et ondelettes. La saga d'un outil mathématique*, Paris, Pour La Science-Belin, 1995.

24 Nous reviendrons plus loin sur le sens qu'il faut attribuer à cette notion de fécondité.

25 Cf. I. Stewart, *Les mathématiques*, Paris, Pour La Science-Belin, 1989, p. 245: «Comment expliquer qu'une œuvre mathématique [...] puisse jouer plus tard un rôle essentiel dans une théorie physique qui n'existait même pas au moment où le travail mathématique a pris naissance? [...] Une idée valable accroît le pouvoir des mathématiques, et ce pouvoir accru permet de résoudre des problèmes nouveaux. Est-il besoin d'une autre explication? Un concept puissant reste potentiellement applicable quelles que soient ses origines, par le simple fait qu'il est puissant: il n'est pas nécessaire d'avoir une application en vue pour le développer». Nous tenterons, dans la suite, de fonder l'efficacité des mathématiques profondes dans les sciences de la nature en précisant à quoi est liée cette «puissance» du concept.

26 J. Dieudonné, *Panorama des mathématiques pures. Le choix bourbachique*, Paris, Gauthier-Villars, 1977.

complétées aujourd'hui par des formalismes utilisés en physique théorique[27]. Ceci suggère que l'applicabilité des mathématiques à un champ du réel physique pourrait être en relation directe avec le caractère «profond» (fécond, génératif) des théories mathématiques. Nous allons tenter de justifier cette conjecture en analysant d'autres caractérisations des mathématiques.

D. Les symétries mathématiques

La pratique des mathématiques montre que tous les formalismes ne peuvent être mis sur le même pied. Jean Dieudonné a d'ailleurs laissé, à ce propos, une classification des problèmes basée, en gros, sur la fécondité des idées et des théories, autrement dit sur leur capacité à engendrer des concepts nouveaux ou à résoudre des problèmes jugés difficiles ou encore à unifier des domaines séparés[28]. Nous rejoignons ici ce que Alain Connes nomme la «générativité» de certaines théories mathématiques[29]. Si nous décrivons les mathématiques comme un simple jeu axiomatique, alors toute combinaison consistante de symboles devrait avoir un intérêt mathématique. Or la pratique dément cela. Il existe des théories qui stimulent la

27 Citons par exemple les rubriques «Rapports avec les sciences de la nature» des chapitres suivants: «AX. Théorie des nombres» (pp. 153-171): aujourd'hui nous renverrions au volumineux ouvrage édité par M. Waldschmidt, P. Moussa, J.-M. Luck, C. Itzykson, *From Number Theory to Physics*, Berlin, Springer-Verlag, 1992; «AIX Géométrie algébrique» (pp. 117-150): aujourd'hui on sait le rôle que joue ce type de géométrie dans la théorie des supercordes; «AVII. Formes automorphes et formes modulaires»: aujourd'hui la théorie conforme des champs fait un usage intensif des ces formes; «CI. Catégories et faisceaux» (pp. 241-257): aujourd'hui la cohomologie des faisceaux a des applications au sein de la physique théorique. Cf., par exemple, C. Nash, *Differential Topology and Quantum Fiel Theory, op.cit.* pp. 56-88. On pourrait bien sûr objecter que ces formalismes ne correspondent pas tous à des théories qui sont vérifiées empiriquement (la théorie des supercordes,...). Cependant ce qui retient notre attention, c'est en fait l'usage massif que font les physiciens de ces mathématiques sophistiquées pour explorer les descriptions potentielles des champs de phénomènes réels.

28 J. Dieudonné, «Mathématiques vides et mathématiques significatives» in *Penser les mathématiques* (séminaire de philosphie et mathématique de l'Ecole Normale Supérieure, sous la direction de M. Loi et R. Thom), Paris, Seuil, p. 37.

29 J.-P. Changeux, A. Connes, *Matière à pensée*, Paris, Odile Jacob, 1989, p. 92.

production de nouveaux concepts et la résolution de problèmes ou qui ont une capacité unificatrice alors que d'autres sont relativement stériles[30]. Est-il possible de trouver un fondement à la distinction qui semble exister entre les mathématiques génératives et les autres? Nous allons risquer une réponse à cette question, en nous basant d'abord sur les avis de Dirac et de Sergei Novikov.

Pour Dirac, les mathématiques qui doivent retenir notre attention sont celles qui sont associées à des groupes de transformations intéressants[31]: «It would probably be a good thing also to give a preference to those branches of mathematics that have an interesting group of transformations underlying them». De ce fait, on peut en déduire immédiatement que la théorie des fonctions d'une variable complexe est un domaine beaucoup plus génératif que celui de la théorie des fonctions définies sur une algèbre non-associative résultant d'un processus de doublement d'algèbre initié à partir des octonions, par exemple[32]. En effet, la puissance de la théorie des fonctions d'une variable complexe vient en partie de son lien aux surfaces de Riemann et au groupe conforme en dimension 2, qui possède une algèbre de dimension infinie. En revanche, la théorie des fonctions définies sur les algèbres construites par doublement à partir des octonions n'ont pas la même richesse en raison du fait que ces algèbres ne sont pas liées à des groupes de symétries particulièrement riches ou exceptionnels[33]. Il est d'ailleurs intéressant de comparer la théorie des fonctions d'une variable complexe et celle qui serait définie sur l'algèbre (avec diviseurs de zéro) des nombres $x + jy$ avec $j^2 = +1$ (et non -1). La théorie ne possède plus les riches symétries que recèle la théorie des fonctions d'une variable complexe ordinaire et sa relative pauvreté se mesure, entre autres, comme on peut le remarquer dans le travail de

30 Nous pensons par exemple à certaines généralisations artificielles qui n'apportent de propriétés authentiquement nouvelles d'un point de vue mathématiques.

31 P.A.M. Dirac, «The relation between Mathematics and Physics», *Proceedings of the Royal Society of Edimburgh*, LIX, part II, (1938-39) 122-129.

32 Le processus de «doublement» engendre les complexes à partir d'une double copie des réels, les quaternions à partir d'une double copie des complexes, …

33 On sait par contre que les octonions possèdent des propriétés intéressantes en raison des liens qui les unissent aux algèbres de Lie exceptionnelles (nous renvoyons le lecteur au livre suivant: F. Gürsey, C.-H. Tze, *On the role of division, Jordan and related algebras in particle physics*, Singapore, World Scientific, 1996.

Wolfgang Metzler[34], par le fait que l'analogue de l'ensemble de Mandelbrot est maintenant simplement un carré!

L'existence de groupes de transformations est associée à des ensembles d'invariants caractéristiques. De ce fait, dire que les mathématiques les plus intéressantes sont celles qui manifestent des propriétés de symétrie sous des groupes revient en fait aussi à dire qu'elles sont révélatrices de classes importantes d'invariants.

Pour Sergei Novikov, topologue et spécialiste des systèmes intégrables, une grande part des découvertes les plus importantes des mathématiques ont été réalisées dans le cadre de la théorie des systèmes intégrables[35]. Pourquoi? L'intégrabilité d'un système est reliée à l'existence d'intégrales premières, c'est-à-dire à des invariants caractéristiques du système étudié. Souvent, mais pas toujours, ces invariants résultent de l'existence de groupes de symétrie. Ainsi, dans le problème à deux corps, il existe une symétrie «cachée» sous le groupe SO(4) associée aux orbites fermées et une autre sous le groupe SO(1,3) correspondant aux orbites hyperboliques. L'intégrabilité de systèmes plus compliqués fait apparaître des symétries plus subtiles reliées aux surfaces de Riemann et aux fonctions thêta. L'intérêt de l'analyse de Novikov est de montrer que le caractère fécond, génératif des outils de la théorie des sytèmes intégrables pourrait bien résider dans sa puissance à exhiber des domaines formels riches en invariants. Bien entendu, l'invariant n'a de sens que par rapport à un certain type de transformations dont il est l'objet conservé. Ceci veut donc dire que la générativité pourrait bien être jugée par la capacité d'un champ formalisé à manifester des couples «transformations-invariants».

La mise en évidence de ces couples «transformations-invariants», que l'on pourrait appeler «symétries mathématiques»[36], est une caractéristique

34 W. Metzler, «The ‹mystery› of the quadratic Mandelbrot set», *Am. J. Phys.*, 62 (1994) 813-814. Cf. également: D. Lambert, «Les nombres complexes hyperboliques. Des complexes qui nous laissent perplexes», *Revue des Questions Scientifiques*, 166 (1996) 383-400.

35 S. Novikov, «Role of integrable models in the development of Mathematics» in *Mathematical Research Today and Tomorrow. Viewpoints of Seven Fields Medalists* (C. Casacuberta, M. Castellet eds), Berlin, Springer-Verlag, 1992, pp. 13-28.

36 Nous avons introduit ailleurs (D. Lambert, «L'efficacité des mathématiques est-elle déraisonnable?», *Bulletin de la Classe des Sciences de l'Académie Royale de Belgique*, 6e série, VIII, 1-6 (1997) 161-178) le terme de «symétrie généralisée» pour signifier qu'il ne s'agit pas seulement d'une propriété d'invariance sous un groupe.

globale des mathématiques contemporaines qui va de pair avec une sorte d'évanescence du statut ontologique des objets mathématiques. A un premier niveau on pourrait croire que les éléments d'un ensemble sur lequel agit une opération ou une relation (c'est-à-dire une «structure» au sens bourbakiste) ont une existence absolue. En fait il n'en est rien, leur existence vient uniquement des propriétés définissant l'opération ou la relation qui fixe la nature de la structure étudiée. Par contre, une fois posée la structure, les invariants associés présentent des caractéristiques d'indépendance, d'objectivité pourrait-on dire: ils ne dépendent plus de telle ou telle transformation particulière de la structure mais de la structure comme telle. Aurait-on atteint une ontologie de la structure? Non bien sûr, puisque celle-ci n'est pas considérée de manière isolée. Elle ne prend sens que dans une «catégorie» où elle n'est qu'un «objet» relié aux autres par des «morphismes». Ce qui compte ici ce n'est pas telle structure concrète, mais la nature même de celle-ci (le fait d'être un groupe ou un anneau ou un module,...) qui apparaît comme un invariant propre de la catégorie considérée. Une catégorie peut être mise en relation avec une autre par un «foncteur». Celui-ci est une sorte de dictionnaire qui permet de traduire le langage de l'une dans celui de l'autre. Ainsi, la catégorie des variétés différentiables peut être reliée à celle des groupes en associant à chaque variété un groupe d'homotopie par exemple. Le foncteur préserve ici les classes d'équivalence de variétés ayant même groupe d'homotopie. Ce groupe est ce que l'on peut appeler, en s'inspirant de Dieudonné[37], un «invariant grossier» du classement des variétés. Les foncteurs eux-mêmes peuvent être mis en relation par des «transformations naturelles» et, dès lors, ce n'est plus tel foncteur concret qui focalise l'intérêt du mathématicien, mais bien la nature même du foncteur qui reste invariant lors des transformations naturelles. On peut également aller plus loin en considérant des «morphismes de transformations naturelles» pour lesquels la nature même des ces transformations est un invariant.

Ce qui vient d'être dit montre qu'il semble légitime de considérer les mathématiques comme une activité centrée essentiellement sur la recherche de «symétries mathématiques», c'est-à-dire sur des ensembles de transformations, d'opérations, de relations exhibant des invariants; ceux-ci pouvant être des nombres, des structures, des foncteurs, ... Cela étant admis,

37 J. Dieudonné, *Pour l'honneur de l'esprit humain. Les mathématiques aujourd'hui*, Paris, Hachette, 1987, Histoire et Philosophie des Sciences, p. 162.

on peut penser, à la lueur des exemples qui ont été donnés ci-dessus, qu'une hiérarchie des théories mathématiques peut être risquée, basée sur la générativité, la fécondité théorique dont la mesure est la capacité à exhiber des couples «transformations-invariants», c'est-à-dire des «symétries mathématiques». Nous retrouvons ici une des intuitions des travaux d'Eilenberg et Mac Lane, remarquablement mis en évidence par Leo Corry dans son histoire de l'émergence de la notion de structure[38]: «...the categorical perspective affords the means to clarify and to establish a hierarchy of structural properties, according to their degree of invariance».

La caractérisation que nous venons de donner manifeste un des aspects des mathématiques les plus intéressantes, au sens des plus génératives, on voudrait dire les plus «profondes». Cependant, cette caractérisation n'est certainement ni complète, ni assez fine. En particulier, elle ne rend pas assez compte du lien entre «profondeur» et «exceptionnalité». Nous allons clarifier ce point maintenant.

3. Mathématiques profondes et exceptionnalité

Dans l'histoire des mathématiques, les situations exceptionnelles ont souvent engendré une fascination. On sait l'influence qu'a exercée sur la pensée philosophique et scientifique la démonstration de l'existence de seulement cinq polyèdres réguliers convexes au regard de l'infinité des polygones réguliers du plan. Ces polyèdres seront mis en correspondance avec trois algèbres de Lie exceptionnelles découvertes par Elie Cartan et Killing dans leurs travaux sur la classification des algèbres de Lie simples. De manière surprenante, on retrouve ces trois algèbres exceptionnelles dans le travail de Schwarz sur l'étude des équations hypergéométriques à monodromie finie. Cette étude débouche elle-même sur l'étude, par Felix Klein, des invariants absolus de tous les sous-groupes finis de SL(2, C) qui joue

38 L. Corry, *Modern Algebra and the Rise of Mathematical Structures*, Basel, Birkhäuser, 1996, p. 352.

un rôle déterminant dans l'analyse des équations algébriques de degré 5[39]. Récemment on a établi une nouvelle connexion entre les situations exceptionnelles liées aux solides platoniciens et la classification des représentations de certaines algèbres de Virasoro qui sont des algèbres de Lie de dimension infinie intervenant dans l'étude des théories de champs conformes[40].

On sait également qu'il n'existe que quatre algèbres sur les réels, sans diviseurs de zéro. Ces quatre algèbres, qui sont données par le théorème de Hurwitz, sont: l'algèbre des réels, des complexes, des quaternions et des octonions. Le caractère exceptionnel de ces algèbres, ainsi que nous l'avons déjà mentionné plus haut, est lié, entre autres, à l'existence d'un parallélisme absolu défini sur les sphères de dimension: 1, 3 et 7. Ces algèbres induisent des géométries exceptionnelles (par exemple le plan projectif de Moufang qui est construit à partir d'une paramétrisation octonionique et qui ne vérifie pas le théorème de Desargues). De plus, les algèbres de Lie exceptionnelles, dont nous avons parlé ci-dessus, reçoivent une interprétation naturelle dans le contexte de l'étude des octonions et de leurs dérivations (via la construction du «carré magique» de Freudenthal-Tits[41]).

Les structures exceptionnelles montrent que le mathématicien n'est pas entièrement maître de ce qui se donne à lui. Le caractère exceptionnel vient justement d'une propriété qui était donnée implicitement dans l'axiomatique mais à laquelle le mathématicien n'aurait certainement jamais pensé et qui vient, au fond, remettre en question ses idées générales concernant la manière dont est organisé le champ conceptuel auquel il se confronte. L'«exceptionnalité» est la trace du singulier au coeur d'une démarche qui voudrait tout réduire à l'universel. Ce «singulier» est la marque d'une résistance qui n'est alors vaincue, pourrait-on dire, qu'en le reliant à un cadre plus vaste qui lui donne son sens.

Ce qui nous intéresse ici c'est de remarquer, empiriquement, qu'il existe un lien entre le caractère exceptionnel des structures ou des propriétés et la notion de «profondeur». Pourquoi en est-il ainsi? Une des raisons en est

39 Une étude synthétique du lien entre les solides platoniciens et les travaux de Schwarz, Klein, ainsi que la théorie des groupes de Lie a été réalisée de manière extrêmement intéressante et éclairante par P. Slodowy, «Platonic Solids, Kleinian Singularities and Lie Groups» in *Algebraic Geometry. Proceedings, Ann Arbor 1981* (I. Dolgachev, ed.), Berlin, Springer-Verlag, 1981, Lecture Notes in Mathematics 1008, pp. 102-137.

40 Il s'agit du travail de A. Cappelli, C. Itzykson et J.-B. Zuber (cf. *Nucl. Phys.*, B280 (1987) 445).

41 Cf. F. Gürsey, Ch.-H. Tze, *op. cit.*, p. 237.

peut-être que le caractère exceptionnel n'apparaît comme tel qu'au prix d'un travail qui établit les raisons de cet exceptionnalité. Il faut, par exemple, tout le déploiement génial des travaux de Tits et sa théorie des «Immeubles» pour commencer à comprendre pourquoi les algèbres de Lie exceptionnelles ont cette propriété. De même, il faut attendre l'approfondissement de toute l'étude des groupes conformes pour saisir le caractère exceptionnel de la dimension 2. Une autre raison réside également dans le fait que le caractère exceptionnel donne un sentiment de «réalité». En effet, quelque chose résiste à l'intuition générale de base que nous pouvions avoir au début de l'étude d'un domaine. L'étonnement, l'écart par rapport à ce à quoi on pouvait s'attendre, est une des marques de ce qui est perçu par nous comme élément de réalité.

Cette dernière remarque nous amène à reconsidérer les acquis de notre analyse des mathématiques pour tenter de cerner, de manière synthétique, les traits de celles qui sont les plus fécondes.

4. Mathématiques profondes et critères de réalité

Dans l'esprit des sections précédentes, nous qualifierons de «profondes» les mathématiques générative, fécondes, celles qui augmentent qualitativement le corpus des connaissances en permettant d'apporter une solution à des problèmes reconnus comme difficiles, en suggérant des concepts et théories nouvelles ou en augmentant l'unité interne des mathématiques.

Nous avons vu que ces mathématiques profondes sont liées, d'une part, à une richesse de «symétries mathématiques» ou, d'autre part, au caractère exceptionnel de leur manifestation dans le champ formel. Notre approche des mathématiques est certainement insuffisante, mais elle n'entend tenir compte que de deux aspects parmi les plus importants (nécessaires, mais certainement pas suffisants) par lesquels est reconnue la «profondeur» du concept ou de la théorie mathématiques. Il s'agit donc là seulement d'indices partiels. Ce qui peut nous frapper ici, c'est que ces deux conditions sont intimement liées aux critères que nous utilisons implicitement ou explicitement pour reconnaître un élément de réalité. En effet, une représentation symbolique n'est véritablement une représentation d'un élément de réalité qu'à la condition d'exhiber des invariants caractéristiques de certaines opérations. La présence d'invariants est le signe de la manifestation du réel comme persistance, comme subsistance, comme permanence[42]. Les symétries classiques ou les «symétries mathématiques» plus vastes auxquelles nous avons fait référence sont donc les traces, dans le formalisme, de ce que nous appelons le réel.

Mais, le réel peut être aussi reconnu d'une autre manière. Il s'entrevoit parfois, dans la pratique courante comme dans l'expérimentation la plus sophistiquée, par l'expérience d'une résistance, d'une opposition à ce que nous avions prévu et cela génère, en celui qui l'éprouve, un sentiment d'étonnement. Ce qui n'était pas prévu et qui survient de manière largement indépendante de nous, c'est aussi cela qui, pour nous, porte la couleur du réel en tant que tel. La profondeur mathématique, conçue comme «exceptionnalité», devient ici de nouveau la trace de la donation ou de la reconnaissance possible d'un élément de réalité.

Les mathématiques nous apparaissent donc, dans leur aspect le plus spécifique, le plus significatif (au sens de Dieudonné), comme une science qui met en évidence des représentations satisfaisant aux critères qui définissent la présence d'éléments de réalité. Les mathématiques significatives ou profondes sont donc une science d'un «réel». Nous pourrions ici conforter cette conclusion par les analyses faites dans les premières sections de cette étude: les mathématiques apparaissent avec un aspect tout à la fois «théorique» et «expérimental». Il s'agit donc d'une pratique scientifique qui ressemble de plus en plus à celle que nous trouvons dans les sciences de la nature. Les interactions bilatérales que nous avons évoquées témoignent d'ailleurs de cette incapacité pratique à distinguer, de manière absolue et radicale, les mathématiques d'autres composantes théoriques des sciences physiques ou autres. L'unification seulement régionale ou si l'on veut cette tendance vers l'unité, qui est toujours coprésente à une manifestation de la diversité, cette tension entre l'universel et le singulier montre une ressemblance étonnante avec ce qui se produit en sciences de la nature où l'unité difficilement acquise est toujours susceptible d'être remise en question par l'irruption d'un «phénomène singulier», de l'imprévu.

42 Pour une analyse du problème du réalisme en physique, nous renvoyons le lecteur à l'ouvrage de M. Bitbol, *L'aveuglante proximité du réel*, Paris, Flammarion, 1998.

Cette caractérisation des mathématiques profondes que nous venons de dégager mérite une explication. En effet, on ne peut s'empêcher de se poser la question de l'origine même de cette capacité des mathématiques à décrire un élément de réalité. Nous ne traiterons pas ici de cette question de manière détaillée[43]. En revanche, nous allons tenter de montrer que cette caractérisation peut nous aider à repenser la question du statut de la philosophie de la nature.

5. Mathématiques profondes et philosophie de la nature

L'objet propre de la philosophie de la nature est l'interprétation philosophique des données provenant des sciences de la nature. Il s'agit au fond d'une discipline qui tente de se réapproprier les connaissances des diverses sciences: physique, chimie et biologie, pour en déterminer la signification. Ceci pose d'emblée une question qui, à elle seule, risque de mettre en péril toute l'entreprise visant à constituer une telle philosophie. Cette question est la suivante: sur quelles bases peut-on espérer donner un contenu à la notion de sens, de signification d'un corps de connaissances épistémiques? Il y a, bien entendu, des accès classiques à la théorie du sens. Tout un courant de philosophies de la nature commence par dégager une série de catégories métaphysiques (réalité, vérité, causalité, finalité, etc.) à partir de l'expérience usuelle (sur des objets macroscopiques), pour les appliquer ensuite à des ensembles de données scientifiques sophistiquées. Cependant, on peut se demander si une telle manière de construire des interprétations n'est pas sujette à caution lorsqu'on tente de l'appliquer à des domaines qui n'ont plus aucun rapport direct avec l'expérience portant sur des objets à échelle humaine. Parle-t-on en effet de la même chose lorsque nous attribuons une «charge de réalité» à une chaise, à une table ou lorsque nous l'attribuons à une particule élémentaire? Les problèmes d'interprétation de la mécanique

43 Nous renvoyons le lecteur à notre article: D. Lambert, «L'efficacité des mathématiques est-elle déraisonnable?», *Bulletin de l'Académie Royale de Belgique (Classe des Sciences)*, 6e série, VIII, 1-6 (1997) 161-178.

quantique montrent bien qu'il n'est pas aisé de produire une interprétation «naturelle» des résultats obtenus en microphysique. Dans une tout autre direction, on peut éliminer l'idée même d'interprétation métaphysique de la nature en se confinant à des approches purement naturalistes de la signification[44]. Cependant, ces explications neuro-physiologiques, valables à leur niveau (le substrat neuronal) ne conduisent pas directement et de manière satisfaisante à des informations sur la manière dont, par exemple, le physicien donne une signification à telle ou telle partie de son formalisme (la réduction du paquet d'ondes,...) ou des ses données expérimentales (un spectre,...). De fait, il s'agit ici d'un processus se situant à un tout autre niveau de complexité.

Certains ont pris acte de toutes ces considérations pour interdire la constitution d'une véritable philosophie de la nature. Nous allons voir que cette conclusion ne s'impose pas. En effet, l'interprétation qui caractérise la tâche spécifique de la philosophie de la nature ne doit pas se concevoir nécessairement comme un rapport à des références constituées à partir d'expériences sur des objets macroscopiques. Elle peut être envisagée à partir des mathématiques elles-mêmes. Explicitons maintenant ce point de vue.

Nous avons vu que les mathématiques profondes sont précisément celles qui engendrent des champs symboliques possédant toutes les caractéristiques d'une représentation d'éléments de réalité (subsistance, résistance, singularité,...). Les mathématiques procèdent d'une activité qui «construit» des formalismes. Cependant toute construction ne met pas en acte immédiatement des mathématiques profondes. La générativité d'une théorie ou d'un concept n'est jamais tout à fait connue d'avance, tout au plus est-elle pressentie. Ceci signifie que le mathématicien ne maîtrise pas cette dimension de sa pratique. Ou, si l'on veut, il y a quelque chose qui est réellement découvert en mathématique. Il s'agit précisément de ces domaines «profonds». Quelle est l'origine de ces domaines? Cette question demanderait une digression sur les diverses philosophies des mathématiques. Cependant, on pourrait avancer l'hypothèse que de tels domaines sont en fait des

44 Cf. P. Jacob, *Pourquoi les choses ont-elles un sens?,* Paris, Odile Jacob, 1997. Nous renvoyons aussi le lecteur au dialogue entre J.-P. Changeux et P. Ricoeur, *La nature et la règle*, Paris, Odile Jacob, 1998. J.-P. Changeux présente le cerveau comme un système «projectif» qui projette continuellement du sens sur les choses (même si elles n'en n'ont pas) en raison, entre autres de ses capacités anticipatrices sélectionnées par le processus évolutif.

représentations formelles d'objets mentaux[45] suffisamment riches (idée, image,...), en de structures de phénomènes empiriques qui auraient été introduites, progressivement ou directement, par les interactions bilatérales que les mathématiques entretiennent avec les autres sciences. Une explication platonicienne de l'origine des mathématiques profondes reste bien entendu possible théoriquement, mais nous ne la considérons pas comme satisfaisante ici en raison du caractère hautement spéculatif d'un «Monde des idées». L'indépendance de l'objet mental par rapport aux représentations formalisées que le mathématicien en fait ou celle des structures empiriques qu'il reçoit de la nature contribueraient alors à expliquer, selon ce point de vue, l'objectivité dont sont porteuses les mathématiques génératives.

On pourrait dire que, par leurs constructions, les mathématiciens mettent en évidence des champs formalisés susceptibles de représenter toutes les caractéristiques des éléments de réalité et que ces champs coïncident justement avec les mathématiques profondes. Toute position d'un réel en science passe donc par la reconnaissance de certains critères particuliers qui sont les traces spécifiques du réel. Or, en physique, d'abord et avant tout, ces traces sont formalisées par ces mathématiques profondes. On peut donc dire que toute interprétation de résultats, en tant que manifestation d'une réalité, se fait, non pas d'abord en se référant à un objet particulier de notre expérience usuelle, mais en rapportant la description de ces résultats à un domaine génératif des mathématiques. La charge de réalité, le sens d'objet réel, conférés à un ensemble de résultats empirico-formels de la physique sont donnés par la médiation d'un rapport aux mathématiques profondes. Interpréter signifie donc, à un premier niveau, qui est celui du formalisme, relier à un domaine des mathématiques profondes.

Les mathématiques dans leur expression la plus significative apparaissent donc comme le moment formel d'une philosophie de la nature. L'interprétation d'un concept de la physique se fera donc d'abord en le rapportant, à la théorie des groupes de Lie, à la théorie des surfaces de Riemann,..., et non en le reliant à tel ou tel processus ou objet macroscopique usuels. La modification des connaissances mathématiques peut donc changer considérablement notre manière de donner une signification aux descriptions de l'Univers physique. On sait bien que nos conceptions de l'espace et du temps ont été profondément modifiées par la description géométrique qu'en

45 Nous prenons ici ce concept au sens où J.-P. Changeux le définit dans: *L'homme neuronal*, Paris, Fayard, 1983, pp. 202-211.

donne la relativité générale. Le temps est interprété comme une coordonnée parmi les autres d'une géométrie non-euclidienne quadri-dimensionnelle et c'est l'expérience acquise par Gauss et Riemann et la géométrie différentielle qui permettent de comprendre ce qu'est le temps physique relativiste. Dans les théories de jauge, nous comprenons ce qu'est un potentiel parce que nous avons développé une intuition de ce qu'étaient les 1-formes de connexion sur un fibré dont la fibre est le groupe de jauge[46]. Pour comprendre en quel sens il convient d'interpréter le comportement de l'Univers en ses premiers instants, il nous faudra probablement nous référer à notre expérience mathématique des invariants topologiques, des espaces des structures géométriques (tels qu'ils apparaissent en géométrie algébrique) ou aux intuitions développées lors du travail sur des espaces non-commutatifs. Dans cette situation cosmologique, tout recours aux concepts de l'expérience usuelle serait dépourvu de sens. Par contre, la signification peut encore jaillir à l'intérieur des mathématiques car les mathématiques profondes ont, en elles-mêmes, une signification philosophique: elles sont les indicatrices potentielles d'un élément de réalité (même si cette réalité n'a plus rien en commun avec la réalité macroscopique).

Le sens est de ce fait compris, au niveau formel, comme une relation intramathématique[47]. On pourrait objecter qu'une telle relation ne donne pas de sens et que, pour conférer un sens, il convient de sortir du domaine mathématique. Ce serait oublier que nous avons décrit les mathématiques comme un lieu qui n'est pas seulement formel. C'est le lieu d'une expérience (pour reprendre des termes chers à Cavaillès[48]), de gestes[49], d'actions,... Or, on interprète, on explique, en passant de la dimension purement discursive, au

46 L'entrelacement des langages physiques et mathématiques qui apparaît dans l'extrait suivant, tiré d'un article de T. Wu et C. Yang, manifeste ce processus d'interprétation: «Les mathématiciens reconnaissent très généralement que la notion de fibré est un concept géométrique très naturel. Puisque les champs de jauge, et en particulier le champ électromagnétique, sont des fibrés, tous les champs de jauge sont donc fondés sur la géométrie. Il est remarquable qu'un concept géométrique, défini sans aucune référence à la physique, se révèle être à la base même d'une des interactions fondamentales du monde physique, et peut-être de toutes» (cité de I. Stewart, *Les mathématiques*, *op. cit.*, p. 239).

47 Il s'agit, en effet, d'une relation entre un concept mathématiquement formalisé (il n'y a pas d'autre approche du concept en physique) et un ou plusieurs concepts tirés des domaines génératifs des mathématiques.

48 Cf. H. Sinaceur, *Jean Cavaillès. Philosophie mathématique*, Paris, P.U.F., 1994.

49 Cf. G. Châtelet, *Les enjeux du mobile. Mathématique, physique, philosophie*, Paris, Seuil, 1993.

geste, à l'expérience... Le sens d'un concept physique vient de la référence à un domaine des mathématiques profondes, mais celles-ci ne peuvent être comprises qu'en les expérimentant de l'intérieur, en jouant avec elles pourrait-on dire. Le rapport fondateur du sens est donc loin d'être seulement une sorte de relation de signes à signes, de formes à formes.

Les mathématiques pourraient de prime abord nous apparaître comme un pur jeu avec des symboles. Cependant, on découvre vite en les pratiquant, qu'il s'agit de tout autre chose. Le jeu symbolique ne traduit pas ce qui en constitue la partie la plus significative. Celle-ci est délimitée par des domaines conceptuels qui exhibent ce que nous avons appelé des «symétries mathématiques» ou qui présentent un caractère d'«exceptionnalité». C'est en référence à cette partie significative que se réalise l'interprétation des éléments de théorie qui se dégagent de la formalisation des domaines empiriques des sciences de la nature. Les mathématiques deviennent ici la facette formelle de l'activité qui interprète les données des sciences de la nature en leur conférant leur «charge de réalité». Développer des mathématiques profondes revient donc, ni plus ni moins, à constituer l'architecture formelle d'une philosophie de la nature. Celle-ci ne peut donc plus être arbitraire. Elle doit se laisser informer par la pratique mathématicienne.

6. Conclusion

Le lecteur pourrait se demander si la conception que nous venons d'élaborer concernant le processus interprétatif des données empirico-formelles de la physique, dont le lieu classique était réservé à la philosophie proprement dite, ne risque pas d'être par trop réductrice. Le sens de ces données pourrait-il venir d'une relation qui se pose à l'intérieur même des mathématiques? Ne pourrait-on pas voir, en cette réduction, une des modalités les plus subtiles de «l'oubli de l'être» heiddegerien, le calcul se substituant ici à l'élucidation ontologique?[50] Nous ne le pensons pas. Le rapport aux mathématiques

50 Nous renvoyons ici aux études détaillées d'Etienne Ganty sur l'analyse heiddegerienne du projet mathématique: *Penser la modernité. Essai sur Heiddeger, Habermas et Eric Weil*, Namur, Presses Universitaires de Namur, 1997, pp. 292-307.

profondes ne définit, en effet, que le moment «formel» du processus interprétatif. Ensuite, le sens provient d'une confrontation à un champ d'expériences et d'intuitions mathématiques qui est constitué de toute autre chose qu'un simple jeu de symboles artificiels et arbitraires. La philosophie de la nature qui s'organise formellement à partir des mathématiques significatives, profondes ou génératives, est loin d'être appauvrissante pour la pensée. Elle puise à une source qui est déjà riche de sens: celui qui est découvert au cœur de l'action qui confronte les mathématiciens aux objets qu'ils façonnent. Sans la médiation de l'analyse des relations qui se tissent entre les concepts physiques et ceux des mathématiques profondes, la philosophie ne pourrait être qu'un commentaire vide de sens, vide de ce sens que l'activité mathématicienne véhicule avec elle à tout moment dans la constitution de ses propres objets. Il faut donc redécouvrir, en préambule à la reprise du projet de développement d'une philosophie de la nature, la richesse et la portée de l'activité mathématicienne. Le reproche de réductionnisme qu'on pourrait nous formuler ne serait valide que si nous avions mutilé les mathématiques de la richesse d'expérience et de sens dont elles sont porteuses au cours de leur développement historique, pour les réduire à un simple formalisme.

En proposant ce regard sur la philosophie de la nature, nous ne faisons, au fond, que reprendre les idées d'un courant historique très important qui a considéré, depuis les Présocratiques jusqu'à Newton et les fondateurs de la physique contemporaine, la Physique comme une philosophie naturelle. L'apport spécifique de ces dernières décennies a été de montrer que cette philosophie naturelle ne pouvait voir réellement le jour sans une redécouverte de la richesse de l'expérience mathématique.

La complexité dans la Nature et les brisures spontanées de symétrie

Pascal CHOSSAT
Institut Non Linéaire de Nice (INLN)
CNRS et Université de Nice-Sophia Antipolis
1361, Route des Lucioles, 06560 Valbonne (France)

Abstract. It is a widely accepted idea among scientists that the fundamental laws of Universe present a high degree of symmetry. This symmetry manifests itself by the fact that, given any physical state in a bounded or unbounded region of space-time, the state that is obtained after certain nontrivial transformations have been operated on that region, satisfies the same laws and is therefore also a physical state. This assertion must be valid as long as interactions between this region and its "outer world" are weak enough to be neglected. For example, the symmetry by rotations or translations in space means that if one rotates or translates a physical system, this will not change its intrinsic properties (shape, molecular structure, internal dynamics, etc). Symmetry by translations in time means that one can fix the origin of time arbitrarily. Those are part of the Galilean symmetries, under which the fundamental laws of classical (i. e. non-relativistic) mechanics are invariant. For our purpose in this paper, it is not necessary to consider more elaborated symmetries. Despite the symmetry of the fundamental laws of the universe, it is quite clear that the universe itself shows a high degree of asymmetry, which manifests itself by a wide variety of forms and temporal behaviors. What is the mechanism by which this complexity arises? How does Nature «select» the forms and the evolution of systems? These questions were addressed by physicists and mathematicians who were looking at specific problems such as phase transition in liquids (the pioneering work of Lev Landau around the mid-20th century). Chaos in dynamical systems is of course one aspect of complexity: the unpredictable temporal evolution of a deterministic system. Irreversibility itself is the result of a broken symmetry: the reversibility of time, which is one of the basic symmetries of the fundamental laws. This issue has occupied a large part of the work of the Nobel Prize Ilya Prigogine.

The most fruitful approach to the problem of complexity, from the conceptual as well as from the computational point of view, is the theory of spontaneous symmetry breaking, or equivariant bifurcations. In this paper, after an introductory section, I shall successively present, in as much non-technical words as possible, the theory of spontaneous symmetry-breaking for time independent states (section 2), then for time-periodic states (section 3), which are the basic symmetry-breaking bifurcations. Then I shall discuss temporal and spatio-temporal complexity, from the symmetry-breaking point-of-view (section 4). In the conclusion I shall briefly discuss some personal views about the future of this theory and its potential applications to evolution theory and to social sciences.

1. Introduction: symétries et complexité dans la nature

Les lois fondamentales de la Nature, telles qu'elles ont été dégagées de l'expérience par les physiciens depuis Newton et Galilée, sont invariantes par certaines transformations de l'espace et du temps que l'on appelle des symétries. Une symétrie, au sens ou nous l'entendrons ici, est une transformation de l'espace qui ne modifie pas la distance entre deux points (on dit que c'est une *isométrie*). La notion de «distance» peut être celle, usuelle, de longueur du segment reliant deux points dans l'espace qui nous entoure, mais il s'agit là d'une notion restrictive, cas particulier en trois dimensions de celle de distance euclidienne dans un espace affine. En considérant le temps comme une variable sur une droite (espace affine de dimension 1), on peut aussi parler de la *distance euclidienne* sur cette droite, et une symétrie temporelle est donc simplement soit une translation (un changement d'origine), soit une réflexion par rapport `a un point (un instant donné). Nous n'aurons pas à considérer ici de symétries dans des espaces non euclidiens, bien que de telles structures apparaissent aussi en physique, notamment en cosmologie.

L'ensemble des symétries dans un espace définit une structure de *groupe* dans cet espace. Cela signifie que (i) l'exécution successive de deux symétries est encore une symétrie (on l'appelle le *produit* des deux symétries), (ii) toute symétrie possède une symétrie *inverse*, c'est-à-dire dont l'exécution annule l'effet de la symétrie donnée, (iii) le produit des symétries possède la propriété d'*associativité*, une notion dont nous ne ferons pas un usage explicite dans la suite. Le concept de groupe, introduit d'abord par Evariste Galois (vers 1830) pour la résolution des équations algébriques, joue aussi un rôle fondamental en géométrie.

Etant donnée une figure, ou un ensemble de points dans un espace que l'on notera E sans plus de précision, on peut se demander quelles sont les symétries qui laissent cette figure inchangée (on dira plutôt «invariante»). Il est facile de voir que ces symétries forment elles-mêmes un groupe, qui est un *sous-groupe* du groupe des isométries de l'espace E. En voici quelques exemples élémentaires, où *E* est le plan euclidien:

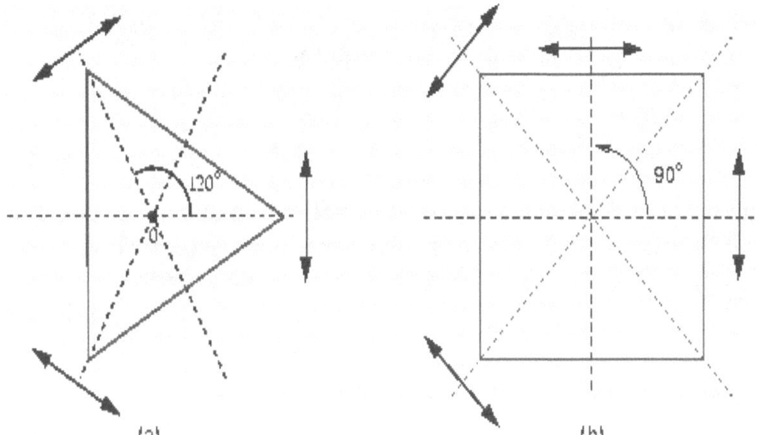

Figure 1: (a) Les symétries du triangle, (b) les symétries du carré.

On notera par exemple que la rotation de 120 degrés pour le triangle est équivalente à la permutation des sommets $(ABC) \mapsto (CBA)$. La réflexion par rapport à l'axe horizontal est équivalente à la permutation $(ABC) \mapsto (ACB)$. Ceci illustre très simplement comment la théorie des groupes apparaît naturellement en géométrie. Que signifie la propriété d'invariance par des symétries pour une loi physique? Une loi est un ensemble de relations (équations, inéquations…) qui mettent en correspondance des grandeurs décrivant les propriétés physiques du système étudié (par exemple pour un corps liquide, la masse, la densité, la pression, la température, éventuellement les charges électriques, etc), et ses propriétés cinématiques (position, vitesse, accélération en chaque point du système).

$$m_i \ddot{x}_i = \frac{\partial U}{\partial x_i}$$

L'exemple le plus «basique» est la loi de Newton pour les mouvements d'un système fermé (sans interaction avec l'extérieur) de N particules massives, qui s'exprime de la façon ci-dessus. Où l'indice i qui va de 1à N, x_i et $\ddot{x}_i$ désignant respectivement la position et l'accélération de la i[e] particule et mi désigne sa masse. Le membre de droite désigne la force s'exerçant sur la i[e] particule, et l'on suppose ici que cette force dérive d'un potentiel (une fonction) U qui ne dépend que des distances entre les particules. Typiquement U est l'énergie potentielle de gravitation, et

$$\partial U / \partial x_i$$

est donc la force d'attraction gravitationnelle qu'exercent les $N-1$ autres corps sur la particule *i*. Cette loi est invariante par n'importe quelle translation du temps ainsi que par la réflexion $t \mapsto -t$. En effet la variable temps (notée *t*) n'apparaît pas explicitement dans la fonction U, et de plus le membre de droite est invariant par ces transformations (les masses sont constantes et les accélérations sont les dérivées secondes des positions par rapport à *t*, donc sont elles-mêmes invariantes). De plus, comme U ne dépend que des distances entre les particules, les équations de Newton sont également invariantes par toute isométrie de l'espace usuel (par définition les isométries conservent les distances), donc par toute translation, rotation ou réflexion opérées simultanément sur les N particules.

Les équations de Newton sont *conservatives*:

$$\mathrm{E} = 1/2 \sum \dot{x}_i^2 + \mathrm{U}$$

l'*énergie E* est constante le long des solutions. Cette propriété, valable pour les systèmes fermés, est infirmée par l'expérience: la dissipation d'énergie calorique par frottement (par exemple) fait partie de notre expérience quotidienne. Pour un système ouvert, la dissipation brise la symétrie de réversibilité du temps ($t \mapsto -t$), car elle introduit dans les équations de Newton des termes proportionnels à la vitesse des particules $\dot{x}_i$ (qui change de signe si *t* change de signe). La nature de cette brisure de symétrie a été discutée de façon très approfondie par Prigogine [11]. Nous ne considérerons ici que des systèmes dissipatifs.

Voici un autre exemple: on appelle oscillateur un système physique dont le comportement est caractérisé par une oscillation périodique dans le temps. On rencontre des oscillateurs dans pratiquement toutes les sciences: le pendule en est un paradigme, qui obéit d'ailleurs aux équations de Newton. Citons aussi les oscillateurs électroniques (circuits RLC), qui obéissent aux équations dites «de Van der Pol», hydrodynamiques (ondulations d'un drapeau dans un vent régulier), chimiques et/ou biologiques (clignotement des lucioles, battements du cœur)... Les équations d'un oscillateur sont autonomes, c'est-à-dire qu'elles ne dépendent pas explicitement du temps. Elles possèdent donc la propriété d'invariance par les changements d'origine temporelle, ce qui implique que si $x(t)$ est une solution (t est la variable «temps»), alors $x(t-a)$ est aussi une solution quelle que soit la valeur du nombre a. Supposons que la solution x elle-même soit invariante par ces translations du temps: $x(t) = x(t-a)$, pour tout temps t et toute valeur de a.

Alors il est facile d'en conclure que cette solution est en fait constante par rapport au temps, égale à sa valeur initiale $x(0)$ quel que soit t. Si donc une solution oscille de façon périodique, ce qui signifie qu'il existe un nombre T non nul (la période) tel que $x(t+T) = x(t)$ pour tout t, x étant non constante, alors cette solution n'est pas invariante par toutes les translations du temps, mais seulement par les translations qui sont des multiples entiers de la période T. On dira que cette solution a brisé la symétrie du groupe des translations du temps (que l'on peut identifier à la droite réelle IR, l'opération de groupe étant simplement l'addition des nombres), et n'est plus invariante que par les symétries du sous-groupe formé par tous les multiples entiers de T (que l'on peut identifier à l'ensemble des entiers Z par un choix approprié de l'échelle de temps).

Il peut arriver que plusieurs oscillateurs, tous identiques, soient mis en relation entre eux par un couplage. Par exemple certaines lucioles de Malaisie se groupent dans des arbres et se «voient» mutuellement, ce qui introduit un couplage dont le résultat est un clignotement synchrone de toutes ces lucioles. En l'absence de couplage, le groupe de symétrie du système formé par tous les oscillateurs est l'ensemble de toutes les permutations des oscillateurs, puisqu'on a supposé qu'ils étaient tous identiques. Ce cas est toutefois sans intérêt car l'absence de couplage fait que chaque oscillateur se résout indépendamment des autres par l'équation ci-dessus. Dans le cas des lucioles, cela se traduirait par un clignotement complètement asynchrone. Les couplages peuvent aussi réduire le nombre de symétries. Par exemple si les oscillateurs forment une chaîne circulaire (un «collier») et si chaque oscillateur n'est couplé qu'à ses plus proches voisins, les seules permutations laissant le système invariant seront les permutations circulaires et les réflexions par rapport aux axes de symétrie du polygône régulier que l'on peut symboliquement former en prenant comme sommets les oscillateurs (voir figure ci-dessous). Dans ce cas, le groupe des symétries du système sera identique au groupe des symétries de ce polygône.

Une solution des équations qui régissent un système physique peut soit être invariante par les symétries de ces équations, soit *briser* tout ou partie de ces symétries. Les lucioles qui clignotent en chœur ont brisé l'invariance par translation du temps, mais pas l'invariance par les permutations des lucioles. Supposons que l'on éloigne les lucioles les unes des autres, ce qui tend à diminuer l'intensité du couplage. On s'attend à ce qu'au-delà d'une certaine distance, le couplage soit si faible que les lucioles perdent leur belle harmonie et se mettent à clignoter «pour elles-mêmes». Mais de quelle façon la transition va-t-elle se produire? Passera-t-on directement du système synchrone au désordre complet, ou bien n'y aura-t-il pas plutôt des zones intermédiaires où les lucioles conserveront un certain degré de symétrie, par exemple avec la formation de groupes de lucioles au sein desquels elles continuerons à clignoter de façon synchrone?

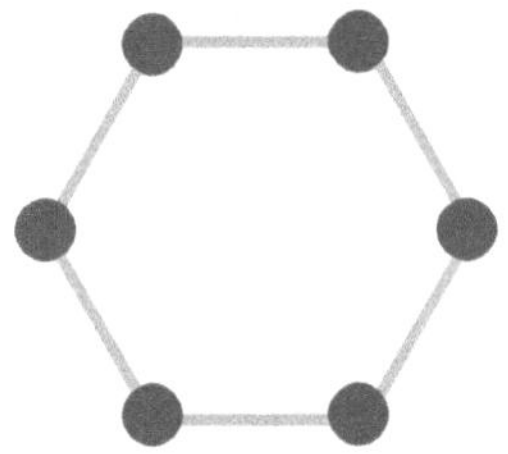

Figure 2: Schéma de six oscillateurs couplés avec les symétries de l'hexagone

De telles transitions s'appellent, dans le jargon des mathématiciens, des bifurcations. On verra que cette notion est étroitement associée avec celle de brisure spontanée de symétrie («spontanée» pour signifier le fait que ce phénomène se produit sans qu'une modification de la symétrie des équations ne soit intervenue). La figure ci-dessous schématise une succession de bifurcations. Il faut imaginer en abscisse un paramètre qui varie et en ordonnée une grandeur qui caractérise les solutions. Chaque point de bifurcation correspond à une perte de symétrie de l'état bifurqué par rapport à l'état précédent la bifurcation.

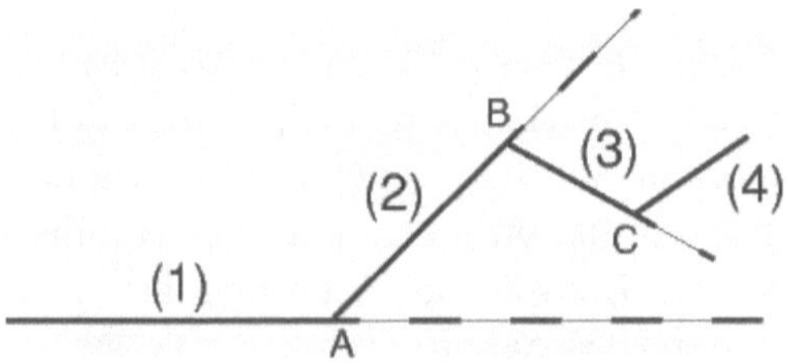

Figure 3: Schéma d'une succession de bifurcations aux points *A*, *B* et *C* entre les états (1), (2), (3) et (4).

L'élucidation du mécanisme de ces bifurcations est un élément essentiel de la compréhension de la complexité. Le lecteur intéressé par les aspects techniques et mathématiques de cette théorie pourra consulter le livre que je viens de publier avec R. Lauterbach [4], ainsi qu'un ouvrage destiné à un plus large public [2]. Dans le présent article, j'introduirai brièvement les notions de base concernant ces bifurcations et j'essaierai de montrer en quoi leur classification présente un caractère universel, ce qui en fait un outil conceptuel (et effectif) puissant. Je commencerai par discuter le cas des brisures de symétrie purement spatiales (c'est-à-dire celles qui ne présentent aucune composante temporelle), puis celui des brisures de symétries spatio-temporelles. La complexité temporelle (transition vers le chaos dans les systèmes dynamiques) constitue un aspect tout-à-fait fondamental dans cette perspective. La grande diffculté de l'étude des systèmes dynamiques tient en premier lieu au fait que le groupe des translations du temps n'est pas borné (puisque c'est la droite réelle IR). L'étude des symétries spatiales non-bornées, qui apparaissent dans les systèmes spatialement très étendus, est elle aussi très difficile. Il s'agit d'un sujet de recherche en plein développement dont je dirai aussi quelques mots.

Il reste un aspect essentiel qu'il faut discuter pour la pertinence de cet échafaudage, c'est la robustesse des états bifurqués. Cette notion fait suite à la question suivante: étant donnée une solution d'une équation modélisant un système physique, cette solution est-elle effectivement observable dans des conditions expérimentales ou dans la nature? Il peut se produire deux types de phénomènes qui s'opposent à cela:

1) de petites déviations autour de cette solution vont tendre à s'amplifier et le système, plutôt que de rester proche de l'état correspondant, va évoluer vers un état différent;

2) les symétries du modèle sont une idéalisation de la réalité physique, et la solution obtenue sur ce modèle disparaît lorsqu'on prend en compte les imperfections à la symétrie qui existent inévitablement dans la nature. Si le premier phénomène ne se produit pas, on dira que la solution est dynamiquement stable. Si le deuxième phénomène ne se produit pas, on dira que la solution est structurellement stable. Dans le premier cas, il s'agit d'une robustesse par rapport à des fluctuations sur l'état lui-même, dans le second cas il s'agit d'une robustesse par rapport à des fluctuations sur le modèle.

2. Bifurcations et brisures de symétrie

Dans cette section un peu technique, nous allons introduire de façon plus précise la notion mathématique de bifurcation. Pour rester dans un cadre élémentaire, nous considérons une équation

$$P(x, \lambda) = 0$$

où x est une variable réelle (l'inconnue), l est aussi une variable réelle mais qui joue ici le rôle d'un paramètre que l'on peut modifier à son gré, et P est un polynôme (à coefficients réels) dans ces deux variables. Supposons aussi que $x = 0$ est une solution quand l = 0, ce qui revient à poser $P(0, 0) = 0$. Cette équation peut modéliser un système physique qui possède une solution «simple» $x = 0$ quand un paramètre (par exemple l'intensité d'une force appliquée au système) prend la valeur 0.
La forme générale de P est la suivante:

$$P(x, \lambda) = ax + b\lambda + c\,x^2 + dx\lambda + e\lambda^2 + \cdots,$$

où les points indiquent les termes de degré supérieur à 2.

Si le coefficient a est différent de 0, cette équation possède une unique solution x(l) qui est définie pour l assez proche de 0 et qui vérifie $x(0) = 0$. Cette affirmation, que je ne démontre pas, est une application directe d'un théorème fondamental d'Analyse. On peut l'interpréter de la façon suivante: si x et l sont très proches de 0, les termes de degré supérieur à 1 sont extrêmement petits en comparaison des termes de degré 1. Si l'on néglige ces termes, on résout facilement l'équation: les solutions sont données par l'expression:

$$x = -(b/a)\, l$$

Le théorème des fonctions implicites affirme que ces solutions s'étendent au cas où P est de degré supérieur à 1, et de plus que ce sont les seules solutions définies au voisinage de $(x, l) = (0, 0)$. Ce point n'est donc pas un point de bifurcation pour cette équation.

Supposons à présent que $a = 0$. On ne peut donc pas appliquer le raisonnement ci-dessus. Les termes «dominants» (quand x et l sont proches de 0) sont alors bl et cx^2, ce qui conduit, en négligeant les autres termes, à l'équation

$$(1) \qquad b\lambda + cx^2 = 0$$

dont les solutions sont: $x = \pm\sqrt{\dfrac{-b}{c}\lambda}$

En admettant que $b > 0$ et $c < 0$ pour fixer les idées, il n'y a donc pas de solution quand l < 0, et deux «branches» de solutions quand l > 0 (voir figure ci-dessous). Ces deux branches sont dissymétriques en général (quand on tient compte des termes de degré supérieur à 2 par rapport à x dans P).

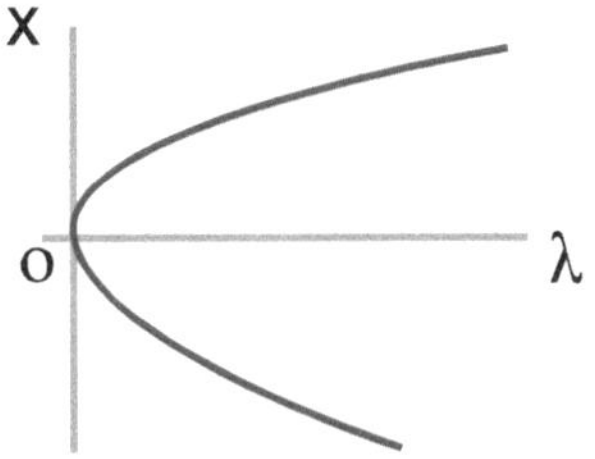

Figure 4 (ci-dessus): Diagramme de bifurcation «typique» en l'absence de symétrie.

Cette bifurcation, comme nous allons le voir, est typique des systèmes sans symétrie. On la nommera «bifurcation de retournement». En fait on pourrait contester le terme «bifurcation» puisqu'il n'y a pas a proprement parler de «choix» entre plusieurs chemins possibles se croisant au point critique.

La conclusion importante de la discussion précédente est que l'hypothèse $a = 0$ est nécessaire pour qu'il y ait bifurcation. Les hypothèses $b = 0$ et $c = 0$ (sans préciser leur signe) ne sont pas indispensables, mais elles sont génériques: si l'une de ces hypothèses n'est pas satisfaite, cela veut dire que le problème possède des contraintes additionnelles, qui n'ont peut-être pas été exprimées explicitement mais qui sont présentes dans l'équation. On va voir que la présence d'une symétrie est une telle contrainte.

Supposons que tous les termes du polynôme P sont de degré impair en x. P satisfait donc la propriété:

$$P(-x, \lambda) = -P(x, \lambda).$$

Notons que la transformation $x \mapsto -x$ est une symétrie sur l'axe réel: c'est la réflexion par rapport à l'origine $x = 0$. La propriété entraîne donc que l'équation est invariante par cette symétrie:

$$P(-x, \lambda) = 0 \Leftrightarrow P(x, \lambda) = 0.$$

On pourrait se demander pourquoi supposer que P est impair par rapport à x plutôt que pair. En effet, la propriété de parité conduirait à la même conclusion concernant l'invariance de l'équation à résoudre. Par contre cela conduirait, comme nous allons le voir ci-dessous, à un type de bifurcation complètement différent. La raison de ce choix «d'imparité» tient au fait que, très généralement, les lois qui régissent l'évolution (la «dynamique») des systèmes physiques expriment la façon dont le taux de variation temporelle (la vitesse d'évolution) d'une quantité scalaire ou vectorielle x, varie avec x elle-même (et avec d'autres grandeurs que l'on peut considérer comme des paramètres). On écrit donc cette loi sous la forme générale:

$$\frac{dx}{dt} = F(x, \lambda)$$

où le symbole l désigne l'ensemble des paramètres intervenant dans ce problème. Dès lors il est clair que l'invariance de cette équation par une symétrie signifie que l'action de cette symétrie sur x doit se transmettre à sa «vitesse» dx/dt. Par conséquent, en notant τ l'action de cette symétrie sur x, on doit avoir la relation:

$$F(\tau x, \lambda) = \tau F(x, \lambda)$$

pour n'importe quelles valeurs de x et de l. Dans le cas où F est le polynôme P défini plus haut et où τ est la symétrie $\tau x = -x$, ceci correspond à l'hypothèse d'imparité de P.

La résolution de l'équation F (x, l) = 0 permet de déterminer les solutions stationnaires (i.e. indépendantes du temps), du problème. On les nomme aussi des points d'équilibre.

A titre d'exemple, on peut considérer l'équation logistique qui régit l'évolution temporelle d'un système écologique très simple constitué d'une seule espèce vivant dans un milieu nutritif dont l'apport est limité (bactéries dans une boîte de Petri). Notons x_n la quantité d'individus à la n-i[e] génération. Cette équation s'écrit:

$$x_{n+1} - x_n = \lambda x_n - c x_n^k$$

où l et c sont des constantes positives et k est un nombre entier plus grand que1. Le premier terme du second membre exprime le fait que l'accroissement de population entre une génération et la suivante, est proportionnel au nombre d'individus de cette génération (c'est vrai si les bactéries se reproduisent à intervalles réguliers). Ce taux d'accroissement peut varier suivant l'espèce de bactérie, c'est pourquoi la constante de proportionnalité l peut être considérée comme un paramètre. Toutefois cet accroissement doit être pondéré par le fait que lorsque leur nombre est trop important, il y a pénurie de nourriture et donc diminution de la vitesse de reproduction. C'est ce qu'exprime le second terme. Le membre de gauche de l'équation est aussi le taux de variation de la population. Si l'on admet que la durée d'une division bactérienne est très courte, on peut remplacer ce taux de variation par une «vitesse instantanée» et faire varier le temps continûment. L'équation logistique s'écrit alors:

$$\frac{dx}{dt} = \lambda x - cx^k$$

et $x(t)$ représente la population à l'instant t. L'hypothèse de symétrie conduit à poser $k = 3$. Cette hypothèse ne repose pas sur un principe physique, car x est ici, par définition, une quantité toujours non negative. Elle peut néanmoins être satisfaite pour des raisons liées à la modélisation. Posons donc $k=3$ et cherchons les solutions stationnaires de cette équation. Il faut résoudre

(3) $$\lambda x - cx^3 = 0$$

On peut poser $bx - cx^3 = x(\lambda - cx^2)$

Notons que $x = 0$ est toujours solution. C'est une première propriété importante dûe à la symétrie[1]. Avec la symétrie d'imparité de P, il n'y a pas de terme de degré 0 en x. Par conséquent, $b = 0$ dans l'équation (1), ce qui veut dire que la bifurcation «point de retournement» est impossible ici. Les autres solutions sont celles de l'équation:

$$\lambda - cx^2 = 0,$$

1 Il faut noter cependant que dans l'équation logistique, le fait que $x = 0$ soit solution est dû à la nature du problème modélisé par cette équation, et non pas aux symétries associées à une loi fondamentale.

qui n'est autre que l'équation (1) si l'on remplace l par *b*l et *c* par l*c*. Lorsqu'on fait varier l, les solutions bifurquées décrivent donc la courbe parabolique de la figure 4. Il est important de noter que lorsque l > 0, les deux solutions bifurquées *s'échangent par symétrie*: si *x* est une solution, l'invariance de l'équation par la symétrie d'imparité entraîne que l*x* est aussi solution. C'est la deuxième conséquence fondamentale de la présence de symétrie dans le problème: les solutions bifurquées» ne sont plus invariantes par les symétries, mais sont transformées en d'autres solutions, possédant les mêmes propriétés physiques. La bifurcation a donc «brisé» la symétrie de l'état de base du système. Finalement, le diagramme de bifurcation est comme indiqué dans la figure 5. Pour cette raison, cette bifurcation s'appelle bifurcation «pitchfork», c'est-à-dire «fourche» en anglais.

La présence de symétrie peut aussi se traduire par un troisième type de bifurcation, la bifurcation «en *X*» ou «transcritique». Pour présenter cette bifurcation, on va considérer un système de deux équations à deux inconnues *x* et *y*, invariant par les symétries du triangle équilatéral (voir figure 1). Le groupe des symétries du triangle, noté D_3, est «engendré» par la rotation *R* d'angle 120 degrés, qui transforme les sommets *A, B, C* en *C, A, B* respectivement, et par la réflexion *S* qui permute les sommets *B* et *C* et laisse *A* fixé. Ecrivons les deux équations sous la forme générale:

(4) $\dot{x} = P(x, y, \lambda)$

(5) $\dot{y} = Q(x, y, l)$

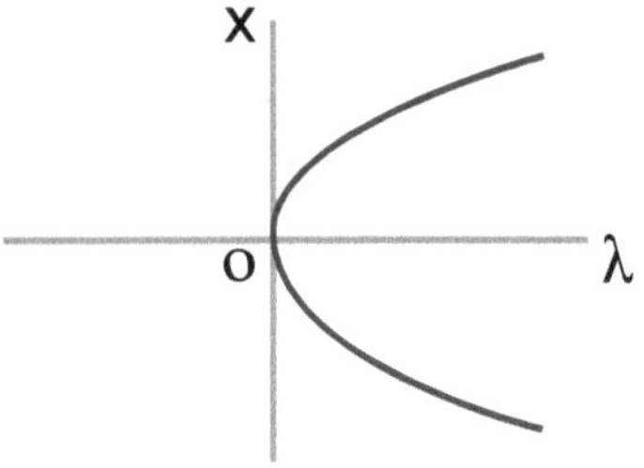

Figure 5: Diagramme de bifurcation «pitchfork».

où de nouveau *P* et *Q* sont des polynômes. On cherche les solutions stationnaires de ce système, donc on veut résoudre les équations:

$$P\,(x, y, l) = 0 \text{ et } Q(x, y, l) = 0$$

Comment se traduit l'invariance de ce système par les symétries du groupe D_3? Comme précédemment, l'action de ces symétries sur le couple (x, y) doit se transmettre au couple (P, Q). Par exemple, le seul point fixé par la rotation R dans le plan des points de coordonnées (x, y) est le point $(0, 0)$. Par conséquent on doit avoir:

$$P(0, 0, l) = Q(0, 0, l) = 0,$$

quelle que soit la valeur de l. Il s'en suit que $x = y = 0$ est toujours une solution stationnaire de ce problème, et que les polynômes P et Q ne contiennent pas de terme de degré 0 en x et en y. De même, l'axe défini par $y = 0$ est un axe de symétrie du triangle ABC: tout point de cet axe est fixé par la réflexion S. L'invariance des équations entraîne que l'image de tout point de cet axe est lui-même fixé par S. Par conséquent,

$$Q(x, 0, l) = 0$$

quels que soient x et l. Donc, si l'on se restreint à chercher des solutions invariantes par la symétrie S, il suffit de résoudre une seule équation

$$P(x, 0, l) = 0.$$

La bifurcation pour cette équation ne peut pas être du type «point de retournement», car on a vu qu'elle ne contient pas de terme de degré 0 en x. Toutefois elle ne peut pas non plus être du type «pitchfork» car le groupe D_3 ne contient pas la symétrie $(x \mapsto -x)$; (cette symétrie ne laisse pas le triangle ABC invariant). Autrement dit, $P(x, 0, \lambda)$ contient des termes de degré pair en x, en particulier il contient «génériquement» un terme de degré 2. En négligeant les termes de plus haut degré, l'équation à résoudre s'écrit donc:

$$b\lambda + cx^2 = 0$$

dont la résolution pour $x \neq 0$ donne la branche bifurquée:

$$x = -\frac{b}{c}\lambda$$

Le diagramme de bifurcation est indiqué en figure 6.

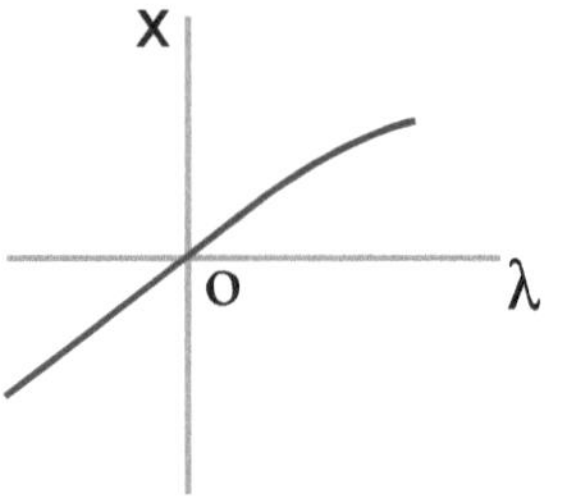

Figure 6: Diagramme de bifurcation «en *X*».

Notons que les solutions bifurquées ont brisé la symétrie de rotation, mais sont fixées par la symétrie *S*. Cette symétrie «résiduell» est ce que l'on appelle l'isotropie de ces solutions. En appliquant à l'axe de symétrie *S* les rotations *R* et *R2* (rotation d'angle 240 degrés), on obtient les deux autres axes de symétrie du triangle. Chacun de ces axes contient donc une solution bifurquée qui est l'image, par *R* ou *R2*, de la solution obtenue ci-dessus. On peut aussi montrer, mais on ne le fera pas ici pour ne pas alourdir le texte, que sauf dans des cas exceptionnels il n'y a pas d'autre solution bifurquée dans ce problème.

Une analyse tout-à-fait similaire peut être menée avec d'autres groupes de symétrie. Par exemple pour un système à nouveau défini dans le plan (x, y), on peut supposer une invariance par les symétries du carré (groupe D_4). Dans ce cas, le même raisonnement s'applique pour les équations restreintes aux axes de symétrie du carré, ce qui permet de conclure à l'existence de branches de solutions bifurquées le long de ces axes. La principale différence avec le cas du triangle est qu'ici, les bifurcations sont du type «pitchfork», du fait de la présence de la symétrie:

$$(x, y) \mapsto (-x, -y)$$

dans le groupe D_4. De plus, il y a deux types d'axes de symétrie du carré: ceux passant par les sommets et ceux passant par les milieux des côtés. Les solutions correspondantes sont différentes car elles ne se correspondent pas par une symétrie de D_4.

Cette brève discussion nous a permis d'entrevoir quelques faits importants concernant la théorie des bifurcations avec symétrie:

1. La perte de symétrie d'un système physique apparaît intimement liée à la présence d'une bifurcation. C'est ce que l'on appelle la «brisure spontanée de symétrie».

2. La connaissance de la géométrie (donc en fait de l'algèbre) des groupes de symétrie permet de donner une description du phénomène qui est largement indépendante du modèle. C'est cette propriété qui donne sa puissance prédictive et son caractère «universel» à cette théorie.

Il reste à discuter la robustesse des états bifurqués, dont nous avons donné une définition à la fin de l'Introduction.

Parlons d'abord de la stabilité dynamique. Dans le cas «sans symétrie» (bifurcation «point de retournement»), l'une des deux branches de solutions correspond à des états stables (les points d'équilibres correspondants sont des «nœuds»), tandis que l'autre correspond à des états instables (les points d'équilibre correspondant sont ce qu'on appelle des «cols»). C'est pourquoi on appelle souvent cette bifurcation la «bifurcation nœud-col». Dans le cas «pitchfork», il y a échange des stabilités entre la solution de base ($x = 0$) et les solutions bifurquées: avant la bifurcation la solution de base est stable, mais devient instable après, tandis que les solutions bifurquées sont stables. Ce changement de stabilité explique l'observation physique de la bifurcation, c'est-à-dire de la brisure de symétrie de l'état du système expérimental. En effet, toute petite fluctuation dirigée «dans la direction» de l'instabilité, même de nature «infinitésimal», va tendre à croître lorsque l'état de base est devenu instable. Le système va alors évoluer vers son nouvel état d'équilibre moins symétrique. Lorsqu'une bifurcation de type «pitchfork» se produit pour un système présentant plus de symétries, par exemple la symétrie du carré, brièvement discutée plus haut, il n'y a pas toujours échange des stabilités. Dans le cas des symétries du carré, l'un des types de solutions bifurquées est stable, tandis que l'autre est instable (bien que la bifurcation soit «pitchfork» dans les deux cas). Enfin, lorsque la bifurcation est du type «en X» (cas, par exemple, des symétries du triangle), les solutions bifurquées sont génériquement instables. Autrement dit elles sont instables sauf si des circonstances exceptionnelles font que certains coefficients dans les équations sont nuls. Ceci peut notamment se produire si ces coefficients dépendent de paramètres additionnels. L'étude géométrique de ce genre de situation s'appelle la théorie des singularités (dont la célèbre théorie des catastrophes développée par René Thom est un aspect).

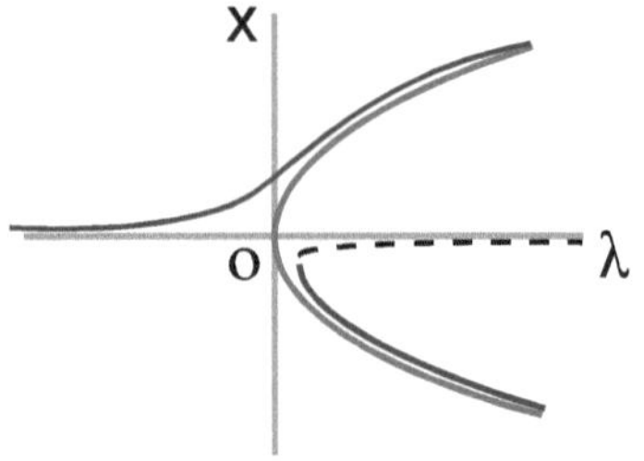

Figure 7: Bifurcation pitchfork imparfaite. Les pointillés indiquent les branches dynamiquement instables.

La question de la stabilité structurelle est beaucoup plus délicate, et l'on va simplement décrire la situation pour la bifurcation «pitchfork». Une petite perturbation qui brise la symétrie $x \mapsto -x$ dans l'équation de bifurcation (3) introduit des termes tels que al et $b\,x^2$, avec a et b des constantes très proches de 0. Ceci détruit bien sûr la «fourche» du diagramme de la figure 5 et fait par contre apparaître un point de retournement, comme dans la figure 4. Le diagramme complet est dessiné sur la figure 7. Notons que si l'on suit «sans heurt» la branche correspondant au nouvel état de base (branche supérieure sur la figure), aucune bifurcation ne se produit. Par contre il suffit d'une fluctuation «un peu forte» pour que le système évolue vers la branche stable de la bifurcation nœud-col. On appelle cette situation une bifurcation pitchfork «imparfaite»

3. Les brisures de symétrie temporelle

On a défini les oscillateurs dans l'Introduction. L'exemple le plus simple d'oscillateur est l'oscillateur harmonique, dont l'équation s'écrit:

(6) $$\ddot{x} = -x$$

et dont les solutions sont toutes de la forme:

$$x(t) = \mathrm{A}\cos(t + \phi)$$

Les constantes arbitraires A et ϕ sont respectivement l'amplitude et la phase de la solution. Ces solutions sont donc périodiques par rapport au temps, de période $T = 2\pi$. Le meilleur moyen pour les représenter est de les tracer dans le plan (x, $\dot{x}$), (ce qu'on appelle le «plan de phases»). Comme:

$$\dot{x}\,(t) = -\,\mathrm{A}\,sin\,(t + \phi)$$

chaque solution décrit un cercle de rayon A dans le plan de phases (c'est la «trajectoire» de cette solution). Faire varier la phase ϕ revient à effectuer une translation sur la variable temps et à choisir une position à l'instant $t = 0$ sur la trajectoire (ce qu'on appelle une «condition initiale»).

Considérons à présent l'équation plus générale:

(7) $$\ddot{x} = \mathrm{P}\,(x, \mathrm{l})$$

où P est un polynôme dans la variable x tel que lorsque l = 0, le terme de plus bas degré est $-x$. Lorsque x et l sont voisins de 0, les autres termes dans P sont de petites perturbations de celui-là. L'effet de ces perturbations est «génériquement» (c'est-à-dire sauf circonstance exceptionnelle) de sélectionner, parmi toutes les trajectoires de l'équation (6), un cercle dont le rayon est une fonction de la racine carrée de l:

$$A(\sqrt{\lambda})$$ [2]

En fait, les solutions ne décrivent pas exactement un cercle mais une courbe fermée très voisine de ce cercle. De plus leur période T n'est pas exactement égale à 2π mais elle tend vers cette valeur quand l tend vers 0.

Il se produit donc une bifurcation en $\lambda = 0$: lorsque λ est négatif, la seule solution périodique est la solution de base $x = 0$. Lorsque λ devient positif, de nouvelles solutions périodiques apparaissent. Cette bifurcation est une brisure de symétrie temporelle: la solution de base est invariante par n'importe quelle translation du temps, tandis que les solutions bifurquées ne sont invariantes que par T et ses multiples. C'est ce qu'on appelle une bifurcation de Hopf (bien que Poincaré au début du siècle puis, d'une façon plus rigoureuse, Andronov dans les années 20 soient les vrais «inventeur» de ce phénomène).

2 il se pourrait que A soit une fonction de:

$$\sqrt{(-\lambda)}$$

mais dans ce cas il suffira de remplacer λ par $-\lambda$ dans la définition de P pour retrouver la même expression.

Cette bifurcation explique la naissance d'oscillations temporelles périodiques dans un très grand nombre de systèmes aussi bien en physique qu'en chimie, biologie ou écologie (dynamique des populations). Les oscillateurs cités dans l'Introduction en sont des exemples.

Que se passe-t-il si une bifurcation de Hopf se produit pour un système présentant des symétries spatiales? Comme dans le cas des brisures de symétrie spatiale, une classification «universelle» des solutions bifurquées est possible à partir de la géométrie de l'action du groupe de symétrie considérée. A présent ce groupe doit inclure les translations du temps: il «mélange» donc les symétries spatiales et temporelles. Les solutions qui bifurquent seront donc caractérisées par leur *isotropie spatio-temporelle*. Cette approche a été formalisée, il y a une quinzaine d'années, par Golubitsky et Stewart [8]. Le principal résultat est que pour tout sous-groupe d'isotropie spatio-temporelle qui est *maximal* dans le sens où il n'est pas contenu dans un autre sous-groupe d'isotropie (sauf bien sûr le groupe de symétrie tout entier), il existe «génériquement» une branche de solutions périodiques bifurquées (voir [4] ou [8] pour un exposé de cette théorie).

La combinaison de symétries spatiales et temporelles conduit à des structures qui peuvent être assez complexes. A titre d'exemple, la figure 8 montre les quatre états «génériques» qui apparaissent lorsqu'une bifurcation de Hopf se produit pour l'anneau de six oscillateurs couplés de la figure 2. Pour expliquer ces schémas il est commode d'utiliser l'exemple des lucioles. Les flèches doubles indiquent que les lucioles connectées clignotent en phase (donc émettent un éclat «au même instant»). Donc les lucioles du schéma (*a*) clignotent toutes en phase: c'est précisément l'état observé chez les lucioles africaines. Les lucioles connectées par des flèches simples sont en déphasage. Dans le cas du schéma (*b*), le décalage est d'un sixième de période entre deux lucioles successives. L'éclat sera donc perçu comme une «onde» se propageant de façon uniforme autour de l'anneau. On appelle ce type de solution une «onde rotative». Les deux autres états ont une structure un peu plus compliquée, mais que le lecteur peut aisément décrypter.

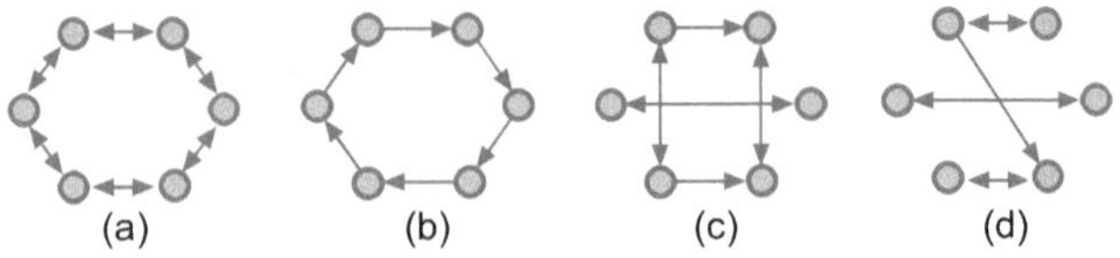

Figure 8: Motifs spatio-temporels de la bifurcation de Hopf «générique» pour 6 oscillateurs couplés en anneau.

Un autre exemple d'onde rotative est la «ola» qui apparaît parfois spontanément sur les gradins des stades de football. S'agit-il là d'une bifurcation de Hopf «sociale»?

4. Vers la complexité

Les bifurcations évoquées dans les sections précédentes sont des bifurcations «primaires», c'est-à-dire qui se produisent à partir d'un état très simple qui est, notamment, stationnaire. Malgré la relative complexité que ces états bifurqués peuvent présenter, on est encore loin de la complexité observée dans la Nature. Celle-ci est surtout caractérisée par un certain désordre et par une imprédictabilité qui se superposent à une structure «moyenne» qui, elle, paraît plus ordonnée. Le désordre temporel est bien observable sur les structures de petites dimensions. Par exemple une branche d'arbre qui s'agite sous l'effet d'un vent régulier n'oscille pas de façon périodique, bien qu'en général on observe une période «moyenne» des oscillations. Si l'on essaie de prévoir avec précision la position de la branche à un instant donné au vu de son mouvement passé, on s'aperçoit que c'est impossible. Cette imprévisibilité est une manifestation de ce qu'on appelle un mouvement «chaotique». A plus grande échelle, le désordre apparaît aussi dans l'agencement spatial des structures. Par exemple les motifs sur la robe d'un mammifère sont caractéristiques de son espèce, mais sont différents d'un individu à l'autre et présentent toujours des irrégularités (tâches des léopards, empreintes digitales des êtres humains...). Cette remarque vaut d'ailleurs pour toutes les espèces vivantes possédant un grand nombre de cellules. Lorsque la complexité temporelle se superpose à la complexité spatiale, il en résulte parfois une évolution lente et désordonnée de structures elles-mêmes désordonnées, parfois au contraire le renforcement de structures localisées très «énergétiques» (phénomène d'auto-focalisation des structures).

4.1 La complexité temporelle: les systèmes dynamiques

C'est Henri Poincaré qui le premier pressentit que des systèmes mécaniques simples, tels que le système formé de trois corps massifs soumis seulement à leur attraction réciproque, pouvaient présenter des mouvements si complexes qu'il était illusoire de chercher à les déterminer complètement. Il fallut toutefois l'invention de la simulation numérique par ordinateur pour que cette observation devienne «tangible» et fasse l'objet d'une recherche active. Plus précisément, au début des années soixante, le météorologue E. Lorenz établit un modèle très simplifié de la turbulence atmosphérique qui se réduisait à un système de trois équations différentielles du premier ordre à trois inconnues (la variable indépendante étant le temps). De nos jours, la simulation assistée par ordinateur des solutions d'un tel système est presque devenue un jeu d'enfant, mais à l'époque c'était une nouveauté. La surprise de Lorenz fut d'observer que les solutions se rapprochaient asymptotiquement d'un objet dans l'espace des trois inconnues, formé d'un ensemble très compliqué de trajectoires si enchevêtrées qu'il était impossible de prévoir le long de quelle trajectoire le système allait évoluer. Cet objet dans l'espace des phases du système (ici IR^3) est ce qu'on appelle un *attracteur étrange*. Plus généralement, un *attracteur* est un ensemble de trajectoires qui représentent les états dans lesquels le système est susceptible de se placer après un certain temps de transition. Si par exemple un point d'équilibre est dynamiquement stable (au sens défini dans l'Introduction), il est un attracteur à lui tout seul. Dans la théorie des systèmes dynamiques on étudie les attracteurs et leur complexité, et la bifurcation entre des attracteurs simples (points d'équilibre ou solutions périodiques) et les attracteurs étranges ou chaotiques. Je renvoie le lecteur à l'abondante littérature sur ce sujet pour plus de détails (voir par exemple [12] et [10]), et je me bornerai ici à faire la remarque suivante. Les translations du temps peuvent être arbitrairement grandes. Toutefois, lorsqu'on cherche des solutions périodiques d'un système dynamique, on se restreint *de facto* à étudier un système pour lequel les symétries de translation du temps sont *bornées*. En effet, par périodicité, toute translation est équivalente à une translation d'une longueur inférieure ou égale à celle de la période. Le fait que le groupe des translations du temps soit non borné est donc une condition *nécessaire* pour l'existence des attracteurs chaotiques. La *démonstration* de l'existence de ces attracteurs est une toute autre histoire.

Rien n'interdit non plus qu'une solution périodique soit très compliquée et «simule», sur une période, un comportement chaotique. Par exemple on pourrait imaginer que malgré sa complexité, l'Univers ait une évolution périodique (de période forcément supérieure à 10^{10} ans qui est à peu près notre limite actuelle d'investigation du passé de l'Univers...). Il n'en reste pas moins que l'étude asymptotique (donc sur des temps non bornés) des systèmes dynamiques est l'instrument mathématique incontournable de l'étude de la complexité temporelle.

Que se passe-t-il lorsque des symétries spatiales se combinent aux symétries temporelles? On a vu avec la bifurcation de Hopf que cela conduit à des états qui ont brisé une partie de ces symétries. La séquence des bifurcations qui conduisent à un attracteur chaotique a généralement brisé toutes les symétries présentes dans l'état initial. Cependant il peut alors se produire un nouveau phénomène: chaque attracteur possède des copies de lui-même (par symétrie), toutes identiques à une transformation rigide près. Lorsque la taille de ces attracteurs croît sous l'effet de la variation d'un paramètre λ, il peut arriver qu'ils rentrent en collision. Le mécanisme de cette «bifurcation» est complexe, mais le résultat est spectaculaire: l'attracteur «explose» en un nouvel attracteur qui est *grosso modo* formé par la réunion de l'attracteur de départ de ses copies, et par conséquent il retrouve toutes les symétries de l'état initial. Ce processus de *resymétrisation* de l'attracteur chaotique a été initalement décrit dans [3], et il a suscité de nombreuses études, principalement en raison de son indiscutable côté esthétique (voir [7] et figure 9)...

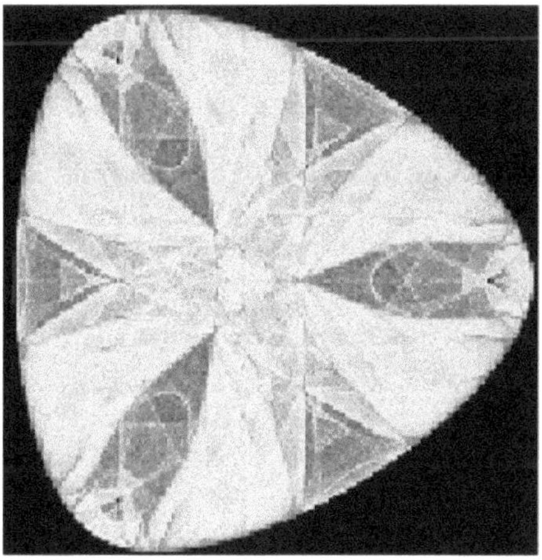

Figure 9: Un attracteur symétrique pour la dynamique des itérations successives d'une application du plan sur lui-même avec symétrie D_3.

Pour le modèle physique, la resymétrisation de l'attracteur se traduit par une resymétrisation de l'état moyenné dans le temps du système (la moyenne étant effectuée sur toute la droite réelle). Ceci suggère la conjecture suivante: *partant d'un état présentant un certain degré de symétrie, les bifurcations conduisent à des brisures successives de cette symétrie, puis, à partir de l'état chaotique, à une restauration des symétries «en moyenne», jusqu'à un état ultime qui correspond à la turbulence la plus développée.* En effet, on sait que la turbulence forte des systèmes hydrodynamiques est homogène, ce qui veut dire ici qu'en «moyenne temporelle», aucune direction ni aucune position particulières dans l'espace ne sont distinguables.

4.2 La complexité spatio-temporelle: les systèmes étendus

Les symétries de type «spatial» peuvent elles aussi être non bornées. On va voir que cette situation conduit au «chaos» spatio-temporel. Je renvoie au livre de Bergé, Pomeau et Vidal [1] pour une information plus détaillée sur la complexité spatio-temporelle dans les systèmes physiques.

Je vais d'abord d´écrire une expérience célèbre dans le monde de la physique des systèmes hors équilibre, *l'expérience de Bénard*. Celle-ci consiste en une boîte remplie de liquide, que l'on chauffe uniformément par le bas. La différence de température entre le bas et le haut de la boîte produit une différence de densité du liquide dans la direction verticale, le liquide le plus léger se trouvant dans la partie inférieure. Il s'en suit une poussée du liquide vers le haut (force d'Archimède). Lorsque la différence de température dépasse un seuil critique, une bifurcation se produit: le liquide, au départ inerte, se met en mouvement sous l'effet de la poussée verticale. Cette naissance d'un mouvement de convection s'accompagne de la formation d'une structure, généralement une structure en rouleaux dans lesquels les particules liquides décrivent des cercles (figure 10).

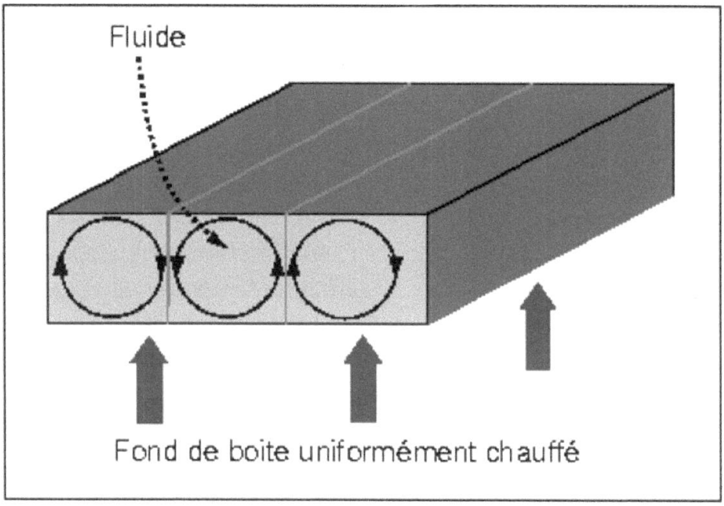

Figure 10: La structure «en rouleaux» de l'écoulement convectif dans une boîte chauffée par le bas.

La taille des rouleaux, définie par leur «largeur» dans la direction x de la figure, dépend essentiellement de la hauteur de la boîte et apparaît constante, sauf près des parois verticales où la présence de bords contraint l'écoulement. On peut donc dire que, sauf près des parois verticales, la structure est périodique dans la direction x, et de plus est invariante par toutes les translations dans la direction de l'axe des rouleaux. Cette dernière propriété traduit l'absence de structure dans cette direction. Notons que la période dans la direction x n'est pas égale à la largeur d'un rouleau, mais de deux rouleaux adjacents (du fait que le sens de l'écoulement change entre deux rouleaux consécutifs, comme indiqué sur la figure 10). On est donc fondé, pour étudier cette bifurcation, à supposer que les parois verticales de la boîte sont rejetées à l'infini, mais que la structure est périodique dans la direction x et indépendante de la direction y. On peut en effet, sous cette condition, montrer sur le modèle mathématique l'existence d'une branche de solutions bifurquées «en rouleaux». Il s'agit bien d'une brisure spontanée de symétrie. Toutefois, comme dans le cas de la bifurcation de Hopf pour les symétries temporelles, l'hypothèse de périodicité dans la direction x a ramené le groupe des translations dans cette direction à un groupe de translations dont la taille est *bornée par la période*. Ceci confère aux solutions calculées une rigidité qui n'est observée dans l'expérience que si la taille de la boîte est comparable à l'échelle caractéristique de l'instabilité (la taille d'un rouleau, comparable à la hauteur de la boîte). Typiquement, le nombre de rouleaux ne doit pas excéder quelques unités. Lorsque la taille horizontale de la boîte est grande devant sa hauteur, donc lorsque la structure bifurquée comporte beaucoup de rouleaux, ceux-ci ne forment généralement pas un réseau bien périodique, même loin des bords. D'une part, on observe des *défauts de périodicité*: par exemple deux trains de rouleaux périodiques, identiques mais décalés d'une fraction de période, se rencontrent. A l'interface entre ces deux systèmes, la périodicité de l'ensemble est perdue. D'autre part, si la boîte est aussi très étendue dans la direction y, le système n'a pas de direction privilégiée (invariance par tous les déplacements plans, donc en particulier par les rotations). Des groupes *localisés* de rouleaux vont alors apparaître, souvent déformés et alignés sur des directions apparemment aléatoires. L'ensemble a donc perdu toute régularité globale et l'image de cet état évoque une sorte de «chaos spatial».

La figure 11 montre une simulation numérique de ce type de structure «vue du dessus», sur des équations plus simples que celles du problème de Bénard mais dont les solutions exhibent la même richesse de formes (équations de Ginzburg-Landau). Cet état apparaît donc spatialement chaotique. Si l'on modifie un tant soit peu la condition initiale du système, celui-ci évoluera vers un état très semblable, mais non identique au précédent.

Beaucoup d'autres systèmes naturels sont spatialement étendus. Par exemple le muscle cardiaque possède cette propriété: il se présente comme une enveloppe constituée d'un très grand nombre de cellules capables de se contracter sous l'effet d'un signal nerveux, l'excitation se propageant d'une cellule à ses voisines comme dans le cas des oscillateurs couplés. Sous certaines conditions, cette onde de contraction peut perdre son uniformité et se diviser en un certain nombre d'ondes qui ont la forme de spirales. Or des états qualitativement très semblables à celui-ci peuvent aussi être obtenu à partir d'équations du type Ginzburg-Landau, comme le montre la figure 12.

Figure 11: Simulation d'une structure «en rouleaux» pour l'équation de Ginzburg-Landau (image I. N. L. N. et P. Coullet).

On peut aussi citer les dessins qui se forment sur la surface d'une grande variété d'êtres vivants, des coquillages aux mammifères (zèbres, léopards, etc...). Ces formes sont aisément reproductibles à partir des mêmes équations du type «Ginzburg-Landau» (voir [6], [9]). Ces équations aux dérivées partielles sont «les plus simples possibles» qui satisfont à la fois aux symétries du groupe euclidien (en une, deux ou trois dimensions) et aux propriétés physiques fondamentales des systèmes qu'elles modélisent. Bien que beaucoup plus compliquées que les équations qui nous ont servi à introduire les concepts de bifurcation stationnaire et de Hopf, elles semblent jouer le même rôle pour les systèmes spatialement étendus. On a donc l'espoir de parvenir un jour à compléter ce programme de recherche, et d'ailleurs des progrès substantiels ont été réalisés dans ce sens ces dernières années.

5. Conclusion

La complexité spatio-temporelle vue comme l'aboutissement d'une succession de brisures de symétries est une idée à la fois profonde sur le plan conceptuel et féconde dans la mesure où elle permet d'utiliser des outils mathématiques très élaborés pour faire l'étude et la classification de ces bifurcations. On peut en effet, en utilisant ce principe, décrire cette complexité avec des modèles simples et «universels».

Figure 12: Les structures spiralées sont animées d'un mouvement de rotation rigide autour de leur cœur, qui en fait des *ondes rotatives* (image I.N.L.N. et P. Coullet).

Il peut être tentant d'étendre cette universalité à des domaines de la science qui jusqu'à présent ont semblé difficilement accessibles à la modélisation mathématique. Je pense notamment aux sciences sociales et économiques, ainsi d'ailleurs qu'aux sciences cognitives et à l'évolution des espèces. Imaginons par exemple une société formée d'un grand nombre «d'oscillateurs» ou de «cellules excitables» (les individus) interagissant soit avec leurs plus proches voisins (cas d'une société «primitive»), soit avec l'ensemble des autres individus (cas de la société de communication globale, type «internet»). Bien que chaque individu puisse, en principe, choisir librement entre différents comportements, ses interactions avec les autres peuvent être suffisamment puissantes pour que son comportement soit finalement dicté par un déterminisme qui lui échappe et non pas par un assentiment raisonné et individuel aux options du groupe auquel il appartient (l'idée n'est sans doute pas nouvelle). Une modélisation qualitative de la société à partir d'équations relativement simples deviendrait alors envisageable, et à partir de là, une exploration des formes possibles de son auto-organisation… La révolution des communications, surtout à travers internet, pourrait être vue comme un changement radical dans les couplages du système, caractérisé par un accroissement considérable de ses symétries. Le modèle offrirait alors une gamme considérablement plus étendue d'états complexes. Dans le cas de l'évolution des espèces, signalons que le mathématicien Ian Stewart a récemment développé, en collaboration avec un biologiste de l'Université de Warwick, un modèle qui interprète la spéciation comme une «brisure de symétrie» du phénotype ([5]).

Ces approches qualitatives ne peuvent certes pas prétendre décrire de façon précise l'évolution de systèmes aussi complexes, mais elles peuvent contribuer à la compréhension des mécanismes responsables de cette évolution et à une classification des formes qu'elle peut prendre.

Références

[1] Bergé, P., Pomeau, Y. et C. Vidal, *L'ordre dans le chaos*, éditions Hermann, 1976.
[2] Chossat, P., *Les symétries brisées*, coll. Sciences d'Avenir, Pour-la-Science, éd. Belin, 1996.
[3] Chossat, P. et M. Golubitsky, «Symmetry increasing bifurcation of chaotic attractors», *Physica D* 32, (1988), 432-436.
[4] Chossat, P. et R. Lauterbach, «Methods in equivariant bifurcation and dynamical systems, and their applications», *Advanced Series in Nonlinear Dynamics*, vol. 15, World Scientific Publishing, Singapour, 2000.
[5] Cohen, J. et I. Stewart, «Polymorphism viewed as a phenotypic symmetry-breaking», Warwick Preprint 09/1999.
[6] Coullet, P., «Le pendule et le coquillage», *La Recherche*, 307, (1998), 78-82.
[7] Field, M. et M. Golubitsky, *Symmetry in chaos*, Oxford University Press, 1992.
[8] Golubitsky, M., Stewart, I. et D. Schaeffer, *Singularities and Groups in Bifurcation Theory*, vol. II, Springer-Verlag, 1988.
[9] J. Murray, *Mathematical Biology*, Biomathematics Text 19, Springer-Verlag, 1989.
[10] Pour-la-Science, «Le chaos», dossier Janvier 1995.
[11] Prigogine, I., *Physique, temps et devenir*, Masson, 1980.
[12] Ruelle, D., *Hasard et chaos*, éditions Odile Jacob, 1991.

Invariances, symétries et brisures de symétries

Francis BAILLY
Laboratoire de Physique des Solides du CNRS de Bellevue,
1, Place Aristide Briand, 92195 Meudon Cedex (France)

Abstract: We try to characterize the role played by invariant structures, symmetries and symmetry breaking as conceptual foundations for specifying formal principles relevant for a modern natural philosophy, based on contemporary physical and biological results. In the first part, we present and discuss the "geodesic principle" as a fundamental physical principle, enabling us to discriminate and determine effective dynamical laws among all the possible ones. The second part is more generally devoted to the discussion of the roles of symmetry properties for defining conservation laws or general physical invariants, through Noether's theorem. We try to relate these symmetry (and symmetry breaking) properties – and the corresponding group (or semi-group) mathematical structures – to logical concepts such as equivalence or order. In the third part, we discuss some invariant structures arising in theoretical biology, through allometries for instance, as well as some formal constraints acting as possibility conditions to be fulfilled by living organisms. Finally, in the fourth part, we briefly discuss the possible theoretical and conceptual re-categorization induced by the above approaches and results, for determining such fundamental concepts as those of space and time.

Introduction

Comme son titre l'indique, ce travail vise à dégager quelques principes formels de philosophie moderne de la nature, principes qui s'appuient sur la situation contemporaine des sciences de la nature – essentiellement physique et biologie –, par contraste, d'une part avec les sciences de l'homme et de la société et d'autre part avec les mathématiques et la logique.

En écartant les sciences sociales et humaines, nous visons à écarter les constructions d'objectivité qui s'opèrent autour des *significations* et les problématiques qui y sont associées, notamment en termes d'interprétations et de communications. En laissant de côté les mathématiques et la logique, nous visons à éviter les débats sur les fondements qui ne mobiliseraient que des aspects de «vérité-cohérence», à l'exclusion de toute «loi d'objet» mobilisant la «vérité-adéquation» qui ne serait pas intégralement contenue dans une axiomatique.

La physique et la biologie, qui se constituent respectivement autour des concepts de *matière* et de *vie*, concepts eux-mêmes indéfinissables (si ce n'est négativement) dans le cadre interne de ces disciplines, offrent l'intérêt et la difficulté de recourir sans cesse et de façon essentielle à la fois aux exigences de cohérence rationnelle et aux nécessités d'adéquation avec une phénoménalité indépendante, quelque construite qu'elle puisse être. Il faut parvenir à faire se correspondre loi de la pensée épistémique et loi d'objet, formalisation abstraite et expérience ou observation. Or, il semble bien que ce soit une des exigences premières de toute «philosophie naturelle» que d'éclairer et interpréter en termes de théorie de la connaissance, cette articulation problématique et, pour ce faire, de dégager les principes fondamentaux qui en assurent la synthèse au sein même des disciplines de sciences de la nature.

Dans cet esprit, un des points de vue que nous voudrions défendre et développer ici, à partir de la physique, consiste à voir dans le principe géodésique un de ces grands principes constitutifs qui ne se limitent pas à déterminer de façon très forte les objectivités physiques, mais qui semblent aussi répondre à des exigences cognitives profondes pour toute connaissance scientifique. C'est ce que nous présentons dans la première partie.

La façon dont ce principe est appelé à opérer dans les grandes théories-cadres de la physique nous conduira alors à nous interroger, plus généralement encore, sur les rôles qu'y jouent les symétries et brisures de symétrie, invariances et variabilités, qui non seulement se manifestent dans la phénoménalité physique, mais qui semblent bien en régir l'objectivité, à un niveau plus profond encore de détermination abstraite et peut-être même de régulation cognitive. Ce sera l'objet de la deuxième partie que d'essayer d'en analyser la portée.

Nous tenterons, dans la troisième partie, d'aborder la pertinence de ces questions d'invariances générales dans le domaine de la biologie et de dégager la façon dont elles semblent s'y manifester dans l'état actuel de certaines de ses sous-disciplines. Enfin, dans une quatrième partie, nous discuterons brièvement les effets théoriques et conceptuels de ces approches et résultats sur la caractérisation théorique – voire la recatégorisation – de concepts aussi fondamentaux que ceux d'*espace* et de *temps* tels qu'ils se trouvent traités dans le cadre contemporain des sciences de la nature.

Nous conclurons en revenant sur les rapports que de tels grands principes qui contribuent à construire et déterminer des objectivités scientifiques peuvent entretenir avec leurs sources cognitives: s'agit-il de la retranscription formelle, adaptée aux disciplines plus ou moins formalisées, de structures mentales de la cognition humaine elle-même ou, à l'inverse pourrait-on dire, de constructions forcées, le plus souvent contre-intuitives, qui doivent rompre avec des représentations cognitives spontanées telles que l'empiricité tend à les développer dans le cadre restreint des expériences quotidiennes.

1. Un grand principe structurant de la physique: le principe géodésique

En physique, dans un premier temps du moins de la reconstruction rationnelle, tout semble s'organiser à partir d'un principe fondamental que l'on retrouve sous-jacent à la plupart des formalisations, le *principe géodésique*. Ce principe dont nous allons tout de suite expliciter les réalisations variées suivant les domaines où on l'utilise semble en effet pouvoir subsumer la plupart des schèmes théoriques actuellement connus en physique au stade non pas de leurs contenus spécifiques, mais bien à celui de leurs fondements génériques. Il offre de plus l'avantage de pouvoir s'exprimer en quelque sorte de façon bivalente, et clairement bijective, selon qu'on le rapporte aux structures mathématiques qu'il mobilise ou aux grands référents physiques qu'il modélise, fournissant ainsi un exemple privilégié des rapports si intimes entre mathématiques et physique qu'ils en sont devenus des rapports de constitution des mathématiques pour la physique. Physiquement parlant, ce principe, que l'on rencontre historiquement sous des formes diverses, généralise le principe optique du plus court chemin ou le principe dynamique de moindre action sous les traits duquel, d'ailleurs, il prendra sa plus grande extension. En fait il correspond, moyennant les transformations adéquates, à l'idée selon laquelle tout état d'équilibre maximise ou minimise une fonctionnelle d'état correctement choisie (énergie libre, ou, ce qui revient au même du point de vue de la mécanique statistique, fonction de partitions,…) et tout processus se produit en optimalisant une ou plusieurs grandeurs (action lagrangienne, vitesse de production d'entropie, …).

Comme nous le discuterons plus amplement ci-après, une détermination de ce genre singularise un état ou un processus parmi tous les états ou toutes les trajectoires possibles selon des critères objectifs de criticité. Tentons donc de présenter ce principe de la manière la plus dépouillée possible, pour en accentuer les traits les plus pertinents, quittes à le commenter ensuite de façon plus substantielle.

1.1 Toute loi fondamentale de la physique est l'expression d'un principe géodésique appliqué dans l'espace convenable

Il s'agit là d'une hypothèse très générale, corroborée par les formalismes des divers domaines de la physique pour autant qu'on s'intéresse moins aux lois particulières elles-mêmes, propres à ces domaines, qu'aux principes qui les régissent et permettent de les dériver mathématiquement. La formulation ci-dessus est de nature essentiellement mathématique: il s'agit, un espace et sa métrique étant donnés, de minimiser une longueur (ou une aire, …), c'est-à-dire, techniquement parlant, de mettre en œuvre un calcul de variation. La version plus physique de cette formulation mathématique consiste, dans le domaine de la dynamique, à préciser qu'il s'agit d'un principe de Hamilton appliqué à une action, une densité de lagrangien étant donnée. Mais il peut s'agir aussi par exemple, dans un cadre plus statique, de rechercher des surfaces minimales correspondant à un minimum énergétique pour une tension superficielle.

1.2 L'essentiel de la détermination théorique tient à l'identification de l'espace convenable et de sa métrique

Là encore il s'agit de la formulation mathématique: les «objets» sont censés vivre dans une variété dotée d'une métrique et leur comportement est déterminé par l'extrémalisation de cette dernière. D'un point de vue physique, il s'agit essentiellement de la détermination précise des degrés de liberté du système et de l'expression explicite de la densité de lagrangien qui lui est associée; ou encore, par exemple en physique statistique de l'équilibre, de la détermination de la fonction de partition d'un système. Ainsi, la caractérisation du comportement effectif d'un système se trouve-t-elle ramenée à la recherche de la fonctionnelle adéquate dans l'espace pertinent. Qu'il s'agisse de lagrangiens phénoménologiques, de fonctions de partitions, de métriques proprement dites, voire d'intégrales de chemins (intégrales de Feynman), l'idée d'extrémalisation reste la même et la détermination effective n'est plus ensuite qu'affaire de calculs, pouvant d'ailleurs répondre à des méthodes différentes. Que résulte-t-il de la prise en compte de ce principe, c'est-à-dire quelles sont les conséquences les plus profondes, théoriques et conceptuelles, de cette approche? On peut, à notre avis et en nous appuyant sur son interprétation dynamique – la plus féconde –, en dégager successivement trois principales dont la portée va se révéler finalement très grande et l'importance gnoséologique tout à fait essentielle dans l'intelligibilité actuelle du processus de construction d'objectivité en physique contemporaine:

(i) La métrique (mathématique) ou la densité de lagrangien (physique) ainsi identifiées permettent de définir les *transformations de symétrie* laissant invariantes les équations du mouvement (aspect physique: les trajectoires sont définies par les équations d'Euler-Lagrange), c'est-à-dire (aspect mathématique) les équations variationnelles correspondantes. Il s'agit donc de caractériser ici le *groupe de symétrie* du système (on sait que l'ensemble des transformations de symétrie d'un système forme un groupe), qui laisse ces équations invariantes (transformations de jauge).

(ii) A ces transformations de symétrie correspondent, par les théorèmes de Noëther [Noether 1918, Hill 1951], des *invariants* (aspect mathématique) ou des *quantités conservées* (aspect physique) propres au système considéré et à tout système présentant des symétries identiques[1].

1 Le théorème de Noether est relatif aux transformations de symétries continues qui, opérant sur les lagrangiens ou les densités de lagrangien, conservent les équations du mouvement telles qu'elles sont dérivées du principe de Hamilton (les équations d'Euler Lagrange que nous venons de mentionner). A chacune de ces transformations correspondent des quantités physiques conservées. Ainsi, par exemple, à l'invariance de translation dans l'espace (impossibilité de définir physiquement une origine absolue) correspond la conservation du moment cinétique; à l'invariance de translation dans le temps (impossibilité de définir physiquement une origine absolue des temps) correspond la conservation de l'énergie; et, dans un registre moins classique, à l'invariance dans un changement de l'origine des phases d'une fonction d'onde correspond la conservation de la charge électrique. Ces rapports entre invariances et conservations se révéleront être à l'origine des théories de jauge en physique quantique.

(iii) Ces invariants mathématiques (ces lois de conservation physiques) en dégageant les grandeurs les plus structurellement stables des systèmes considérés caractérisent une part essentielle de leur *identité* profonde, c'est-à-dire les déterminent comme structures mathématiques associées aux groupes de symétrie (d'invariance) et comme systèmes physiques conservant certaines quantités lors des changements qui les affectent.

On voit donc que la portée du principe géodésique va jusqu'à spécifier des aspects essentiels de la nature profonde de l'identité du système physique considéré: ce qui demeure invariant lors des changements subis, comme une sorte de squelette stable susceptible de structurer ensuite toutes les variabilités et modifications rencontrées. Comme bien des systèmes empiriques sont en fait soumis aux mêmes groupes de symétrie, ce principe permet de les regrouper sous l'étiquette de la réalisation d'un même (méta)modèle, c'est-à-dire en quelque sorte de les catégoriser relativement à leurs invariants fondamentaux. On peut même aller plus loin en montrant comment s'appliquent ces schèmes théorico-conceptuels aux théories-cadres de la physique contemporaine, à savoir les théories de type relativiste (en y incluant la mécanique classique), les théories de type quantique et les théories de type critique.

Ainsi, ce qui caractérise fondamentalement les théories de type relativiste, dans le cas le plus général des métriques riemanniennes, c'est leur invariance sous les difféomorphismes de l'espace-temps *externe* (qui se réduisent au groupe d'invariance de Lorentz-Poincaré[2] et à la relativité restreinte, pour les métriques minkowskiennes, et au groupe de Galilée pour la métrique euclidienne de la mécanique classique). Le principe géodésique s'applique directement, ici, pour la caractérisation des trajectoires physiques dans le champ gravitationnel (la relativité générale se révèle en effet comme une théorie de la gravitation qui vient prendre la relève de la théorie newtonienne qui impliquait un espace et un temps absolus), engendrant les conservations dynamiques habituelles (énergie, moments,…). Il est même

2 Le groupe de Lorentz correspond aux rotations dans l'espace de Minkowski (dont une composante est imaginaire); l'extension aux translations dans cet espace engendre le groupe de Poincaré. Les équations de Maxwell de l'électromagnétisme sont invariantes sous le groupe de Lorentz, ce qui a été à l'origine de la relativité restreinte et de sa cinématique particulière (contraction des longueurs, ralentissement des horloges, etc.).

possible de procéder à une unification de cette théorie relativiste de la gravitation avec la théorie maxwellienne de l'électromagnétisme moyennant une montée en dimensions de l'espace de référence suivie d'une compacification de la dimension supplémentaire, en appliquant le théorème de Eisenhart [Lichnerowicz 1955] et en conservant le principe géodésique dans le nouvel espace ainsi défini.

En ce qui concerne les théories de type quantique (théories quantiques des champs), les invariances caractéristiques sont celles des groupes de jauge, groupes de Lie agissant principalement sur les espaces *internes* (fibres sur des bases d'espace-temps permettant de spécifier des nombres quantiques et les conservations correspondantes) [Ryder 1986]. Le principe géodésique s'applique aux densités de lagrangien, théoriques ou phénoménologiques, et les invariances de jauge apparaissent comme la source des conservations pertinentes. C'est sous l'égide de telles théories de jauge et la détermination des groupes d'invariance correspondants que peuvent s'effectuer les unifications entre interactions quantiques (unification électrofaible, grande unification avec l'interaction forte). On notera le rôle extrêmement important que jouent dans ces théories les phénomènes de *brisures spontanées de symétrie*[3]. Ce sont elles, qui *via* les interactions avec le champ d'interaction bosonique de Higgs (qui n'a pas encore pu être mis en évidence expérimentalement) sont censées engendrer le spectre de masse des

3 Précisons brièvement, sur un exemple simple, ce que l'on entend par ce phénomène de brisure spontanée de symétrie: une bille placée en équilibre instable au sommet d'un monticule (configuration présentant une symétrie de rotation – circulaire –), peut tomber à la moindre fluctuation dans un état d'équilibre stable en un point quelconque de la circonférence de base (configuration ayant alors perdu cette symétrie de rotation). On notera que chaque chute particulière forme un état de symétrie brisée par rapport à l'état de départ mais si l'on procède à un très grand nombre d'essais, chaque direction se trouvant équiprobable, la symétrie initiale se trouve restaurée en moyenne. De telles brisures spontanées de symétrie se produisent lors des transitions de phase (changements d'état de la matière). Par exemple, un aimant ferromagnétique présente, au dessus de la température critique – la température de Curie – une aimantation nulle, et en cela la configuration d'aimantation correspondante est à symétrie sphérique (on a la même aimantation dans toutes les directions); lorsque l'on passe en dessous de la température critique, un vecteur moment magnétique – une aimantation – apparaît qui privilégie une direction de l'espace, celle de ce vecteur. De même, un liquide comme l'eau présente des propriétés de symétrie omnidirectionnelles; en revanche, si on la refroidit en dessous de la température de congélation, des cristaux apparaissent qui brisent cette symétrie au profit d'une autre, moins élevée, celle des structures cristallines correspondantes.

particules interagissantes. Et c'est aussi à une brisure spontanée de symétrie du «vide quantique», hautement énergétique, d'un hypothétique état initial qu'est actuellement attribuée par nombre de physiciens la naissance de notre univers (théorie du «big-bang»).

Ces brisures de symétrie constituent la manifestation la plus spectaculaire des phénomènes critiques et des théories critiques qui leur correspondent (transitions de phases). D'un point de vue thermodynamique, le principe géodésique prend ici la forme de la caractérisation de l'équilibre par la minimisation de l'énergie libre du système considéré, ou encore la forme de l'expression d'un critère d'évolution hors d'équilibre par la maximisation de la vitesse de production d'entropie [Prigogine *et al.* 1988, Nicolis 1986, Nicolis *et al.* 1989]. D'un point de vue de physique statistique, comme nous l'avons déjà mentionné, c'est la fonction de partition du système qui présente ces propriétés d'extrémalité. Lors des transitions critiques, l'invariance physique dominante est une invariance par dilatation du fait, notamment, que les longueurs de corrélation deviennent infinies, ce qui permet la mise en œuvre de la procédure de *renormalisation* (déjà utilisée dans le contexte de la théorie quantique des champs pour éliminer certaines divergences), qui fait appel à l'application du (semi)groupe de renormalisation. Mais un autre type d'invariance, plus abstrait, apparaît alors, concernant cette fois principalement le comportement des exposants critiques eux-mêmes, en liaison avec l'existence de classes d'universalité qui gomment les spécificités des systèmes particuliers pour ne retenir que des caractéristiques aussi générales que des dimensionnalités d'espaces de références (qu'il s'agisse des espaces de définition des paramètres d'ordre ou des espaces de plongement).

Nous voyons donc, à l'examen de ces exemples, que la prise en compte et la mise en œuvre du principe géodésique débouche en fait sur une problématique qui semble plus essentielle encore, celle des symétries et brisures de symétries que présente un système physique ou qui lui sont inhérentes. Mais avant de passer à ces considérations plus générales relatives aux symétries et invariances mathématiques des systèmes physiques, il nous paraît indispensable d'essayer de caractériser l'importance gnoséologique de ce principe géodésique. Pour ce faire, nous avons déjà souligné sa portée exceptionnelle dans la détermination formelle des objectivités et sa puissance organisatrice pour l'intelligibilité scientifique, mais ces traits semblent bien ne pas ne pas se limiter à des raisons de nature purement technique et déborder largement, semble-t-il, le domaine de la physique pour se manifester comme une sorte d'invariant de la cognition humaine elle-même. Cela se conçoit bien si l'on prend en considération le fait, évoqué plus haut, qu'une caractéristique géodésique, quel que soit l'espace de référence concerné, est aussi une caractéristique *critique*: une trajectoire ou une quantité qui est minimisée ou maximisée. Or toutes les trajectoires possibles ou toutes les mesures possibles présentent des traits génériques: les distinctions entre elles sont, dans un premier temps au moins, arbitraires, à l'exception, précisément, de celles qui présentent cette spécificité de criticité et qui, de ce fait, se trouvent «spontanément» sélectionnées en ce qu'elles sont immédiatement distinguables. Car il semble bien que du point de vue cognitif, dans l'immensité du générique seuls des traits spécifiques profonds peuvent opérer comme éléments de déterminations objectives particulières (ainsi en va-t-il par exemple des ensembles de catastrophes topologiques associés aux contours apparents dans la perception visuelle). C'est ce qui a sans doute conduit non seulement à rechercher et formuler des principes physiques, mais aussi, inconsciemment, à sélectionner des cadres géométriques de référence, issus certes de l'expérience, mais renvoyant en même temps à ce caractère spécifique, telle la géométrie euclidienne classique ou encore à rechercher des axiomatiques minimales dans la caractérisation des systèmes formels. C'est aussi, vraisemblablement, ce qui fait l'intérêt actuel, en physique comme en biologie, pour des approches de la complexité fondées sur ce que certains n'hésitent plus à appeler le «paradigme des paysages» [Sherrington 1997]. Les paysages en question correspondent à des surfaces (énergétiques ou d'autres natures) multidimensionnelles et les comportements des systèmes qu'ils représentent sont gouvernés par l'évolution des paramètres dans ce paysage relativement à ses «cols», «vallées», «pics», etc., c'est-à-dire, en fait, à l'ensemble de ses points ou zones critiques. Le principe géodésique ne jouerait donc pas seulement un rôle essentiel dans la détermination formelle des objectivités physiques, il répondrait en même temps à une contrainte cognitive très profonde de discernabilité spécifique sur des «fonds» génériques, discernabilité correspondant à une caractérisation critique.

Le principe géodésique et ses conséquences ont mis en évidence le rôle essentiel des symétries continues et du théorème de Noether dans la détermination des systèmes physiques et de leurs propriétés. On peut tenter aller plus loin dans l'investigation sur la place théorique tenue par les symétries en incluant, à côté de ces symétries continues, l'examen des symétries discrètes que l'on peut rencontrer en physique (et de leurs brisures), mettant ainsi en valeur le poids épistémologique essentiel qu'ont acquis dans ce domaine ces questions. Et en effet, l'existence de symétries discrètes peut contraindre tout aussi fortement certaines propriétés physiques. Il peut s'agir de symétries abstraites: par exemple, les propriétés de symétrie ou d'antisymétrie sous permutation des éléments présentées par les fonctions d'ondes d'assemblées de quantons commandent leurs comportements collectifs, c'est-à-dire la nature des statistiques auxquelles ils obéissent: statistique de Fermi-Dirac et principe d'exclusion de Pauli des fermions (propriétés d'impénétrabilité et d'extensionalité spatiale de la «matière») pour l'antisymétrie, statistique de Bose-Einstein et condensation de Bose des bosons (propriétés de superposition des champs d'interaction) pour la symétrie. Mais il peut aussi s'agir de symétries touchant aux propriétés du complexe matière-espace-temps [Cohen-Tannoudji *et al.* 1986] lui-même. Ainsi en va-t-il des symétries sous les opérateurs de parité (*P*) (inversion des directions d'espace), de renversement du temps (*T*), ou de conjugaison de charge (*C*) (passage de la matière à l'antimatière) et du théorème *PCT* qui associe de façon spectaculaire ces trois opérations (invariance générale des lois de la physique sous la composition des trois opérateurs, expérimentalement vérifiée actuellement jusqu'à 10^{-8} près). On sait que les brisures de symétrie associées à ces opérations touchent à des questions aussi profondes que celles concernant la chiralité intrinsèque des repères (brisure de *P* dans l'interaction faible – désintégration β par exemple –) ou celle de la prévalence de la matière sur l'antimatière dans notre univers [Sakharov 1982], voire l'irréversibilité intrinsèque des phénomènes (brisure de *CP* – désintégration d'un méson *K* en deux pions, par exemple). Soulignons le fait que, malgré le caractère assez surprenant d'un tel résultat et les conséquences cosmologiques importantes que l'on peut éventuellement en tirer, cette possibilité de la violation de *CP* existe déjà dans le cadre de la théorie contemporaine dite «standard», au niveau de la distribution des quarks en familles distinctes (il faut au moins trois familles pour qu'apparaisse cette possibilité et l'actuel modèle standard en comporte précisément trois).

Ainsi, continues ou discrètes, les symétries en sont elles venues à prendre une place capitale dans l'analyse et l'interprétation de la physique contemporaine. Il est donc légitime de procéder à un examen plus attentif encore de leur rôle non seulement théorique, mais aussi cognitif et même fondationnel (voir aussi [Weyl 1964]).

2. Le rôle des symétries et de leurs brisures: de la description à la détermination

Nous venons de voir, à l'occasion des discussions précédentes, le rôle essentiel que jouent, par-delà même l'expression du principe géodésique, les propriétés de symétries mathématiques et leurs brisures pour la caractérisation la plus fondamentale des systèmes physiques. En fait, il apparaît bien que, dans l'analyse de leur prise en compte aussi bien que dans le rôle déterminant qu'elles sont appelées à jouer, nous sommes progressivement passés de la description du rôle essentiel que jouent techniquement les symétries dans les théories physiques à une tentative d'interprétation de la façon dont elles organisent la connaissance que nous avons du réel, voire dont elles déterminent ce réel physique lui-même en contribuant à le constituer. C'est de ce point de vue que nous voulons tenter de poursuivre notre investigation relative aux déterminations objectives les plus fondamentales en matière de sciences de la nature. Pour ce faire nous examinerons successivement les rapports qu'entretiennent les symétries et leurs brisures avec des structures logiques profondes, puis une analyse possible de leur rôle dans la satisfaction de certaines conditions de possibilité de la connaissance objective et par là dans la détermination du réel scientifique

2.1 Symétries, brisures de symétries et logique

2.1.1 Symétries, structure de groupe et relation d'équivalence logique

Si l'on peut volontiers admettre le fait qu'il existe des rapports étroits entre structures de la perception, voire de la cognition intellectuelle, et propriétés de symétrie ou de brisures de symétrie affectant les objets soumis à examen, on peut se demander, à l'inverse, quels rapports peuvent entretenir ces propriétés avec la logique *stricto sensu*, c'est-à-dire non pas en tant qu'elle contribue à structurer de façon plus ou moins cohérente ces capacités cognitives, mais bien en tant qu'elle constitue une discipline formelle parente des mathématiques proprement dites.

On sait que la structure mathématique de groupe constitue le moyen le plus adéquat pour l'étude et le traitement des symétries et qu'elle joue un rôle essentiel dans la caractérisation des invariances d'un système au point que certains auteurs ont pu en faire un élément fondamental de toute connaissance scientifique [Ullmo 1969]. Montrons brièvement comment cette structure mathématique est elle-même en rapport avec une structure plus strictement logique, la *relation d'équivalence*. Rappelons qu'une relation R (entre deux termes x et y) est dite relation d'équivalence si elle est:

(i) réflexive (xRx),
(ii) symétrique ($xRy \rightarrow yRx$)
(iii) transitive (xRy et $yRz \rightarrow xRz$)

On démontre par ailleurs qu'une relation d'équivalence présente la propriété de partitionner un ensemble d'éléments auxquels on l'applique en sous-ensemble disjoints dont la réunion reconstitue l'ensemble complet. Or, moyennant quelques adaptations mineures, on peut mettre cette structure logique en correspondance systématique avec la structure mathématique de groupe (dans ce qui suit, A, B C, sont des opérations du groupe et E désigne son élément neutre; a, b, c, d sont des objets sur lesquels portent ces opérations):

(i) à la réflexivité on peut faire correspondre l'existence de l'élément neutre E dont l'application sur un objet quelconque laisse cet objet inchangé (il existe E tel que $Ea = a$)

(ii) à la symétrie on peut faire correspondre l'existence de l'opération inverse dont l'application sur un élément fait revenir à un élément de départ (Pour A donné il existe A^{-1} tel que si $Aa = b$ alors $a = A^{-1}b$)

(iii) à la transitivité on peut faire correspondre la propriété que le produit de deux opérations du groupe est encore une opération du groupe (il existe C tel que si $BAa = b$, alors $Ca = b$, c'est-à-dire $C = BA$).

(iv) quant à la propriété d'associativité des produits d'opération qu'exige l'axiomatique de la structure de groupe, on lui fait correspondre le résultat simple, associé aux autres propriétés de la relation d'équivalence, selon lequel [si (xRy et yRz) et zRu, alors xRy et (yRz et zRu)]. En effet, la première expression se réduit à [xRz et zRu] (application de la transitivité) et la seconde (pour la même raison) à [xRy et yRu]; et toutes deux s'identifient finalement en xRu.

Ainsi, par cette mise en correspondance des axiomes d'existence respectifs, fait-on apparaître cette étroite parenté formelle entre relation d'équivalence et structure de groupe dont nous venons de faire état. On peut même aller jusqu'à soutenir que la structure mathématique de groupe abstrait constitue une instanciation privilégiée, non-triviale, de la relation d'équivalence logique. B. van Fraassen [van Fraassen 1994] va même plus loin puisqu'il soutient que «*les trois concepts de* relation d'équivalence, *de* partition *et de* groupe de transformations *reviennent en réalité à un seul et même concept*» (du fait que l'on démontre que les classes d'équivalence d'une relation d'équivalence forment une partition, qu'il existe un groupe dont les ensembles invariants sont les cellules de la partition et que chaque groupe définit la relation d'équivalence: *«être transformé l'un dans l'autre»* pour les éléments du groupe). En fait, pour notre part, plutôt que de parler d'un seul et même concept qui s'appliquerait dans des domaines distincts, nous préférons considérer une telle situation comme une correspondance formelle très forte (un isomorphisme) entre des concepts distincts adapté chacun à son domaine disciplinaire (groupes pour les mathématiques et relations d'équivalence pour la logique). Car l'important demeure que l'on puisse construire une telle correspondance entre structure de symétries «sensibles», structure de groupe «intelligible» et relation d'équivalence «logique», ce qui tend à conforter le point de vue selon lequel reconnaissances et usages opératoires des symétries relèvent d'actes cognitifs très profonds. Et comme, de plus, nous avons considéré qu'une part essentielle de l'«identité» d'un objet d'étude pouvait être condensée dans ses propriétés de symétrie (l'autre part relevant principalement de brisures de symétrie), il n'est pas trop abusif de soutenir que se constitue ainsi une sorte de complexe épistémique qui, de la caractérisation objectale, attachée aux capacités cognitives de la perception, va au plus formel, représenté par la logique de la relation d'équivalence, en passant par la détermination des symétries pertinentes et la théorie mathématique des groupes.

2.1.2 Brisures de symétrie, structure de semi-groupe et relation d'ordre

Mais, si nous nous engageons sur la voie de la comparaison entre la structure mathématique de groupe – théorie abstraite des propriétés de symétrie – et la structure logique de la relation d'équivalence, il est légitime de s'interroger sur la possibilité de trouver des éléments de comparaison similaires pour les phénomènes associés aux brisures de symétrie ou au moins à certaines d'entre elles. Pour tenter de répondre à cette question, nous remarquerons que lorsque nous avons considéré plus haut la théorie des phénomènes critiques et les brisures de symétrie qui leur étaient associées, nous avons évoqué l'importance (pour leur traitement et la détermination de nouveaux invariants en termes de classes d'universalité) de la procédure de renormalisation. Or cette dernière est apparue indissociable de la structure mathématique de semi-groupe, dont on sait qu'elle ne se différencie de la structure de groupe que par l'absence d'inverse aux opérations qui le constituent. Il est alors tentant de rapprocher cette structure mathématique de semi-groupe de la structure logique de la *relation d'ordre* qui, elle-même, ne se différencie de la relation d'équivalence que par l'absence de l'axiome de symétrie (le (ii) de la relation d'équivalence), c'est-à-dire celle-là même que nous avions mis en correspondance avec l'existence de l'opération inverse pour les axiomes de groupe. Ainsi se constituerait la filiation: brisure de symétrie, semi-groupe de renormalisation, relation d'ordre, pendant de la séquence précédente: symétrie, groupe, relation d'équivalence, ce qui constitue, somme toute, un tableau tout à fait cohérent des mises en correspondance recherchées.

Mais malgré le caractère apparemment naturel, et qui peut sembler très satisfaisant pour l'esprit, de cette mise en parallèle, il faut néanmoins reconnaître que cette seconde démarche se révèle à l'analyse un peu plus forcée et moins convaincante que la première (concernant les symétries). En effet, il apparaît que c'est moins la nature intrinsèque de la brisure de symétrie qui trouve ses répondants dans les structures de semi-groupe et de relation d'ordre, qu'une certaine procédure privilégiée (la renormalisation) qui permet d'en traiter les effets. Autrement dit, la correspondance peut paraître dans ce cas moins essentielle qu'accidentellement opératoire d'autant que l'on ne connaît pas encore de théorème qui relie intrinsèquement les brisures de symétrie à des semi-groupes, à l'image du théorème qui énonce que l'ensemble des symétries laissant invariantes un système donné constitue un groupe. Il faut donc reconnaître que le parallélisme demeure incomplet, même s'il peut constituer une heuristique de recherche.

2.2 Symétries, brisures de symétries et détermination du réel physique

Nous venons de considérer une approche un peu globale, fondée d'abord sur l'usage généralisé du principe géodésique dans les théories-cadres de la physique, du paysage conceptuel et théorique qui semble s'être progressivement organisé autour des notions de symétrie et de brisure de symétrie à partir de constructions de plus en plus abstraites. Il apparaît ainsi que ces concepts constituent un franchissement supplémentaire dans la généralité théorique au point que, par-delà leur usage opératoire, se trouvent remis en perspective certains principes épistémiques. Commençons par préciser ce point en donnant quelques exemples.

En effet, un premier aspect qui en résulte concerne la façon dont se trouve bousculé le concept de *causalité*, surtout quand on tente de le relier au concept de force. Ainsi, la relativité générale souligne la dualité existant entre la caractérisation de la géométrie de l'univers et celle de l'énergie-impulsion dans cet univers. De par cette dualité et les effets du principe d'invariance sous les difféomorphismes de l'espace-temps, les «forces» sont relativisées à la nature de cette géométrie: elles vont jusqu'à apparaître ou disparaître selon la nature géométrique de l'univers choisi pour décrire les comportements physiques. Il en va de même dans les théories de jauge où, cette fois, ce sont des variables internes qui se trouvent concernées: comme pour la relativité, le choix des jauges et leurs changements permettent de définir, ou au contraire de faire disparaître, certaines interactions. Si l'on considère qu'une des modalités d'expression et d'observation des processus causaux est à trouver dans la caractérisation des forces et champs qui «causent» les phénomènes observés, on voit que cette modalité se trouve remise en question par les effets de ces transformations. Non pas que la structure causale elle-même s'en trouve ruinée, mais la description de ses effets s'en trouve relativisée. Ce qui conduit à s'en faire une représentation plus élaborée et plus formelle que celle qui résulte de l'intuition issue des comportements classiques: les causes deviennent des interactions et ces interactions elles-mêmes constituent le tissu de l'univers de leurs manifestations; qu'on déforme ce tissu et les interactions semblent se modifier, qu'on intervienne sur les interactions et c'est le tissu qui se déforme.

Par ailleurs, relativement au concept d'*observabilité* cette fois, nous avons vu que l'existence d'invariances sous des opérations de symétries équivaut à l'expression de restrictions formelles à certaines possibilités d'observation.

Ainsi, théories de jauge et groupes de relativité fixent les limites de la connaissance que l'on peut avoir d'un système et des quantités que l'on peut mesurer. L'extraordinaire tient au fait que ce sont précisément ces principes de relativité, ces limites imposées à l'observation, qui contribuent à déterminer, en un sens très fort, les objectivités physiques qui y obéissent. En fait, il convient de distinguer soigneusement entre la nature de ce sur quoi portent les inobservabilités et la nature des quantités invariantes qui en résultent. L'analyse des exemples déjà mentionnés montre que ce qui fait l'objet des inobservabilités fondamentales est toujours relatif au *cadre référentiel*, c'est-à-dire à l'univers de repérage, auquel les phénomènes sont rapportés: les espaces-temps de nature variée (y compris des espaces très abstraits) dans lesquels ils sont définis. Ainsi, la détermination des objectivités physiques semble corrélative de l'indétermination (réglée) des repères relativement auxquels elles se manifestent.

Plus fondamentalement encore, il apparaît que le couple symétrie/brisures de symétrie commence à jouer dans l'intelligibilité de la physique un rôle semblable à celui que détiennent déjà dans d'autres secteurs disciplinaires certaines dichotomies fondatrices, telles en mathématiques fini/infini, continu/discret, local/global [Lautman 1977]. Nous avons vu qu'à travers la dialectique de ce couple, thématisant d'un côté l'invariance, la conservation, la régularité, l'équivalence, et de l'autre côté la criticité, l'instabilité, la singularité, la mise en ordre, c'est un pan essentiel de l'*identité* même de l'objet scientifique qui se trouve mis en scène et objectivé. Peut-on aller plus loin et considérer qu'ainsi on parvient à construire cette identité à un niveau tel que se trouvent dorénavant mobilisés des schèmes cognitifs conçus comme des conditions de possibilité de toute construction d'objectivité, renouant en cela avec une forme d'approche transcendantale [Petitot 1991])? De fait, on a montré qu'il existe une parenté formelle étroite entre les propriétés abstraites de symétrie que capturent les structures mathématiques de groupe et des structures logiques aussi fondamentales que la relation d'équivalence et que, parallèlement, il peut exister une parenté formelle similaire entre structure de semi-groupe, dont on fait un usage essentiel pour le traitement en renormalisation des phénomènes critiques, et la structure logique de la relation d'ordre. Or, l'analyse théorique des notions abstraites d'*espace* et de *temps* montre que ces notions semblent bien elles-mêmes devoir mobiliser, pour leur reconstruction formelle, les structures mathématiques de groupe et de semi-groupe respectivement. En effet les propriétés de déplacements, consubstantielles au concept d'espace, renvoient, et ce quel que soit le nombre des dimensions considérées, aux déterminations du groupe des déplacements, tandis que les propriétés d'irréversibilité de l'écoulement temporel renvoient aux caractéristiques du semi-groupe (en général à un paramètre). Nous voyons alors se constituer un couple de complexes abstraits qui représente sans doute une des bases essentielles de toute interprétation objective dans les démarches de connaissance: les complexes ⟨espace, structure de groupe, relation d'équivalence⟩ d'une part et ⟨temps, structure de semi-groupe, relation d'ordre⟩ d'autre part [Bailly *et al.* 1999]. Précisons aussitôt, et pour éviter toute confusion, que les espace et temps évoqués dans ces complexes ne renvoient plus désormais à des entités physiques proprement dites, mais plutôt aux cadres conceptuels qui sont censés permettre à toute physique de se manifester, c'est-à-dire à des conditions de possibilité abstraites et non à des réalisations effectives, réactualisant en cela un point de vue [Kant 1986a] où espace et temps ne sont plus considérés comme des «objets» que l'on étudie mais comme des conditions de possibilité de toute expérience sensible. Si cette approche est correcte, il apparaît alors qu'avec la formation de ces deux pôles (renvoyant aux sémantiques respectives de permanence et de changement, d'identité et de différenciation) se trouverait entièrement balisé le champ des conditions de possibilité de toute science de la nature. En ce sens, symétries et brisures de symétries associées à ces complexes gnoséologiques, apparaissent non seulement comme des éléments d'intelligibilité du réel physique, mais bien comme des facteurs de constitution scientifique d'un tel réel.

Ce faisant, peut-on dire que nous sommes clairement passés d'une analyse descriptive de la situation théorico-conceptuelle actuellement dominante en épistémologie de la physique à ce qui peut constituer les fondements quasi-prescriptifs d'une «philosophie naturelle» contemporaine, où les principes constitutifs sont à trouver non seulement dans l'usage de structures mathématiques, mais aussi dans une redétermination formelle de ces «formes de l'intuition» que sont l'espace et le temps? Non pas qu'on se contente de les opérationnaliser, mais en les couplant avec les déterminations logiques et mathématiques correspondantes (structure de groupe, relation d'équivalence, etc.) nous les rapportons aux cadres d'invariance qui en font des repères déterminés et non plus de vagues références abstraites.

Tant il est vrai que le concept d'*invariance*, qui a déjà fait preuve de son extrême fécondité technique et théorique en mathématiques et en physique, semble désormais appelé, en couple et en contraste avec celui de *transition critique*, à jouer un rôle essentiel non seulement dans la compréhension des processus cognitifs eux-mêmes, mais aussi dans la reconstruction formelle de leurs conditions de possibilité. C'est ce qu'avait déjà mis philosophiquement en évidence, après toutes les avancées mathématiques de son époque, E. Husserl, ce qu'a rethématisé sémiotiquement R. Thom avec l'application de sa «théorie des catastrophes», et ce que reprend, à un niveau supérieur d'analyse, G. Longo lorsque, analysant le rôle constitutif des mathématiques pour bien des disciplines, il le rapporte au fait que les mathématiques sont le domaine où concepts et démonstrations sont, épistémologiquement parlant, les plus structurellement stables parmi toutes les disciplines scientifiques. Mais il reste des disciplines de science de la nature qui, tout en respectant méthode et rigueur scientifiques, ne sont pas mathématisées comme peut l'être la physique, tout en recourant à des formalismes qui leur sont propres, mais qui continuent à jouer un rôle plus descriptif que prescriptif, plus classificatoire que prédictif, en ce qu'ils demeurent fort peu «calculatoires». C'est le cas de la biologie où, pourtant, les questions d'invariance et de variabilité se posent avec acuité. Il nous paraît donc intéressant et instructif d'essayer de tester cette approche générale dans ce cas particulier afin d'en analyser, sommairement du moins, la portée et les limites.

3. Quelques remarques sur les invariances et variabilités en biologie

3.1 De quelques invariances abstraites en biologie: homologie, analogie, allométrie

Les exemples de propriétés de symétries et de suites de brisures de symétries abondent en biologie, qu'il s'agisse de morphologie, de fonctionnalité, ou d'embryogenèse et développement. Mais plutôt que de nous en tenir à une approche à dominante descriptive de telles propriétés que l'on peut trouver longuement exposées dans bien des textes (voir notamment [Vogel *et al.* 1994]) il nous paraît conceptuellement plus intéressant d'essayer d'entrer de plain-pied dans le domaine des modélisations plus formelles et de la prise en compte de principes plus généraux, concernant tant l'apparition et la sélection de grands plans d'organisation, que les transformations de structures organiques et de fonctions physiologiques (dans ce domaine voir aussi les travaux de [Bouligand 1980, 1987, Delattre *et al.* 1980, Kauffman 1993, Thom 1977, 1980]. C'est cet aspect que nous voudrions tenter d'explorer brièvement maintenant, non pas évidemment d'un point de vue exhaustif, mais en vue d'en dégager certains traits importants, notamment dans le cadre de la théorie de l'évolution et de l'interprétation que l'on peut fournir de certaines de ses réalisations.

En effet, si l'on considère non seulement des organes ou des organismes particuliers, ou les caractéristiques d'espèces particulières, mais que l'on envisage d'emblée un point de vue plus global de comparaisons entre espèces différentes, que ce soit à un moment donné – en synchronie – ou dans le cadre du processus évolutif – en diachronie –, on est conduit à prendre en compte d'autres types d'invariances et de symétries que celles que l'on trouve morphologiquement ou fonctionnellement représentées dans des structures biologiques particulières. D'un point de vue évolutif celles-ci sont principalement de deux types: celles qui résultent de l'évolution d'un même organe fondamental vers des organes de formes qui peuvent être très différentes et dont la parenté néanmoins est commune, et il s'agit alors entre eux de rapports d'*homologie*, et celles qui, par convergence, résultent de la transformation sous les pressions de sélection d'organes fondamentalement différents vers des formes semblables et à fonctions identiques, et il s'agit alors de rapports d'*analogie*. D'un point de vue plus instantané et, géométriquement parlant, plus métrique on aura pour des structures biologiques comparables des rapports d'*allométrie*, c'est-à-dire, en dernière analyse, des lois d'échelle correspondant à des invariances par dilatation.

Considérons pour commencer les homologies et analogies. On en trouve dans tout le vivant. Chez les plantes où se révèlent homologues les tubercules, vrilles, épines de tige, par exemple, et analogues les racines, tiges, feuilles en vrille. Chez les animaux où l'articulation des membres de vertébrés se retrouve homologiquement dans l'aileron du dauphin, les ailes des reptiles volants, des oiseaux, des chauves-souris, de même que sont homologues les pièces buccales des insectes ou encore le cerveau des vertébrés. Tandis que les analogies sont repérables entre les différents types d'organes excréteurs, entre les ailes d'oiseau et d'insectes, entre les pattes fouisseuses et en forme de pelle de la taupe et de la courtilière, ou encore entre la tubercule de la pomme de terre et celle du dahlia. Mais ces comparaisons et ces classifications ne se limitent pas à la mise en rapports d'organes et de fonctions, elles s'étendent aussi aux comportements. Ainsi il existe des mouvements homologues chez des espèces différentes de canards, de même que fréquemment, pour bien d'autres espèces, des suites comportementales homologues en ce qu'elles dérivent d'un comportement-type spécialisé originel. Parallèlement bien des gestes, issus de convergences situationnelles, sont analogues entre de nombreuses espèces, comme, par exemple, des gestes d'apaisement devant des menaces d'agression. Quant à l'espèce humaine, la comparaison avec les animaux fait ressortir des ressemblances et dissemblances: comme pour les autres espèces il existe des homologies associées à des acquis phylogénétiques d'informations stockées dans les gènes, de même que des analogies associées à des acquis ontogénétiques d'informations stockées dans le système nerveux central, mais il existe aussi des homologies de tradition où la mémoire remplace le patrimoine héréditaire comme lieu de stockage informationnel. Malgré son caractère exceptionnel, il faut néanmoins remarquer que ce type d'homologie par tradition ne semble pas complètement absent dans les autres espèces animales comme en témoigne le comportement des macaques à face rouge du Japon ou la tradition du chant chez ces oiseaux d'Afrique appelés veuves. Toutes ces caractéristiques nous intéressent en ce qu'elles font apparaître des invariances interspécifiques, organiques, fonctionnelles, comportementales, par delà la variabilité associée à l'évolution et aux différenciations du vivant, un peu de la même façon que des symétries géométriques ou de types plus abstraits révèlent des invariances dans la variété et la dispersion apparente des phénomènes physiques et vont jusqu'à les prescrire (alors que dans le cas de la biologie nous en restons encore au stade essentiellement descriptif).

Avec les propriétés d'allométrie [Thompson 1961, Gould 1966, West *et al.* 1997] et de scaling [Peters 1983, Schmidt-Nielsen 1984], nous ne nous situons plus dans le cadre d'invariances associées à la prégnance d'une forme, d'un organe ou d'un comportement typé originels dont on retrouverait les traces homologues dans ses variations évolutives ou à la permanence de fonctions à remplir qui, par les pressions de sélection qu'elles exercent, régiraient la convergence vers des formes ou des comportements analogues. Il s'agit maintenant, à un instant donné de l'histoire évolutive, et toujours dans le cadre de comparaisons interspécifiques, de dégager et interpréter des invariances d'échelles, exprimées par des lois de scaling, entre des éléments communs à ces espèces et pertinents pour leur caractérisation (métabolismes, durées de vie, rythmes internes,…., mais aussi rapports entre systèmes physiologiques, tels les systèmes nerveux, respiratoires ou vasculaires). D'une façon très générale, ces rapports allométriques s'expriment par des lois de puissance où la variable est la taille caractéristique de l'espèce considérée mesurée le plus souvent par la masse moyenne de l'adulte, *M*, et donc de la forme:

$$Q = AM^k$$

Dans cette expression, *Q* représente la quantité considérée, pour une espèce dont la masse moyenne de l'adulte est *M*, *A* est une constante interspécifique caractéristique de cette quantité et *k* l'exposant d'échelle, interspécifique lui aussi et lui aussi caractéristique de la quantité prise en compte. Ainsi, en principe, relativement à de telles quantités, tout un ensemble d'espèces peut-elle se trouver regroupé en une classe unique caractérisée par la série de ces quantités invariables que sont les grandeurs *A* et *k*. Les distinctions n'apparaissent que dans la prise en compte du paramètre *M*, qui distribue *Q* sur des tailles différentes, propres chacune à une espèce.

Prenons quelques exemples particulièrement significatifs. Tous les taux métaboliques scalent comme la puissance 3/4 de la masse, ce qui indique une stabilité structurelle forte du vivant dans la mobilisation de ses moyens de survie. De même, quelles que soient les espèces, tous les temps biologiques caractéristiques (durées de vie, de gestation, de maturation, périodes de respiration, de battements de cœur – quand cœur il y a, bien évidemment –) semblent bien «scaler» tous à la même puissance de la masse, à savoir $k = 1/4$. Ce trait à des conséquences fort intéressantes dans le cas des phénomènes périodiques de la physiologie. En particulier, par exemple, l'ensemble des mammifères (auxquels correspond pour une fonction physiologique donnée une seule et même constante *A*, ainsi que pour leur durée de vie) se trouve caractérisé par le même nombre total de respirations de leur vie (2.10^8 environ) ou de battements de cœur (8.10^8 environ), alors que les fréquences ou périodes correspondantes sont bien évidemment différentes pour chaque espèce. Ainsi, le passage de la singularité spécifique à la généralité s'accompagne ici du passage de grandeurs dimensionnelles à des nombres purs caractéristiques de la généralité ainsi construite, conséquence manifeste de l'invariance ainsi décelée.

Notons au passage qu'il existe d'autres propriétés de scaling conduisant à des relations allométriques que celles, interspécifiques et relatives à la variable de masse, que nous venons de considérer. Par exemple, au sein d'une même espèce, au cours de son développement, comme c'est le cas, par exemple, au cours de la croissance du rat [Burri *et al.* 1977] pour le rapport entre l'aire capillaire pulmonaire totale ou celle de la surface alvéolaire et le volume du poumon, ou pour le chien [Horsfield 1977], pour la croissance post-natale de son arbre bronchique. Mais dans ces derniers cas, et contrairement à ceux que nous avons examinés précédemment pour les rapports interspécifiques, on ne parvient pas à en dégager des invariances manifestes et donc les symétries par dilatation qui en résultent restent confinées à des descriptions morphologiques particulières, même si on peut les rapporter à des dynamiques morphogénétiques qui permettent de rendre compte de leur développement [Bailly *et al.* 1994].

Revenons maintenant aux principes que l'on peut éventuellement dégager de ces observations et ces analyses: même si l'on constate que les redondances sont extrêmement fréquentes en biologie, il semble bien que certaines symétries répondent à des principes sinon d'économie, au moins d'*optimalisation*, comme en témoigne l'analyse que l'on peut faire de l'existence de structures géométriques fractales dans bien des organes engagés dans des fonctions physiologiques vitales et qui doivent assurer la compatibilité entre trois nécessités qui peuvent apparaître contradictoires: assurer une efficacité et une souplesse de contrôle maximale (d'où la recherche d'interfaces actives très grandes ou de réseaux arborescents dont la surface de section terminale soit très élevée pour intéresser tout un volume), ne présenter néanmoins qu'un encombrement stérique acceptable (volumes sinon minimaux, du moins très limités) et se comporter comme de réels organes différenciés, c'est à dire présenter dans cette spatialité déterminée une homogénéité de structure et de fonctionnement qui les individualise de façon non ambiguë. On notera ici la parenté formelle de cette recherche d'optimalisation que nous venons de mentionner avec les règles d'extrémalisation concomitantes aux principes géodésiques de la physique que nous avons longuement commentés précédemment.

Dans d'autres cas, il semble, par exemple en ce qui concerne les symétries de périodicité temporelles mais parfois aussi dans des agencements spatiaux, que se manifestent des principes de *synchronisation* (spatio-temporelle, donc) qui permettent la régulation et l'intégration de structures différenciées et de niveaux d'organisation distincts dans un tout suffisamment pérenne pour pouvoir survivre et se reproduire. Ces effets dérivent sans doute de l'histoire évolutive des espèces et nombre d'entre eux doivent être associés aux homologies constatées qui traduisent, avons-nous vu, une invariance dont l'origine est à trouver dans l'existence de formes originelles à des formes dérivées.

Ces principes ne sont manifestement pas arbitraires, ils proviennent sans doute de réponses évolutives en termes d'adaptation à des pressions de sélection environnementales ou fonctionnelles; ce qui fait qu'on ne peut en général pas les dissocier des conditions d'apparition des structures auxquelles ils s'appliquent et des transformations qu'ont pu leur faire subir les modifications historiques des environnements auxquelles elles ont été exposées. Mais ils viennent aussi vraisemblablement de tendances internes, plus locales certes mais pas moins importantes, du fait que les systèmes vivants présentent aussi à certains niveaux, des aspects physico-chimiques régis pour leur part par les lois et principes de la physique, comme les modélisations locales au moyen de systèmes dynamiques non linéaires le montrent clairement.

3.2 Commentaires sur les rapports entre invariances et conditions de possibilité du vivant

Après ces quelques discussions de certaines des symétries rencontrées en biologie et des principes régulateurs auxquels elles pouvaient renvoyer, nous voudrions orienter la réflexion sur la spécificité du biologique par rapport au physique en matière d'invariances, de symétries et des significations épistémologiques que l'on peut leur conférer.

Si nous tentons d'esquisser une classification sommaire du jeu des déterminations intervenant dans le vivant, nous pouvons dire que tout organisme vivant est caractérisé d'un point de vue *topologique* par la distinction entre un intérieur et un extérieur ce qui permet de définir une individuation spatiale, d'un point de vue *énergétique*, par l'existence d'un métabolisme régulant ses échanges par des flux entre intérieur et extérieur, d'un point de vue *informationnel* par une expression génétique se traduisant morphologiquement et fonctionnellement par une structuration en niveaux d'organisation[4]

4 Nous prenons ici le terme de *niveau d'organisation* dans un sens fort et non métaphorique, répondant à une double détermination [Bailly 1991a]: le changement de niveau d'organisation doit s'accompagner d'une part de la divergence (passage à la limite infinie) d'une grandeur intensive contribuant à caractériser le niveau de départ et d'autre part d'un changement de l'objet pertinent pris en considération par la théorie ou l'expérience (façon d'exprimer que de ce point de vue la composition extensionnelle des éléments à un niveau ne suffit pas à caractériser à la fois la nature et le comportement de l'objet pris en compte au niveau supérieur).

assurant à la fois régulation (activité principalement de type top/down) et intégration (activité orienté principalement dans le sens bottom/up) et enfin d'un point de vue *«identitaire»* par une capacité de reproduction correspondant à la transmission de cette information génétique et de l'aptitude à l'adaptation évolutive qu'elle comporte, tout en mentionnant cette invariance extraordinaire, au cours du temps et entre les différentes espèces, que constitue l'universalité stable du code génétique lui-même. Ces aspects peuvent ou non avoir des répondants dans le domaine de la physique: ainsi, la distinction intérieur/extérieur n'est nullement nécessaire à la caractérisation d'un objet physique, même si ces déterminations peuvent se révéler pertinentes pour définir des systèmes physiques; en revanche la question des échanges énergétiques est commune quoique fortement nuancée par le fait que l'individuation biologique n'y a pas de signification, etc. Si en outre nous nous intéressons aux conditions de possibilité semi-empiriques de l'existence de tels objets biologiques, nous constatons que d'un point de vue spatial il semble bien que l'espace de plongement doive être tridimensionnel, que du point de vue temporel il faille articuler deux types très distincts de temporalité et que du point de vue structurel intrinsèque abstrait il faille que puisse se constituer une hiérarchie fonctionnelle de niveaux d'organisation. Nous ne reviendrons pas sur ce dernier point que nous venons d'envisager quoique sous un angle un peu différent il y a un instant et nous nous limiterons à une brève discussion des deux autres aspects.

Quant au premier aspect, pourrait-on concevoir une biologie qui ne se constituerait pas dans un espace de plongement à trois dimensions (comme on peut avoir des physiques uni- ou bidimensionnelles par exemple)? Cette question renvoie aux contraintes d'organisation et à la nécessité d'articuler le local et le global, le tout et les parties. En effet, il est techniquement nécessaire de coupler, de façon non seulement compatible, mais aussi coopérative, une homogénéité globale (individuante) et des distinctions locales (fonctionnelles), et dans ce but d'assurer des connexités élevées tout en évitant les confusions et mélanges. Ce qui peut conduire au raisonnement *a posteriori* suivant:

Si la dimension de l'espace (d) est plus petite que trois, on manque d'homogénéité et de connexité, car d'une part les voisinages entre éléments sont trop peu nombreux (4 plus proches voisins seulement dans un réseau carré par exemple) et de plus les voies de communication indépendantes doivent être trop restreintes ou trop compliquées pour ne pas risquer de se couper et de se mélanger; la situation peut être considérée comme non fonctionnelle, par excès de différenciation et par la nécessité d'une trop grande complexité structurelle.

Si au contraire $d > 3$ on se trouve dans une situation inverse: connexité et homogénéité sont trop importantes pour préserver une différenciation locale suffisante, faisant appel à des structures élaborées gouvernant les transports et les échanges, assurant les fonctions globales et régulant les situations locales; par exemple en physique, les théories de champ moyen sont exactes à partir de $d = 4$, ce qui peut s'interpréter en disant qu'il n'apparaît aucune nécessité de distinctions et de discriminations entre structures, pour assurer une globalité à partir d'interactions locales. La situation est cette fois non fonctionnelle par excès d'homogénéité et manque de différenciation structurelle.

Si enfin $d = 3$ on peut espérer allier une connexité globale (à peine) suffisante pour coordonner une hétérogénéité (énormément) différenciante, quitte à recourir, pour l'articulation entre structures et fonctions, à ces géométries un peu particulières que sont les géométries fractales que nous venons de mentionner.

Quant au second aspect, soulignons le fait que le temps ne joue pas toujours en biologie le même rôle qu'en physique. Notamment en ce qu'il convient de distinguer entre une temporalité interne et une temporalité externe à l'individu. Du point de vue interne, la temporalité biologique engage principalement des processus périodiques autonomes et ne fait pas vraiment appel à une dimensionnalité proprement physique; les rythmes biologiquement pertinents, gouvernés par diverses horloges biologiques [Glass *et al.* 1988], se manifestent essentiellement comme des nombres sans dimension (comme, ainsi que nous l'avons noté plus haut, le nombre de cycles respiratoires d'une vie de mammifère ou le nombre correspondant de battements de cœur). Il en résulte que la temporalité physique (que mesurent en l'occurrence les fréquences) peut bien varier d'une espèce à l'autre, néanmoins le fond biologique demeure invariant: il y a, avons-nous vu, approximativement le même nombre absolu de cycles d'une espèce de mammifère à une autre (de la souris à l'éléphant). Il en résulte que sous le rapport de ce genre de temps physiologiques propres, tous les mammifères sont représentés par un seul et même organisme vivant abstrait, caractérisé par les nombres purs correspondants. La diversification interspécifique provient alors exclusivement du paramètre (plus ou moins «accidentel») que constitue la masse moyenne de l'espèce considérée.

Mais, du point de vue externe, du fait qu'un organisme biologique n'est pas seulement un être individué relativement à ses cycles internes (qui correspondent aux fonctions physiologiques par exemple), et qu'il est aussi en relation très étroite avec un environnement extérieur dont la temporalité est radicalement distincte et fortement indépendante de la sienne (bien qu'il ait eu à s'y adapter pour survivre) et à laquelle il doit répondre en fonction des stimuli effectivement perçus, cet organisme, donc, présente un second type de temporalité. Ce temps, plus classique, est principalement celui des fonctions de relations et régit les rapports entre l'individu et son milieu extérieur; ce temps apparaît comme essentiellement apériodique, constitué principalement de modes d'excitation et de relaxation et c'est à l'organisme lui-même, pris comme individu dans son environnement, qu'il revient d'assurer la compatibilité et la coordination de ces deux temporalités.

Notons enfin, toujours à propos de temporalité, que nous avons suggéré par ailleurs [Bailly *et al.* 1993] en nous appuyant sur quelques correspondances formelles que relativement à la conjugaison temps/énergie la biologie, du fait que le temps y devenait une observable privilégiée par rapport à l'énergie (ou la masse des organismes) qui y jouait le rôle d'un paramètre, semblait se présenter comme une sorte de modèle dual de celui de la physique quantique où c'est l'inverse qui se produit (l'énergie est une observable, mais pas le temps, qui est seulement un paramètre).

A l'issue de cette brève enquête nous relevons que les termes de symétrie et d'invariances en biologie revêtent des sens parents de ceux qui prévalent en physique, sans pourtant toujours s'y réduire. En effet, si fréquemment ces propriétés sont rapportées à et s'expriment dans notre espace-temps (aspects géométriques, périodicités temporelles), elles correspondent tout aussi fréquemment à des approches bien plus abstraites induisant le recours à des espaces internes qui, par contraste avec ce qui se passe dans les espaces internes abstraits de la physique, demeurent encore largement sous-déterminés (c'est le cas, par exemple, de la symétrie par invariance du patrimoine génétique de l'espèce d'une génération à une autre malgré ses variations individuelles, de l'invariance concomitante de grands plans d'organisation, ou de système fonctionnel, voire de comportements individuels ou sociaux comme le montrent les études d'éthologie). Complémentairement, nous avons à plusieurs reprises relevé l'importance des brisures de symétrie en biologie, qu'il s'agisse de constater l'activité biologique différenciée (métabolique, enzymatique,...) de molécules présentant des configurations gauche ou droite (sucres, protéines,...) ou, à un niveau d'organisation très différent, du caractère irréversible du développement et du vieillissement des organismes. Au point que bien des auteurs ont pu se poser la question d'un rapport intrinsèque entre l'existence du vivant et celle de certaines brisures de symétries fondamentales, spatiales parfois (en rapport avec l'organisation et sa structuration en niveaux), mais surtout temporelles (à l'échelle de l'individu – développement puis vieillissement – comme à l'échelle globale – évolution).

Enfin, et pour conclure ici avec le domaine de la biologie, nous aimerions revenir plus précisément sur les possibles rapports entre physique et biologie, en nous situant d'un point de vue totalement formel et complètement extérieur à leurs contenus théoriques ou conceptuels respectifs. En essayant en somme de nous placer à un niveau, à partir duquel on chercherait à positionner mutuellement physique et biologie en concevant maintenant chacune de ces disciplines comme un *modèle* (quasiment au sens de la théorie logique des modèles) de science de la nature.

Pour ce faire, supposons que nous disposions d'un cadre général de type axiomatique pour caractériser dans sa généralité la rationalité scientifique des sciences de la nature et ses (méta)exigences formelles et méthodologiques, même si ces exigences se thématisent différemment selon les disciplines et sous disciplines. Admettons alors que physique et biologie constituent des modèles de réalisation (toujours au sens de la théorie des modèles) de cette (méta)axiomatique et tentons de spécifier de ce point de vue leurs rapports, en considérant qu'à travers un de leur concept problématique central, celui de *matière*, elles se rencontrent, partiellement au moins, dans un même domaine sémantique. En quel sens pourrions-nous dire que la physique constitue un modèle standard de cette axiomatique tandis que la biologie en présente un modèle non-standard?

Du point de vue sémantique, il est tentant de considérer la biologie comme un «élargissement» (au sens technique de [Robinson 1980]) du modèle de la physique, élargissement qui permet de distinguer le concept de *vivant* au sein de la matière (concept et réalité que ne «voit» ni ne sait «nommer» la physique). Syntaxiquement (cf. l'approche IST de [Nelson 1977]), on considérerait alors que l'introduction d'un nouveau prédicat (*«non-vivant»*) permet de distinguer formellement les situations purement physiques des situations biologiques.

Dès lors la poursuite de la comparaison formelle avec la théorie des modèles nous conduirait à établir les correspondances suivantes (en prenant l'arithmétique comme cadre exemplaire de théorie de base):

(i) A l'axiome d'Idéalisation on pourrait associer l'énoncé selon lequel *«quelle que soit la loi physique considérée on peut trouver des objets biologiques qui y répondent»*. On pourrait alors interpréter cet énoncé comme un axiome d'existence d'objets vivants.

(ii) A l'axiome de Standardisation on associerait l'énoncé selon lequel *«il existe toujours un système physique qui contient exactement les mêmes éléments physiques qu'un objet biologique considéré»*. Cet axiome (qui dans la théorie fonctionne comme un schéma de remplacement pour les relations non internes) pourrait être interprété comme une sorte de postulat de l'existence d'une base physicaliste du biologique.

(iii) Enfin, à l'axiome de Transfert on associerait l'énoncé selon lequel *«toute loi physique vaut en biologie»* (c'est-à-dire que *«toute propriété vraie en physique conserve sa validité en biologie»*). On l'interpréterait en soulignant le fait que la légalité biologique ne peut contrevenir à la légalité physique du fait qu'il s'agit dans les deux cas d'une seule et même «matière» qui se trouve engagée (monisme matérialiste de la connaissance scientifique dans les sciences de la nature).

D'un point de vue épistémologique, voire philosophique, une telle approche nous permet de choisir entre les termes d'une alternative:

- ou bien, comme on l'admet souvent, les présupposés axiomatiques (virtuels) qui gouvernent la constitution et le développement de la physique et de la biologie sont fondamentalement différents, et ces disciplines développent des modèles non équivalents de ce point de vue; on aurait alors affaire à un dualisme sous-jacent, dans lequel le concept de «vie» non seulement joue un rôle discriminant, mais en plus correspond à une irréductibilité axiomatique (à la limite on trouverait, théoriquement, le finalisme biologique, voire le vitalisme et, philosophiquement, le bergsonisme);
- ou bien, selon la proposition que nous venons de présenter, on considérerait une seule et même axiomatique pour les deux disciplines, qui renverrait à une sorte de monisme matérialiste formel, mais susceptible de conduire à la réalisation de modèles sémantiquement distincts (physique et biologie se distribuant respectivement entre standard et non standard); l'analyse syntaxique rétablit une dualité dans ce monisme, mais l'irréductibilité n'est plus d'axiomatique, elle est renvoyée à la distinction entre ensembles internes et ensembles externes.

Bien entendu ce second terme de l'alternative n'est pas nécessairement associé à l'approche particulière et quelque peu unilatérale que nous venons d'envisager: d'autres points de vue «axiomatiques» permettent sans doute d'y répondre. Mais le point important que nous voulons mettre en évidence par ce qui n'est qu'un exemple d'une approche possible, réside dans la capacité de ne négliger en principe ni la perspective unificatrice de formalisation mathématique, ni la variabilité de la phénoménalité empirique de ce qui fait la spécificité et l'unité de la biologie: il est possible d'élaborer une conceptualisation qui, sans pour autant tomber dans un réductionnisme physicaliste, ne renonce pas à trouver des rapports formels intrinsèques entre théorie de la matérialité physique (inerte) et théorie de la matérialité biologique (vivante).

4. Sur les recatégorisations possibles des notions d'espace et de temps à partir de l'état contemporain des sciences de la nature

Dans tout ce qui précède, il est apparu plus ou moins clairement que les concepts d'espace et de temps qui se trouvaient introduits et utilisés dans les théories les plus contemporaines n'avaient plus que lointainement à voir avec les intuitions spontanées de ces notions et leur usage dans les cadres classiques des sciences de la nature. Déjà, nous avons été conduits à introduire, pour rendre compte de cette situation, ce que nous avons appelé des «complexes gnoséologiques», renvoyant à des structures formelles abstraites mobilisant des concepts aussi élaborés que ceux, en mathématiques, de groupe ou de semi-groupes ou, en logique mathématique, de relation d'équivalence ou de relation d'ordre. Les développements les plus récents des théories physiques, associés à des considérations de type plus particulièrement biologiques, nous incitent à tenter d'aller peut-être plus loin, ou, au moins, dans une direction nouvelle, en rapport avec les notions, notamment, d'intérieur et d'extérieur et le couple conceptuel externe/interne.

D'un point de vue biologique, on sait que ce couple est conceptuellement structurant depuis l'introduction, par Claude Bernard, de la notion de *mi-*

lieu intérieur. En ce qui concerne l'espace, se trouvent ainsi dissociés, au moins dans un premier temps puisqu'un des enjeux est précisément de décrire correctement leur articulation, ce qui relève d'un environnement externe, soumis à des lois hétéronomes – physiquement et biologiquement pertinentes –, et ce qui relève des topologies propres (embryogenèse, développement, organisation anatomo-physiologique) renvoyant à une autonomie[5]. En ce qui concerne le temps, il est non moins clair que se confrontent deux notions selon que l'on a affaire à des processus de réponses à des stimuli «externes» (présentant des temps de relaxation caractéristiques, de nature nettement physique, exprimés en termes dimensionnels – secondes, heures, … –) ou, par contraste, à des régulations internes, de nature périodique et itérative, représentés en fait par des nombres purs et qui n'acquièrent une telle dimensionnalité temporelle que du fait des «scaling» auxquels ils obéissent relativement au paramètre «taille» (ou «masse») des organismes[6] [Bailly 1991b].

Le fait épistémologique nouveau, que nous avons maintenant à prendre en compte, c'est que la physique, à son tour, rompant en cela avec les conceptions antérieures, est conduite désormais à opérer de plus en plus le même genre de distinction entre ce qui relève d'une «extériorité»; les espaces-temps de la relativité, et ce qui renvoie à une sorte d'intériorité – les fibres, dont les propriétés géométriques et de symétrie contribuent à caractériser les identités et comportements quantiques. Ce trait, déjà présent en mécanique quantique proprement dite, prend une ampleur considérable en théorie quantique des champs et devient réellement déterminant dans les théories d'unification (entre physique quantique et relativité générale) qui font appel aux théories de cordes et supercordes (qui introduisent des espaces à

5 Voir, de ce point de vue les approches auto-organisationnelles qui visent à rendre compte de cette situation en introduisant, par exemple, le concept de «clôture organisationnelle» [Varela 1989, par exemple], ou encore l'utilisation qui est faite dans la même perspective des modélisations au moyen de systèmes dynamiques [Kaufmann 1993, par exemple].

6 Ainsi, par exemple, tous les mammifères présentent-ils le même nombre moyen de respiration (2,5.108 environ) et de battements de cœur (109 environ) au cours de leur vie, les fréquences correspondantes (normalement exprimées en s-1, cette fois) étant déterminées par la masse W de l'organisme considéré suivant un scaling en W-1/4.

10, voire 26 dimensions, dont les dimensions en excès se trouvent compactifiées)[7] (voir aussi, parmi les analyses les plus récentes, [Boi (2004)]).

Il est alors frappant de constater que nous sommes reconduits, mais du côté de l'objet cette fois, à une distinction opérée il y a déjà longtemps par les philosophes – et notamment par Kant [Kant 1986a] – du côté du sujet épistémique, entre l'espace comme forme du sens externe et le temps comme forme du sens interne. Une telle distinction du côté de l'objet était inacceptable pour le Kant des *Critiques* du fait que, rompant avec une caractérisation ontologique de l'objet scientifique, toute internalité lui était déniée et que son repérage était considéré comme totalement externe. Pourtant, vers la fin de sa vie, revenant sur les *Principia* de Newton, il ne pouvait s'empêcher, si l'on en croit *l'Opus postumum* [Kant 1986b], de s'interroger à nouveaux frais sur ce point, relativement à la question de l'énergie, en particulier. Il renouait ce faisant avec certaines des problématiques leibniziennes dont il s'était pourtant largement écarté auparavant et finalement il aurait peut-être trouvé dans cette «spatio-temporalisation» interne des objets physiques et biologiques contemporains sinon une réponse au moins une indication pour des investigations nouvelles.

Bien entendu, nous ne pouvons garder sans artificialité, et qui plus est du côté de l'objet, la dichotomie externe/interne correspondant à la distinction entre respectivement espace et temps. Néanmoins, il ne serait vraisemblablement pas excessif de considérer, en lieu et place des formes de l'intuition sensible du côté du sujet, des *formes de la manifestation sensible* du côté de l'objet qui, dans l'externalité, renverrait à une phénoménalité de la *relation* entre objets (et à la mesure correspondante) et, dans l'internalité, renverrait à des contraintes concourant à une phénoménalité de l'*identification* même de l'objet (sans confondre cette identification avec une individualité problématique comme la non séparabilité quantique le montre bien). C'est ce qui se produit de fait en biologie depuis que la discipline existe.

7 A vrai dire, et comme nous l'avons déjà signalé plus haut, la montée en dimension de l'espace-temps en tant qu'univers de repérage pour une unification entre interactions est une méthode antérieure à son utilisation dans le cadre des théories quantiques. Elle fut découverte et utilisée par Kaluza et Klein pour unifier électromagnétisme et gravitation – dans un cadre non quantique – en introduisant une variété pentadimensionnelle (dont la cinquième dimension, intimement reliée à l'action du système, était compacifiée, engendrant une variété de topologie R^4xS^1 et non pas R^5) [voir, par exemple, Lichnerowicz 1955]. Cette méthode de Kaluza-Klein servit en quelque sorte de paradigme fondateur pour les unifications ultérieures.

L'élément nouveau, c'est que désormais l'objectivité physique n'échappe plus à cette tension épistémique puisqu'elle a maintenant une contrepartie objective dans la théorie.

Dans un second temps, du fait que la relation s'inscrit dans une «étendue» (toute spatiotemporelle qu'elle puisse être) et que l'identification s'inscrit dans une permanence – une durée – nécessaire pour stabiliser ne serait-ce que fugacement cette identité, il n'est pas interdit de parler en un sens rénové d'un {espace} (avec des accolades pour éviter toute confusion) correspondant à cette externalité relationnelle spatiotemporelle et d'une {temporalité} associée à cette internalité identitaire durable.

Nous serions ainsi conviés à une sorte de «renormalisation» conceptuelle où à la notion classique de temps se substituerait en quelque sorte celle d'*identité* et à la notion classique d'espace celle de *relation*. Pour la physique, nous verrions alors dans les espaces-temps externes, une forme de la manifestation {espace/relation}, alors que la forme de la manifestation {temps/identité} correspondante serait à trouver dans les fibres en tant qu'espaces internes; du coup, l'articulation des deux (par l'introduction de la supersymétrie et le superespace) engendrerait ce que l'on appellerait un {espace-temps} au sens renouvelé, qui prendrait en compte l'ensemble des déterminations de l'objet: relationnelles et identitaires, ainsi que leur articulation. Tandis que pour la biologie ce seraient les espaces-temps physiques qui correspondraient à la forme de la manifestation {espace/relation}, éminemment relationnelle en effet, et les morphologies et rythmes propres qui correspondraient à la forme de la manifestation {temps/identité}, associée à l'identité de l'organisme à son fonctionnement et à sa durée. L'articulation entre ces deux formes de la manifestation sensible en biologie serait double: on en trouverait une première réalisation avec la morphogenèse, au cours de l'embryogenèse notamment, et on en trouverait une autre dans la vie organique proprement dite en rapport avec son environnement. Bien entendu toutes ces considérations demeurent fortement spéculatives et demanderaient à être approfondies pour en confirmer ou en infirmer la pertinence.

8 On notera que ce n'est pas la première fois, dans l'histoire scientifique, que se produisent des phénomènes cognitifs de ce genre: pour ne citer que l'un des plus célèbres, et sans revenir à Ptolémée et Copernic, la théorie galiléenne du mouvement et de la dynamique a fortement heurté – et, à en croire bien des enquêtes, continue passablement de heurter – l'intuition aristotélicienne correspondante.

Ces considérations semblent aller contre l'intuition habituelle, mais nous savons bien que la formalisation mathématique confère aux univers de repérage un statut de plus en plus objectif mais en même temps de plus en plus contre-intuitif, en même temps qu'elle dote les «objets physiques» eux-mêmes de propriétés qui nous semblent de plus en plus étranges, allant jusqu'à mettre en question les concepts usuels de causalité et de localité. Nous en arrivons de ce fait à un stade où en même temps que se développent les formalismes mathématiques (ou diagrammatiques, ou symboliques) s'élaborent ce que l'on pourrait appeler des intuitions structurelles, nouvelles intuitions sans beaucoup de rapport avec les intuitions antérieures, quasiment inhérentes à la générativité de ces formalismes mathématiques, mais aussi de moins en moins empiriques[8]. Le problème qui se pose alors est celui de l'articulation rationnelle entre ces nouveaux types d'intuition et les résultats événementiels qui se présentent dans l'univers usuel des phénomènes naturels (de la physique ou de la biologie).

Conclusion

A l'issue de cette brève enquête relative aux principes formels qui semblent actuellement les plus pertinents dans la tentative de caractérisation rigoureuse et de reconstruction rationnelle dans les sciences de la nature, il semble bien que tant les résultats théoriques accumulés ces dernières années que l'introduction de concepts nouveaux attachés à des modes d'approche renouvelés conduisent à remettre en perspective l'interprétation épistémologique du statut et des déterminations de ces connaissances objectives. Non pas qu'il faille constater une rupture radicale avec les analyses antérieures (encore que les problématiques liées aux phénomènes critiques, aux dynamiques non linéaires et à la complexité aient depuis quelque temps ouvert un champ réellement original, qu'il s'agisse de recherche proprement dite ou d'approches conceptuelles associées – que l'on évoque seulement l'imprédictibilité pratique liée à la sensibilité aux conditions initiales, le chaos déterministe en rapport avec l'aléatoire, etc. –), mais certaines approches mettant l'accent sur l'analyse des modes de construction de l'objectivité scientifique se trouvent confortées aux dépens des empiricismes radicaux d'une part, des réalismes ontologiques de l'autre. Manifestement la pratique de la recherche contemporaine comme la présentation de ses résultats ainsi que leur interprétation conceptuelle articule deux moments qui se font de plus en plus indissociables: le moment constructif et le moment transcendantal. Le premier se retrouve dans l'induction généralisante, l'aller-retour entre théorie, expérience et observation, la recherche d'une déductibilité complète, la mise en forme des hypothèses et conclusions. Le second se manifeste tout à la fois dans le mouvement intuitif qui court-circuite les étapes (quitte à devoir les restituer ensuite), le passage à la limite qui transforme les faits en lois et les lois en principes, le raisonnement abductif qui est associé à cette démarche, le renversement conceptuel enfin qui du descriptif passe au prescriptif et qui trouve dans ces lois et principes l'expression de leurs conditions abstraites de possibilité.

Par ailleurs et dans cet esprit, nous avons voulu montrer qu'il était possible d'envisager la possibilité d'une sorte de reconstruction formelle de ces formes de l'intuition que sont l'espace et le temps à partir des concepts mathématiques de symétries, de groupe, d'équivalence d'une part, de brisure de symétrie, de semi-groupe et d'ordre, d'autre part. Et sinon de procéder à une reconstruction complète de ces structures en tout cas d'ouvrir des pistes en ce sens en utilisant les résultats que la physique la plus récente montre que l'on peut atteindre en matière d'invariance. Il ne s'agit pas pour autant, répétons-le, d'une reconstruction objective complète et définitive: de la même manière que le continu, par exemple, a connu et connaît encore une histoire à rebondissements dans ses déterminations philosophico-mathématiques les plus variées, des paradoxes des sophistes aux recours aux grands cardinaux en passant par Aristote, Leibniz, Cantor et Dedekind, le continu-discret des intuitionnistes et des non standardistes [Harthong 1989], on peut s'attendre à ce que les déterminations formelles de ces structures fondamentales que sont espace et temps, conditions préalables à toute connaissance objective dans les sciences de la nature, continuent à se développer en fonction des avancées théoriques dans ces disciplines comme de l'approfondissement de leurs fondements mathématiques N'envisage-t-on pas actuellement, dans le cadre de la théorie des supercordes des espaces à nombre de dimensions élevé (10 ou 26, par exemple, dont la plupart sont inobservables car compactifiées) dotés de propriétés de supersymétries (permettant le passage entre champs fermioniques et champs bosoniques) en vue d'unifier théorie quantique des champs et théorie relativiste de la gravitation (voir aussi [Bennequin 1994])?

Il est par ailleurs frappant de constater, dans ce cadre, que les problématiques posées par la théorie des particules élémentaires rejoint celles qui se sont révélées les plus pertinentes en matière de cosmologie dans la mesure même où les états les plus proches du big-bang sont aussi ceux où les interactions différentes sont physiquement unifiées et où les contraintes de nature quantique associées le plus souvent à des échelles de taille ou de temps très courte s'articulent avec celles de nature gravitationnelle, associées pour leur part aux très fortes densités énergétiques sur ces très courtes échelles. Il n'est jusqu'à l'origine du big-bang lui-même qui ne soit (hypothétiquement) attribué à une brisure spontanée de la symétrie du vide quantique hautement énergétique. Ce sont de tels résultats qui ont conduit certains auteurs [Cohen-Tannoudji *et al.* 1986] à introduire, comme nous l'avons déjà signalé plus haut, le complexe gnoséologique de matière-espace-temps. Ce qui incite sans doute à de nouveaux raffinements dans la caractérisation formelle de ce qui constitue le paysage physiquement pertinent de l'étude des phénomènes matériels. Il faut sans doute s'attendre à ce que les progrès dans le domaine d'une formalisation encore à accomplir en biologie conduise à réintroduire ce qui ne se dessine encore qu'en pointillé à savoir une caractérisation plus rigoureuse du vivant, engendrant ainsi un complexe gnoséologique plus unifiant encore et permettant ainsi de réinterpréter à nouveau ce que peuvent susciter de significations les spatialités et temporalités qui y seraient alors attachées.

Il faut néanmoins noter, à ce stade, que nous nous sommes ainsi progressivement engagés dans une situation quelque peu paradoxale d'un point de vue conceptuel: d'un côté une approche de type transcendantal nous conduit à considérer l'espace et le temps comme des données premières (formes de l'intuition, conditions de possibilité de toute expérience sensible) et donc comme des cadres référentiels strictement «vides» (pures formes); mais d'un autre côté, et à l'image de toute construction d'objectivité scientifique, nous sommes conduits à procéder à des reconstructions, sans cesse renouvelées en fonction des avancées théoriques, de structures formelles que nous appelons aussi espace ou temps, de moins en moins empiriques et de plus en plus déterminantes pour les phénomènes eux-mêmes, au point que l'on ne peut plus vraiment discerner entre événements et «lieux» de leur advenue, les deux se déterminant réciproquement comme il apparaît déjà de façon spectaculaire en relativité générale et en théorie quantique des champs et comme la biologie, pour sa part, tend de plus en plus à en nourrir la représentation. La distinction entre formes de l'intuition et intuitions formelles qui viendraient les «remplir», sans doute concevable dans le cadre de la physique newtonienne qui acceptait une absolutisation du temps et de l'espace, devient alors de moins en moins opérante, en ce sens, du moins, que les déterminations mathématiques unifiantes le deviennent de plus en plus, quittes à aller contre les premières intuitions.

Remerciements. Je voudrais témoigner de ce qu'une bonne partie des réflexions philosophiques proposées dans ce texte sont tributaires de l'influence et de l'enseignement de philosophes des sciences et tout particulièrement de ceux de Jean Petitot dont j'ai suivi des années durant les séminaires. De même, les réflexions sur la biologie sont largement tributaires des travaux de biologie théorique entrepris avec des biologistes, et notamment Françoise Gaill, qui m'a principalement introduit à ce domaine disciplinaire et avec qui se sont poursuivies de longues et fructueuses collaborations.

Références

Bailly, F., «Niveaux d'organisation, changements de niveaux, finalité», *Philosophica*, 47, (1991a), 31.

Bailly, F., «L'anneau des disciplines», *Rev. Int. Syst.*, 5, n° 3, 1991b.

Bailly, F., Gaill, F. et R. Mosseri, «*Orgons* and *biolons* in theoretical biology: phenomenological analysis and quantum analogies», *Acta Bioth.*, 41, (1993), 3.

Bailly, F., Gaill, F. et R. Mosseri, «Morphogenèse et croissance biologique: un modèle dynamique simple pour le poumon», dans H. Vérine (éd.), *La biologie théorique à Solignac*, Polytechnica, 1994.

Bailly, F. et R. Mosseri, Article: «Symétrie», dans *Dictionnaire d'histoire et de philosophie des sciences*, PUF, 1999.

Bennequin, D., «Questions de physique galoisienne», dans M. Porte (éd.), *Passion des formes*, A René Thom, ENS Editions, 1994.

Boi, L., «Theories of Space-Time in Modern Physics», *Synthese*, 139 (2004), 429-489.

Boi, L., «Geometrical and topological foundations of theoretical physics: from gauge theories to string program», *International Journal of Mathematics and Mathematical Sciences*, 34 (2004), 1777-1836.

Bouligand, Y., *La morphogenèse: de la biologie aux mathématiques*, Maloine, Paris, 1980.

Bouligand, Y., *Biologie théorique, Solignac 1987*, Ed. CNRS, 1989.

Burri, P.H., Dbaly, J. et E.R. Weibel, «The postnatal growth of the rat lung», *Anat. Rec.*, 178, (1977), 711.

Cohen-Tannoudji G. et M. Spiro, *La matière-espace-temps*, Fayard, Paris, 1986.

Delattre, P. et M. Thellier, *Elaboration et justification des modèles*, Maloine, Paris, 1980.

van Fraassen, B., *Lois et symétrie*, Vrin, Paris, 1994.

Glass L. et M.C. Mackey, *From clocks to chaos. The rhythms of life*, Princeton University Press, 1988.

Gould, S.J., «Allometry and size in ontogeny ey phylogeny», Biol. Rev., 41, (1966), 587.
Harthong, J., «Une théorie du continu», dans H. Barreau (éd.), *La mathématique non standard*, Editions du CNRS, Paris, 1989.
Hill, E. L., «Hamilton's Principle and the Conservation Theorems of Mathematical Physics», *Rev. Modern Phys.*, 23, n° 3, (1951), 253.
Horsfield, R., «Postnatal growth of the dog's bronchial tree», *Resp. Physiol.* 29, (1977), 185.
Kant, E., *Critique de la raison pure*, PUF, Paris, 1986a.
Kant, E., *Opus postumum*, PUF, 1986b.
Kauffman, S.A., *The origins of order*, Oxford University Press, 199,
Lautman, A., *Essai sur l'unité des mathématiques*, UGE, Paris, 1977.
Lichnerowicz, A., *Théories relativistes de la gravitation et de l'électromagnétisme*, Masson, Paris, 1955.
Nelson, E., «Internal set theory», Bull. *Am. Math. Soc.*, 83, (1977), 6.
Nicolis, G., «Dissipative systems», *Rev. Prog. Phys.*, 49, (1986), 873.
Nicolis G. et I. Prigogine, *A la rencontre du complexe*, PUF, 1989.
Noether, E., «Invariante Variationsprobleme», *Kgl. Ges. d. Wiss. Nachrichten. Math.-Phys. Klasse*, n° 2, p.235, 1918.
Peters, R.H., *The ecological implication of body size*, Cambridge University Press, 1983.
Petitot, J., «Idéalités mathématiques et réalité objective. Approche transcendantale», dans *Hommage à Jean-Toussaint Desanti*, Ed. TER 1991.
Prigogine I., et I. Stengers, *Entre le temps et l'éternité*, Fayard, 1988.
Robinson, A., *Non standard analysis*, North-Holland, 1980.
Ryder, L.H., *Quantum field theory*, Cambridge University Press 1986
Sakharov, A.D., *Œuvres scientifiques*, Anthropos, 1982.
Schmidt-Nielsen, K., *Scaling*, Cambridge University Press, 1984.
Sherrington, D., «Lanscape paradigms in physics and biology: introduction and overview», *Physica D*, 107, (1997), 117.
Thom, R., *Stabilité structurelle et morphogénèse*, Paris, 1977.
Thom, R., *Modèles mathématiques de la morphogenèse*, Christian Bourgois, Paris, 1980.
D'Arcy Thompson, W., *On growth and form*, Cambridge University Press, Cambridge, 1961.
Ullmo, J., *La pensée scientifique moderne*, Flammarion, Paris, 1969.
Varela, F., *Autonomie et connaissance*, Seuil, Paris, 1989.
West, G.B., J.H. Brown et B.J. Enquist, «A general model for the origin of allometric scaling laws in biology», *Science*, 276, (1997), 122.
Weyl, H., *Symétrie et mathématique moderne*, Flammarion, Paris, 1964.

The emergence of complexity in a common scotch roller

M. CICCOTTI and B. GIORGINI
Physics Department and INFN, University of Bologna
Viale C. Berti Pichat, 6/2 - 40127 Bologna (Italy)

Abstract. The fracture is a very complicated phenomenon and its dynamics is not well described, until today, by a consistent physical and/or mathematical model. In this paper we synthetically present the main experimental and theoretical results for the peeling of an adhesive tape, i. e. a viscoelastic dissipative system, viewed as a two-dimensional fracture propagation. Varying the control parameter the crack dynamics appears stable in a first branch of the state curve, unstable in a second branch with stick-slip propagation, and finally again stable, but very rapid, in a third region. The unstable stick-slip dynamics becomes more and more irregular increasing the control parameter and exhibits different behaviors with transitions between periodic, aperiodic and disordered regimes. In an experiment recently performed at ESPCI-PMMH (Paris, France), the emergence of hierarchical structures in a broad range of time scales was observed in a definite region of the stick-slip regime, and this is one the indicators commonly used speaking of complex systems. At last, we underline that we do not still have a complete mathematical description of empirical data and that we lack a physical model able to explain the observed complex dynamics.

Introduction

Our physical world is no longer symbolized only by the stable and periodic orbits, with the harmonic oscillator and modes paradigm, that are at the heart of classical Newtonian mechanics. A new world of instabilities and fluctuations, which are ultimately responsible for the amazing variety and richness of the forms and structures that we see in nature, is included in the horizon of natural philosophy from about thirty years (Gallagher and Appenzeller, 1999). Surely, if we want to understand for example the nature of earthquakes, the weather variations, the growing of threes, the origin and the evolution of life, the reductionist paradigm, i.e. the explanation in terms of elementary components, is powerless. In a first qualitative sense, we can call this world "complex" and define "science of complexity" the set of experiments, models, theories, paradigms that contribute to study these phenomena. More precisely, three disciplines have modified our outlook on the physical world: statistical mechanics (in particular the non-equilibrium physics with phase transitions), the modern theory of dynamical systems, and the information theory, along with an exponential growth of the computer performance (Parisi, 1992; Livi *et al.*, 1986).

One of the more significant properties that characterize the complex physics is nonlinearity. Essentially, nonlinearity means that some effect (reaction) is not proportional to its cause (action) and therefore we cannot apply the superposition principle. This implies that the behavior of a considered system cannot be described in terms of elementary components, i.e. it cannot be studied as a "simple" system. Moreover, nonlinearity generally implies a great difficulty in solving the equations that represent the system. Even if we think that it would be possible to exactly know the initial conditions (and this is not the case, because the position for example is a real number, described by an infinite numeral succession, that means either an infinite time or an infinite quantity of information), usually nonlinear equations don't have analytic solutions. Furthermore, the initial condition sensitivity that is proper to many systems, even with few degrees of freedom, produces very quickly a completely unpredictable time evolution of the system, despite its deterministic nature, and the orbits become chaotic. On the other hand, we have systems with a very large number of components that can be understood in a simple manner (for example a perfect gas) if we choose the right level of description (statistical and/or thermodynamical for the gas). Nonlinear processes are ubiquitous in nature and most phenomena can be studied in this "complex" optics, not only in physics, but also in chemistry, biology, neuroscience and in fields outside natural science such as economy, sociology, psychology, and cognitive science (Nicolis and Prigogine, 1989).

But what does it mean, in natural philosophy, complexity? In the literature one can find many different definitions, qualitative, philosophical, quantitative (for example the Kolmogorov algorithmic complexity), but, as befits its name, the science of complexity lacks a simple and univocal definition. In a generic sense, you can refer to systems that operate at the edge of chaos and/or that are in an intermediate state between perfect order and complete disorder (Livi et al, 1988). Notwithstanding these difficulties over formal definition, we have some properties and characteristics generally assumed as indicators of complexity: power laws, degree of mixing, entropy, thermodynamic functions, cellular automaton representations, etc (Peliti and Vulpiani, 1987). But one of the most meaningful signatures of complexity is the presence of a hierarchical organization, i.e. the emergence of hierarchical structures over a range of scales. Furthermore, we will speak of self-organization (Yates, 1987) whenever the iteration of few basic rules produce the emergence of structures having features not shared by the rules themselves. It should be clear at this point that until today a "theory of complexity" does not exists. We do not have general principles or laws or equations underlying the whole complex world from which we can derive the behavior of the single specific complex system. Each complex system must be investigated in its proper way even if some features, equations and models as for example the strange attractors with fractal geometry, the logistic map with bifurcations, the cellular automata, the neural networks, can be applied to study different phenomena, physical, but also biological or human. At this step of our scientific understanding of the complex world, we could consider the "theory of complexity" a sort of theory of modeling, so defining heuristically a complex system as a system which is intrinsically hard to model, no matter which is its nature, physical or biological or another one, and no matter which mathematical or experimental tools are used (Badii and Politi, 1997).

We underline that this heuristic approach does not give an answer to the fundamental question: why, if the basic physical laws are relatively simple, the world is full of so complicated phenomena? For example the fracture process, which is the object of our investigation in this work, is one of the most complicated phenomena of the physical world (Sethna et al., 2001). Fracture results of the interplay between the creation of new interfaces and the elastic deformation of the bulk material. While the creation of new interfaces is dominated by the properties of elasticity of the surrounding medium and the amount of accumulated strain energy, the constitutive properties of the medium are strongly affected by the fracture propagation. In the full three dimensional fracture of a brittle material (which is commonly referred to as "rupture"), the medium generally undergoes a progressive process of diffused damaging which then spontaneously concentrates into some region that is gradually crushed into fragments that slide and roll on each other, involving a great deal of different physical phenomena such as friction, adhesion, and plastic deformation (Atkinson, 1987; Scholz 1990). Modeling such a complicated mixture of phenomena is almost hopeless even with the spreading power of modern computers (Main, 1996).

Some simpler context must be chosen where a smaller number of phenomena are considered along with a simplified geometry. The peeling of an adhesive tape provides an excellent example since the phenomenon is reduced to the propagation of a single coherent fracture front along a predetermined bidimensional interface (Aubrey and Sheriff, 1980). Moreover, the dissipative nature of the viscoelastic systems has the significant effect of stabilizing the fracture dynamics. Even with these simplifications, the phenomenon remains highly nonlinear and the dynamics shows a variety of instabilities and structures that suggest a possible underlying complexity. Furthermore, the peeling of an adhesive tape can be easily set up in experiments that provide very long data series from which it is possible to extract useful information on the nonlinear features of the system. A last remark is that the physics of complex systems is very young and some research programs that today seem fruitful might eventually in the future prove to be cul-de-sacs.

1. The fracture dynamics and the peeling of an adhesive tape

Many phenomena like materials failure, granular dynamics, earthquakes, convection in granular flow induced by vibrations, fracture dynamics and the peeling of an adhesive tape have generic nonlinear features. In particular, one of the essential characteristics common to all these systems is that they require a threshold to initiate the dynamical process and this introduces a very strong nonlinearity. In this section we will focus on the crack propagation in elastic solids and viscoelastic systems, giving some general concepts and formulae to study the fracture dynamics, the peeling and the stick-slip regime (Barquins, 1994).

The crack propagation in elastic solids is dissipative, usually irregular and accompanied by the emission of energy with characteristic noise (Maugis and Barquins, 1978). If we have two solids in contact and we want to describe the adhesion or separation between them (Figure 1), we can use the equation

(1) $$w = \gamma_1 + \gamma_2 - \gamma_{12}$$

where γ_1 and γ_2 represents the free surface energies, γ_{12} the bound surface energy, and w is the Dupré adhesion energy; obviously if $w > 0$ we have adhesion, i. e. some energy is needed for creating a free surface. The second relevant observable is the released energy; more precisely, the strain energy release rate

$$G = \partial U_M / \partial A,$$

i. e. the amount of mechanical energy ΔU_M released by the system when the fracture surface advances of ΔA, for $\Delta A \rightarrow 0$ (we observe here that we have reduced the fracture problem to a bi-dimensional one). For

(2) $$G = w$$

the crack is in an equilibrium state that can be stable or unstable if G rises or drops following an hypothetical advancement of the fracture. When $G > w$ the crack propagates spontaneously giving rise to highly dissipative phenomena due to the elevated stress near the crack tip. As a result, a constant crack velocity is attained which is a function of the difference between G and w.

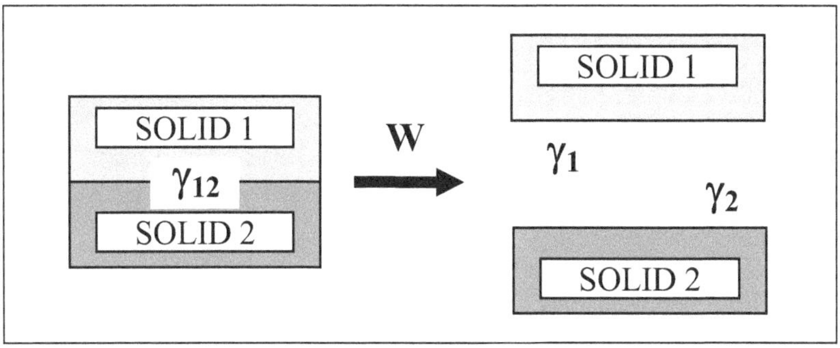

Figure 1 – Energy balance for the adhesion of two solids

Equation (2) can thus be extended to the dynamic case by adding a dissipative term such as

(3) $$G = w + w\varphi(a_T v) = \Phi(v)$$

where v is the crack velocity, φ is a phenomenological relation that depends on the scaled velocity a_Tv, with a_T depending from temperature (following the WLF equation for viscoelasticity (Ferry, 1980)).

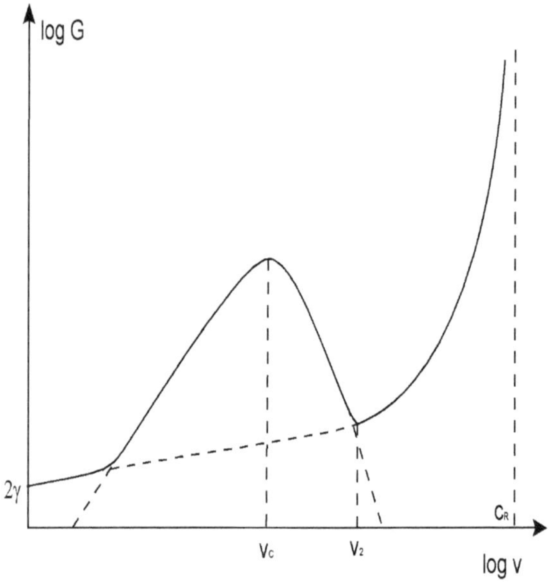

Figure 2 – Characteristic curve $G = \Phi(v)$

We underline that the dissipative term is proportional to the adhesion energy and that φ depends only on the temperature T and the crack velocity v. In this context we can trace a curve $G = \Phi(v)$, that is represented in logarithmic scale in Figure 2.

This curve can be viewed as the superposition of a term representing surface and kinetic energy with G monotonically increasing with v and diverging at the limit Rayleigh wave velocity, and a broad peak due to viscoelastic losses.

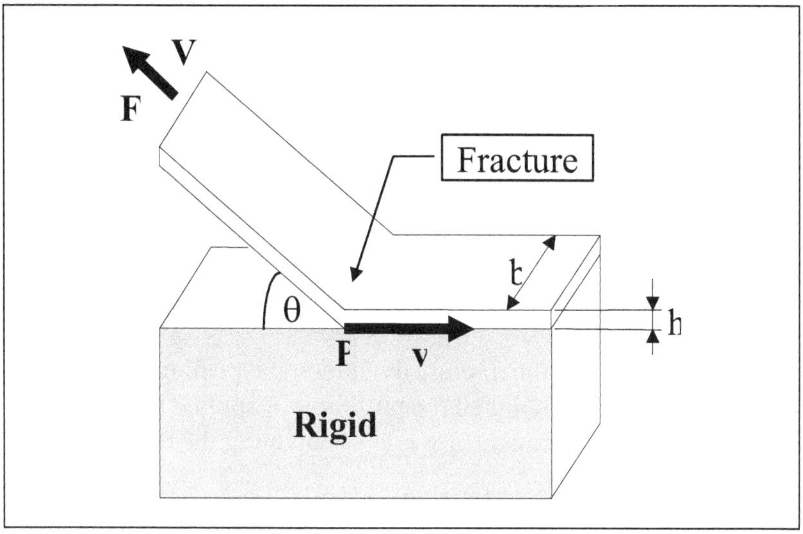

Figure 3 – A film of width b and thickness h is peeled apart from a flat rigid substrate. The force F makes an angle θ (peeling angle) with the rigid substrate.

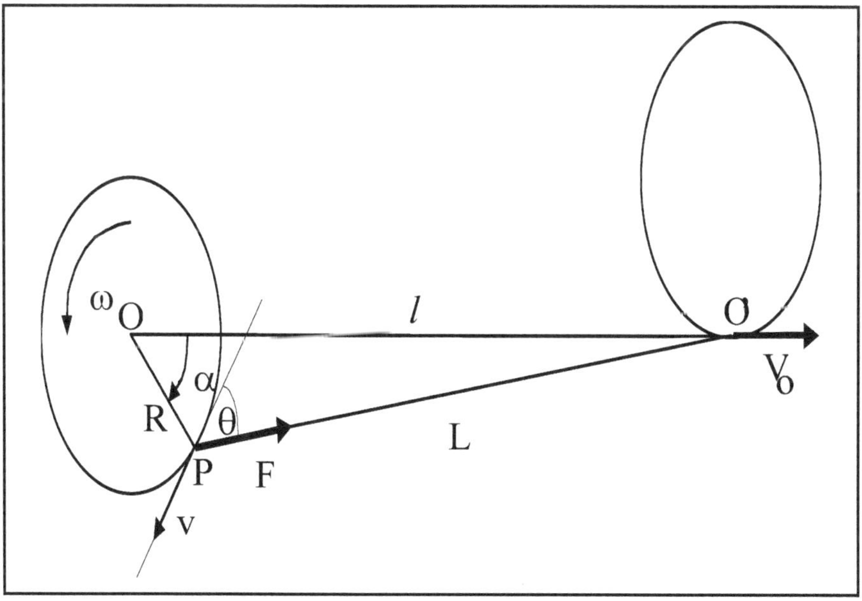

Figure 4 – The film is wound to a reel of radius R rotating with an angular velocity ω. The apparent position of the fracture is indicated by the angle α. V_0 is the traction velocity at point O' at a distance L from the fracture front. θ is the peel angle.

We refer to peeling when a thin adhesive film is separated from a rigid substrate. Peeling exhibits a rich and interesting dynamics with stable or unstable regimes, depending on the value of the control parameters. Two different types of peel tests are generally used to investigate the dynamics:

a) The film is peeled apart from flat rigid substrate (Figure 3);
b) The film is wound to a reel and the peeling is accompanied by rotation of the reel (Figure 4).

In this paper we will discuss above all the second experimental fracture model.

The relation between the fracture dynamics and peeling was established by Kendall (1975), which linked the pull force F applied to the free end of the film to the strain energy release rate G obtaining the equation:

(4) $$G = \frac{F}{b}(1-\cos\vartheta) + \left(\frac{F}{b}\right)^2 \frac{1}{2Eh}$$

(for the meaning of symbols see Figures 3 and 4, E being the Young modulus). The first linear term is related to the geometric configuration, and the quadratic one derives from the strain energy of the new peeled film. The Kendall equation is well established since it derives from the conservation of energy and is furthermore confirmed by experiments.

If we define $F_0(\mathrm{v}) = \frac{\partial U_M}{\partial x}$ as the adherence force, we can write

(5) $$G = \Phi(\mathrm{v}) = \frac{\partial U_M}{\partial A} = \frac{1}{b}\frac{\partial U_M}{\partial x} = \frac{F_0(\mathrm{v})}{b} \Rightarrow F_0(\mathrm{v}) = b\Phi(\mathrm{v})$$

For the peeling angle $\theta > 30°$ (which is common in stick-slip dynamics) the equation (5) reduces to

(6) $$G = F/b\,(1 - \cos\vartheta) \qquad \text{or} \quad F_0(\mathrm{v}) = F(1-\cos\vartheta)$$

that relates univocally the adhesion force F_0(v) to the pull force F. This is very important because we lack a direct knowledge of F_0(v) and moreover we don't have a microscopical model for it. The equation (6) is a sort of state equation, i.e. it was derived in equilibrium conditions. However, it is expected to work also if the evolution of the variables is not too rapid in relation to some characteristic time, which is still not estimated. So its applications in highly dynamical conditions and in presence of strong nonlinearity is very delicate and probably not completely correct in order to describe the instability propagation.

At last, the stick-slip (or run-arrest). We show a simple stick-slip model in Figure 5. The spring extremity A is pulled with constant velocity V with μ_d and μ_s being respectively the dynamical and static friction coefficients. At t = 0, the mass m is at rest (stick-state) and the spring is extended proportionally with V. The static force is equal to kx (k is the elastic constant, x the elongation of the spring) and increases with x up to $mg\mu_s$. At this point the slip begins obeying to the following equation:

(7) $$m\ddot{x} + kx = mg\mu_d, \text{ with } x(0) = mg\mu_s/k, \ \dot{x}(0) = V$$

the solution of which is

$$x(t) = \frac{mg}{k}[(\mu_s - \mu_d)\cos\omega t] + \frac{V}{\omega}\text{sen}\,\omega t + \frac{mg\mu_d}{k}, \text{ with } \omega^2 = \frac{k}{m}$$

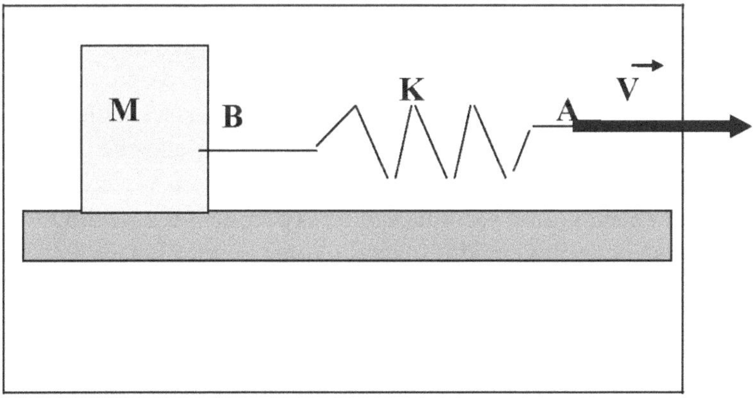

Figure 5 – Spring block slider on a flat surface

The mass arrests again for $\omega t = \pi$ (considering V very small with respect to the slip speed) with $x = mg(2\mu_d - \mu_s)/k$ and we have a new stick phase. We can also calculate the characteristic times of slip T_{SLIP} and of stick T_{STICK}:

(8) $$T_{SLIP} = \pi\sqrt{m/k}, \ T_{STICK} = 2mg(\mu_s - \mu_d)/kV, \text{ where } T_{STICK} >> T_{SLIP}$$

The stick-slip is observed in a variety of phenomena like rock friction and earthquakes, or tearing of rubber and crack propagation in epoxy resins, etc. And also in the peeling of an adhesive tape. This intermittent motion (or self-sustained oscillations) is created by a mechanism that generates cycles of crack growth (or sliding) instability followed by subsequent arrest. The stability and instability alternation in peeling is produced by the competition between the change in the driving force (or energy release rate) and the change in the crack-growth resistance. In the next section we will describe some experiments performed in order to understand the peeling dynamics and we will give the main results.

2. The previous main experiments and the empirical results

In general, the experiments on the peeling of an adhesive tape were performed utilizing two possible different set-ups. In the first the peeling was studied when a constant traction velocity V_0 is imposed onto the free end by the action of an electric motor (Figure 4). In this case, with a fixed geometry, V_0 is the only dynamical control parameter, and the limit between the adhesive tape ribbon and the free tape may be seen as a crack tip propagating with speed v. In a second type of experiment the peeling is studied when a constant applied load is clamped to its extremity (Figure 7) and the control parameter is the imposed force.

Barquins et al. (1986), Maugis and Barquins (1988), performed a series of experiments in the first above described setup. In these experiments an adhesive roller tape of radius R was unwound at a given linear velocity V_0 (up to 20 m/s) by a couplemeter motor allowing the peel force to be measured. In a modified version the winding roller was mounted on an elastic plate, the deflection of which was used to measure the peel force. The observed peeling dynamics exhibits the following behavior: at slow traction velocity the tape is peeled regularly and the dynamics is stationary; at high velocity the dynamics is also regular, but very rapid; in the intermediate range of V_0 a stick-slip phenomenon appears, the peeling of the tape being jerky with emission of a characteristic noise. Moreover, an empirical G(v) curve was traced (Figure 6) showing that the strain-energy release rate varied as a power law of the crack velocity v:

$$\Phi(\mathrm{v}) = w + wa(T)\mathrm{v}^{n_1} \quad n_1 = 0.35 \quad \text{for the first stable branch}$$

$$\Phi(\mathrm{v}) = G_C\left(\frac{\mathrm{v}}{\mathrm{v}_1}\right)^{n_2} \quad n_2 = 5.5 \quad \text{for the second (rapid) stable branch.}$$

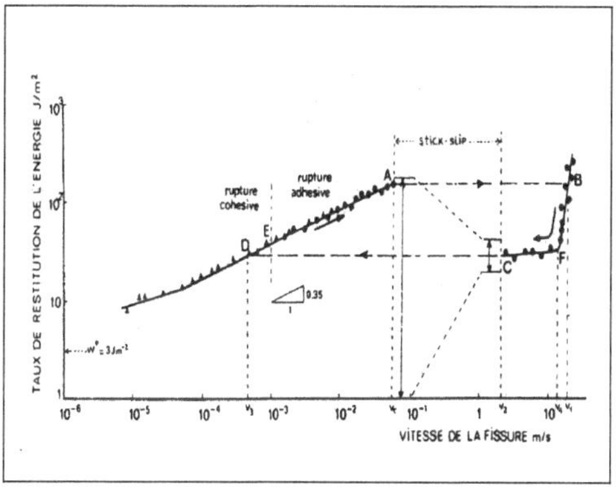

Figure 6 – Empirical G(v) curve from Barquins *et al.*, 1986.

In an experiment where the peeling was produced by a constant applied load (Barquins et al., 1995 and figure 7) the first stable region was found to be actually metastable, an unexpected stick-slip regime appears which was related to the inertia of the falling load, and the rapid stable branch was confirmed. The most relevant result was that the average value $\langle V \rangle$ of the measured peeling velocity remains approximately constant increasing the value of the load of one order of magnitude (Figure 8).

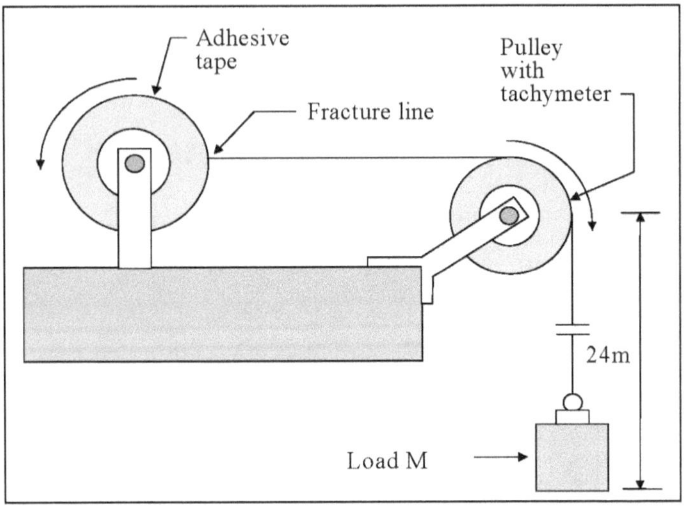

Figure 7 – Experimental set up for the peeling at constant load.

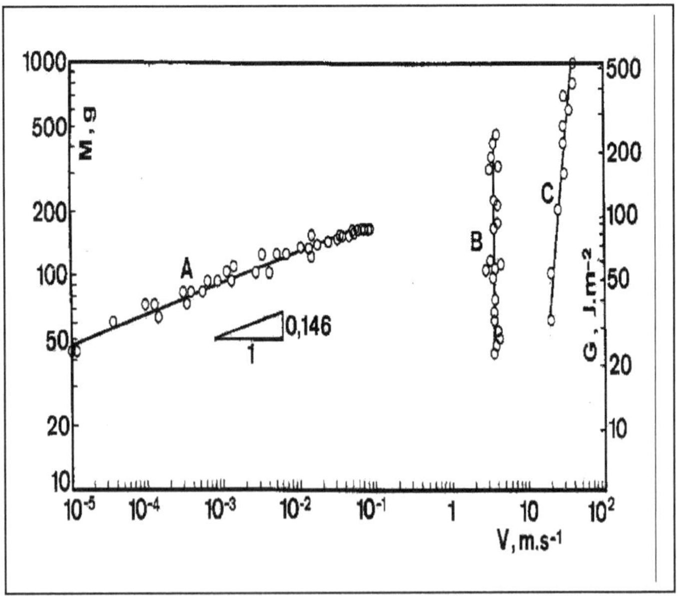

Figure 8 – Empirical G(v) curve from Barquins *et al.*, 1995 with vertical stick-slip branch at constant average velocity.

Obviously, in all these experiments, we must consider some influences due to temperature and humidity. Our adhesive tape is substantially composed by polymer melts, made of long flexible molecules that naturally provide the properties of sticky materials: under stress, at long time scales, they have the properties of viscous liquids, and at short time scales they deform as elastic solids. As it is well known, they depend strongly on temperature, especially near the glass transition temperature (Ferry, 1980) when the polymer transforms progressively from a viscous material to a solid. But we want to study the fracture propagation and not the phase transition of the system; if temperature and humidity don't change too drastically, they don't affect the dynamics in a significant way. More precisely, since the stick-slip dynamics is very fast (the slowest cycles have a period of 1 s), it is not affected by long term environment variations, and even the long series of events are taken in substantially unchanged conditions. However, an effort must be spent in order to provide similar conditions between different series of experiments.

3. The modelling

As a matter of fact, if one observes finely the macroscopic fracture line, he discovers that it is composed by a huge number of microfractures and microfilaments, but at present a microscopic model for the adhesion force and the crack in a viscoelastic system does not exist. This is the main difficulty in order to give a deep physical interpretation of the investigated phenomenon, i. e. to understand, describe and explain the fracture evolution. So we are constrained at the macroscopic level and generally the authors model the system by means of dynamical equations.

The first model (Barquins et al., 1986) only takes into account the elastic degree of freedom, writing the equation:

$$\dot{G} = -\frac{k}{b}(\mathrm{v} - \mathrm{V}_0) \quad \text{with} \quad \theta = \frac{\pi}{2}, \quad G = \Phi(\mathrm{v}) = \frac{F}{b} = \frac{Eh\delta}{L} = k\frac{\delta}{b} \tag{9}$$

where δ is the elongation of the free portion of the adhesive tape. The equation (9) explains the stable branches of the curve $G(v)$, where the fixed points are v = V_0, $G = \Phi(V_0)$, but it is not able to describe the stick-slip domain, unless speed jumps are artificially introduced. A common method to model the dynamical systems, which have an unstable and/or irregular behavior is increasing the number of degrees of freedom. Following this, a second step was to add the roller inertia (Maugis, 1987; Maugis and Barquins, 1988).

If we assume $G = \Phi(\mathrm{v}) - \frac{\partial U_k}{\partial A}, U_k = \frac{1}{2} I\omega^2$, with I momentum of inertia,

we can write the equations:

(10) $$\begin{cases} \dot{G} = -\frac{k}{b}(\mathrm{v} - \mathrm{V}_0) \\ \dot{\mathrm{v}} = \frac{\mathrm{b}}{\mathrm{m}}[G - \Phi(\mathrm{v})] \end{cases} \quad \text{with } \theta = \frac{\pi}{2} \text{ and } m = \frac{I}{R^2}$$

which represents a two variable model.

Choosing $[V_0, \Phi(V_0)]$ as the origin and letting $x = \mathrm{v} - \mathrm{V}_0$ we can write

$F(x) = \Phi(\mathrm{v}) - \Phi(V_0)$, $f(x) = \frac{\partial F}{\partial x}$ and so the equation (10) becomes the

well-known Lienard equation:

(11) $$\ddot{x} + \mu\omega f(x)\dot{x} + \omega^2 x = 0$$

which typically has limit cycles in the branch with negative slope. By linearization one obtains Hopf bifurcation at points A and C (see fig 9(a)) where stable stationary equilibrium gives way to limit cycles (see Figure 9(b)). In figure 10 we can see that increasing the value of the control parameter V_0 the orbits go out of the quadrant, i. e. the solutions are not physical (Lunedei, 2001). More precisely, the two variable model produces results fitting the experimental data only when applied to the initial part of the stick-slip region where the phenomenon is periodic. But when increasing the traction velocity the self-sustained oscillations become more and more irregular, our equations (10,11) are unable to describe and to predict the observed behavior.

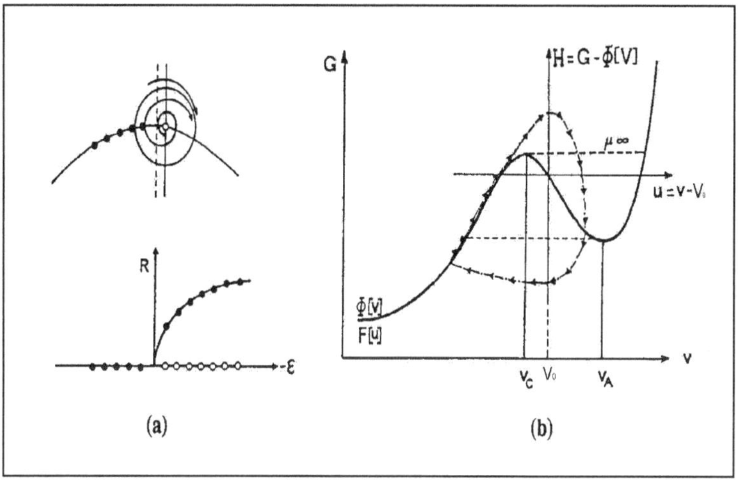

Figure 9 (a) – supercritical Hopf bifurcation (b) limit cycle over the G(v) curve.

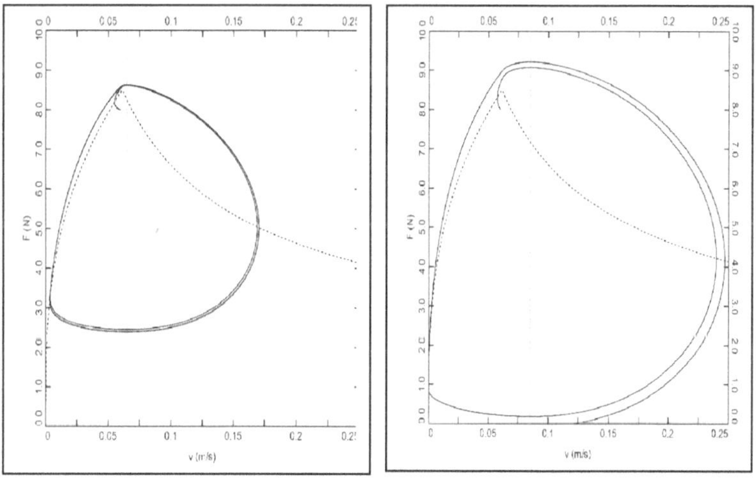

Figure 10 – Simulation of the limit cycles on the empirical G(v) curve. For incresing V_0 the cycle becomes larger and eventually it reaches the border of the positive quadrant (Lunedei, 2001).

Maugis and Barquins are quite conscious of this: "the model is more complicated when the variation of the peel angle is taken into account, which gives a third degree of freedom [...] allowing a road to chaos when limit cycles are changed into strange attractors". Following this suggestion Hong and Yue (1995) add a third variable (the peeling angle θ or the position α of the crack tip) obtaining the system:

$$(12)\qquad \begin{cases} R\cdot\dot{\alpha} = \omega\cdot R - \mathrm{v} \\ \dot{F} = -k\cdot\left[(\mathrm{v}-V_0)+(\omega R-\mathrm{v})\cos\theta\right] \\ I\cdot\dot{\omega} = F(\mathrm{v})R\cos\theta \\ \mathrm{F}(1+\alpha) = F_0(\mathrm{v}) \end{cases}$$

In our analysis we used the slightly different system (Ciccotti et al., 1998):

$$(13)\qquad \begin{cases} F\cdot(1-\sin\alpha) = F_0(v) \\ I\cdot\dot{\omega} = F\cdot R\cdot\sin\alpha \\ \dot{F} = k\cdot\left[R\cdot\sin\alpha\cdot\dot{\alpha}-(v-V_0)\right] \\ R\cdot\dot{\alpha} = v-\omega\cdot R \end{cases}$$

Namely, we used a different convention for the sign of some variable, we eliminated the variable θ., and we did not approximate sinα with α.

Solving the equations numerically the authors affirm that chaotic orbits are present (they found three positive Lyapunov exponents). So the stick slip would be a deterministic chaotic phenomenon and the problem seems to be closed. But firstly a well defined route to chaos does not exist and furthermore we can notice that the equation $F\cdot(1+\alpha) = F_0(\mathrm{v})$ is a constraint derived in stationary conditions. Therefore it is not natural and obvious to impose it in a highly dynamical regime. Moreover, if we study the equations (13) in a more fine way (Lunedei 2001) we discover that the proposed solutions were obtained imposing jumps of the crack velocity *v*. Using the constraint to eliminate α we can rewrite (Ciccotti et al., 1998) in terms of a set of three equations in three variables (*F*, *v*, ω):

$$(14)\qquad \begin{cases} \dot{F} = -k\cdot\left[\dfrac{F-F_0(\mathrm{v})}{F}\cdot(\mathrm{v}-\omega\cdot R)-(\mathrm{v}-V_0)\right] \\ \dot{\mathrm{v}} = \dfrac{1}{\dfrac{dF_0}{d\mathrm{v}}(\mathrm{v})}\cdot\left[\dot{F}\cdot\dfrac{F_0(\mathrm{v})}{F}-F\cdot\sqrt{1-\left(1-\dfrac{F_0(\mathrm{v})}{F}\right)^2}\cdot\dfrac{\mathrm{v}-\omega\cdot R}{R}\right] \\ \dot{\omega} = \dfrac{R}{I}\cdot(F-F_0(\mathrm{v})) \end{cases}$$

which are valid for

$$\frac{dF_0}{dv} \neq 0, F \neq 0$$

with two singular points at $v = v_C$, $v = v_A$.

The numerical solutions of (14) admit a cycle only if they are forced by hand to avoid the singularities. More precisely, the solutions must be obliged to jump from one branch to the other when the critical velocities are encountered. Without that the system has no physical solution. So we argue that the deterministic chaos in the stick-slip seems to be rather artificial and not completely proved as intrinsic to the phenomenon.

At this point, we can guess that the philosophy based on increasing the dynamical variables number in order to have a model able to describe the irregular stick-slip regime, is not the more suitable one. Moreover, the phenomenon of instability propagation in a viscoelastic medium could be more complicated than a "simple" dynamical system and could have some characteristics proper to a complex system (De Gennes, 1979; Kinloch and Young, 1983).

This criticism has stimulated further theoretical and experimental research. The aim was to have a more accurate knowledge of the stick-slip propagation, firstly empirical. The highly nonlinear phenomena as the fracture dynamics produce really unpredictable evolutions. In order to extract useful information on the motion from experiments, we must record sufficiently long time series, i.e. sequences of data representing the time evolution of one or more observable.

After that, we can use the statistical analysis, or the geometrical reconstruction of the attractors in a suitable phase space, or some other technique to investigate the dynamics. The general philosophy of this approach is to draw out a physical meaning from an empirical signal, bypassing the knowledge of the underlying dynamics and/or the corresponding equations (Eckmann and Ruelle, 1985; Ruelle, 1987). In this optics, we can search the significant points (bifurcations and so on) and eventually we can detect the emergence of hierarchical structures, one of the most significant complexity indicators (D'Alessandro and Politi, 1990).

The problem will be to choose the good observable, i.e. the more proper observable to be measured with a sufficient precision and over a convenient long time. For this, Barquins, Ciccotti, Giorgini and Vallet have set up a new experiment and the first provisional results show a stick-slip behavior more complex than we could expect basing strictly on the theory of dynamical systems (Vallet et al., 2001).

4. The new experiment

The new experiment that has been set up at the PMMH – ESPCI (in Paris) aims at a complete description of the phase space of the stick-slip dynamics and its evolution as a function of the control parameter V_0.

The experimental assembly is the classic one with constant traction velocity. This condition is enforced with the aid of a very stiff motor that enrolls the tape on a new ribbon (Fig. 4). Stable peeling is observed for traction velocities lower that a first critical velocity v_C and larger than a second velocity v_A. In the intermediate range the peeling is jerky and with rising velocity the stick-slip dynamics becomes more and more complicated.

Measuring the phase variables

We proceed now to a synthetic description of the techniques developed in order to measure and record the evolution of the fundamental dynamical observables of the experiment, namely the traction force, the rotation velocity of the reel, the apparent position of the fracture front on the reel (which determines the peeling angle), and the acoustic emissions. A picture of the assembly is shown in figure 11.

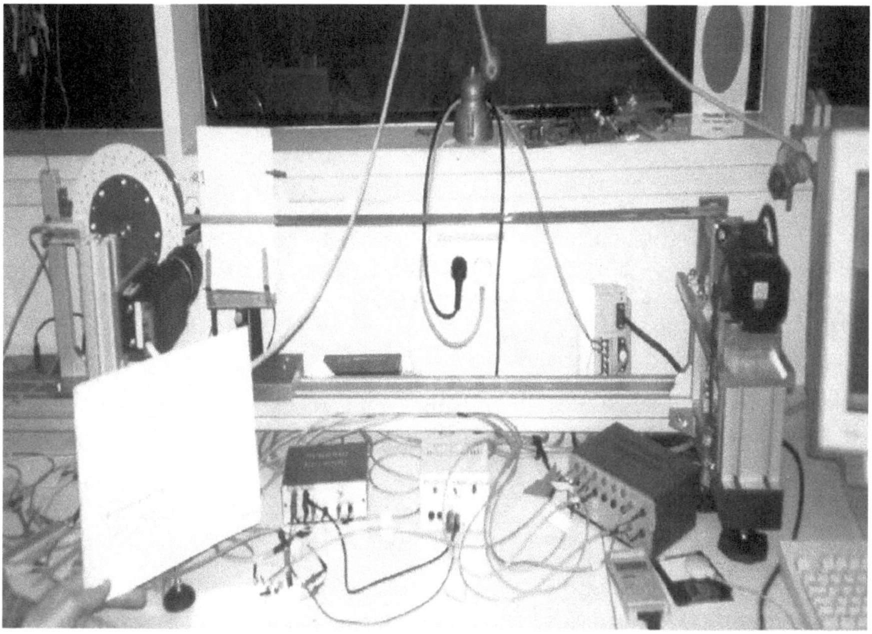

Figure 11 – General overview of the experimental set up

The rotation velocity of the reel is measured by a tachymetric wheel (Fig. 12). Three shells of holes induce an ordered sequence of commutation of the three photocells. The signals are electronically combined into one three-level analogic signal that is recorded by a computer, then converted into the ordered sequence of activated photocells that allows one to calculate the rotation velocity along with its sign. Since 24 timings are available for one tour, the average velocity can be monitored with valuable resolution in time. When elevated values of the rotation velocity have to be measured, the wheel is changed with another one which has an inferior number of larger holes.

The reel of the adhesive tape is installed over a vertical steel beam that is sufficiently stiff in order not to affect the peeling dynamics, but whose small deflections in the stick-slip regime are large enough to be measured by laser ranging. The deflection is calibrated to measure the force applied to the adhesive tape.

To evaluate the apparent position of the fracture front (denoted by the angle a), we set up a high frequency digital camera (Fig. 13) that acquires a

Figure 12 – A tachymetric wheel measures the evolution of the rotation velocity ? of the support. The electronic device produces a code related to the active photocells that are situated inside the white support.

Figure 13 – The high frequency digital camera measures the vertical position of the tight tape, providing the evolution in time of the apparent position of the fracture front.

vertical line every millisecond. The sequence is analyzed on a computer to extract the vertical position of the adhesive tape at the given cross section. This measure is then related to the apparent position of the fracture front by simple geometric relations.

At last, a high precision microphone is placed near the position of the crack front to record the characteristic noise produced by the stick-slip dynamics. The identification of the acoustic bursts associated with the slip events are the most precise method for determining the long series of inter-event times that are the main observable of the present study. The significance of the acoustic method for the recognition of events was previously tested (Barquins et al., 1995) by a correlation with the light emissions (sparks) associated with the strong ionization produced by the rapid slip and measured by a photomultiplier.

5. The results

As a first experimental step, we choose to measure the time interval between two subsequent events, i. e. our observable is the period Δt. Usually, in physics, and especially in dynamics, the time is not a variable, but rather a parameter. However, in our situation the dynamical equations proposed to describe and explain the stick-slip at least partially failed. The time interval Δt is the indicator that we can measure more precisely in order to evaluate the irregularity of the dynamics. Exactly as we do studying the behavior of a pendulum, for which we can define periodic, quasi-periodic, aperiodic regimes, only measuring the periods, even if we do not know the equations governing the phenomenon. Obviously, the knowledge of the time interval series is not sufficient to model completely the dynamics. For example, we can not discover if we are in presence of space-time chaos only by numerical time series of periods, even if these series were chaotic. But at least our philosophy can put in evidence the time structures underlying the phenomenon and give a criterion to discriminate different dynamical regimes, as a function of the control parameter.

Analysis of data

The acoustic emission of the adhesive tape in the stick-slip regime is recorded by a high quality microphone and digitized at the standard audio sampling frequency of 44100 Hz with a 16 bit signal that is stored in raw binary .wav files.

Long records of events have been acquired for many values of the control parameter, i.e. the traction velocity V_0, spanning the unstable stick-slip regime. Since the sequences may involve thousands of events, some automatic recognition process is necessary for the analysis.

For low values of the traction velocity, the stick-slip events are clearly separated and regular. They appear as abrupt acoustic bursts, followed by a gradual oscillating decay. A very simple threshold-window method is appropriate in this case: an event is detected any time the signal crosses a given threshold (evaluated as three times the root mean square of the signal), then a time window is skipped in order to let the signal decay below the threshold. Since the events are similar in intensity and well separated in time, the time window is easily chosen below the least observed interval and above the estimated decay time.

When the traction velocity grows to higher values, the events become more and more frequent and irregular both in timing and intensity, making their separation problematic. The above simple algorithm is no longer sufficient and some more elaborate criterion was developed. Since the oscillations become more persistent, the focus is shifted to the identifications of rapid changes in the signal. Due to the band filtering of the microphone, the burst is characterized by an irregular oscillation with a characteristic frequency given by the upper limit of the band (e.g. 6 kHz for the first microphone that was used). The acoustic power spectrum of the signal will be observed to rapidly fall above such a frequency. On the other hand, the abrupt initiation of the burst, is characterized by a local enhancement of the high frequency content. For that reason we performed a moving window Fast Fourier Transform on the signal and built a new index based on the integration of the high frequency acoustic power. Such an index is plotted in red in figure 14 and is evidently well correlated to the events.

A special attention has been taken in order to evaluate the misfits of the recognition method. These may be of two kinds: (1) a "missed event" results in the substitution of two proper time intervals with a false longer time interval, (2) a "false event" results in the loss of one proper time interval in favor of two false small ones. In order to ascertain that the observed structures are not due to the effects of these misfits, several set of data have been analyzed manually and presented a good agreement with the results of the above algorithm.

This method allowed us to identify the events up to a traction velocity $V_0 = 10$ cm/s with an efficiency better than 90%. After that, the oscillations in the signal appear to be almost continuous. A possible interpretation is that chaos and/or turbulence is completely installed (Becker, 2000). But at present we cannot exclude that we have reached the limit of resolution of our apparatus, and that we are not able of distinguishing the events.

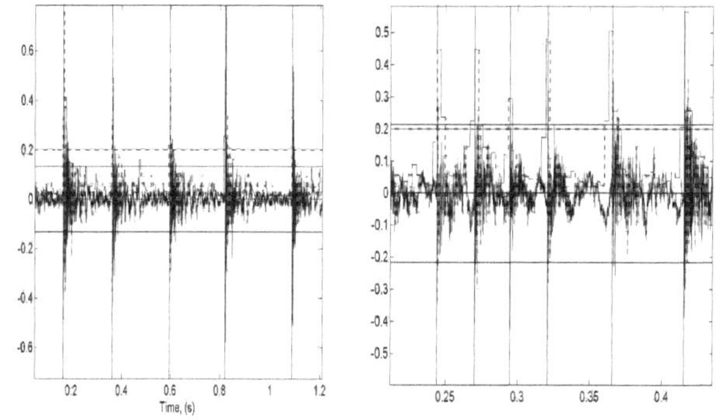

Figure 14 – Automatic recognition of the slip events in the acoustic signal. Black horizontal lines indicate standard thresholds, the red signal is the FFT based index along with its threshold.

The emergence of hierarchical structures

Although the stick-slip cycles are generally not periodic, it is interesting to plot the average period as a function of the traction velocity (see Figure 15). In first approximation the average frequency is proportional to the traction velocity and a linear fit provides the relation:

$$\nu_m = \frac{1}{\langle T \rangle} = 0.53Hz\left(\frac{V_0}{2.1mm/s}\right)$$

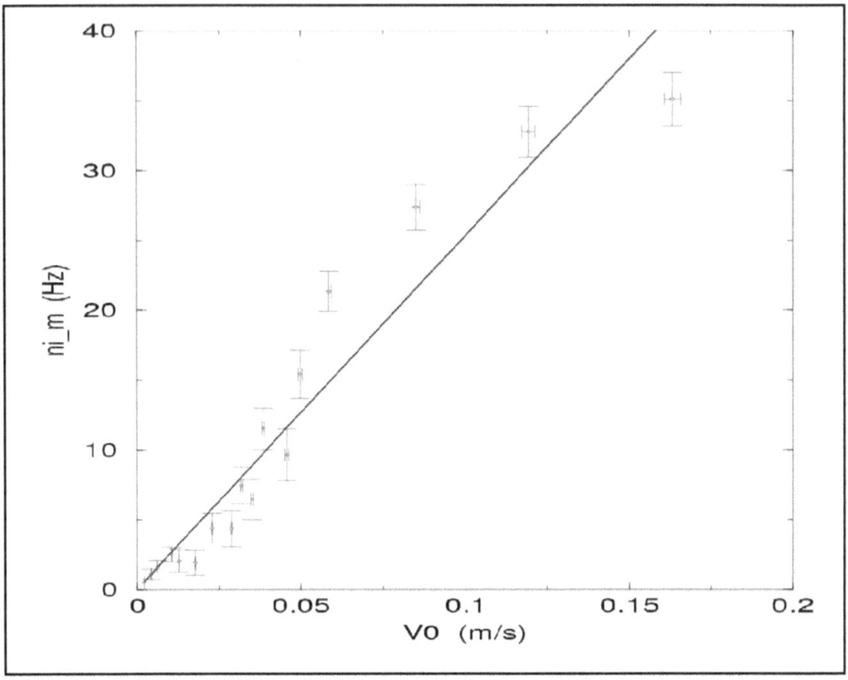

Figure 15 – Average period of stick-slip cycles as a function of the traction velocity.

Actually, the cycles are only quasi periodic for low traction velocities, while they become irregular increasing speed. The analysis of the time intervals has put into evidence that the dynamics goes through a series of progressive complications when the traction velocity V_0 passes some subsequent critical values. In particular, there is a first low velocity domain in which the cycles are approximately periodic and for which the period diminishes as the traction velocity is increased (Figure 16). This domain is followed by the appearance of sparse rapid events which have a period (here simply meaning the time interval between two subsequent events) that is a multiple of the fixed time interval 0.02s (Figure 17). The events of double or triple period become progressively more frequent leading to the establishment of an ordered structure with three possible periods, then they decrease again in frequency until a new regular regime is observed with substantially periodic events at the short time interval of 0.02s. This time interval does not change with traction velocity, until at higher speed; the cycles undergo a second bifurcation with the appearance of sparse events with a duration multiple of a new shorter fixed time interval which is about ten times shorter than the previous one. These measures are still in analysis, due to the increased difficulties of separating such a frequent series, but we can anticipate that a new structure is again developed. At higher velocities the acoustic signal is mixed to such an extent that we can not distinguish any event at the present state. However, at a traction velocity of 3 m/s the peeling becomes again stable without the crackling noise and it remains stable until the reach of the limit velocity given by the Rayleigh wave velocity in the crack surface.

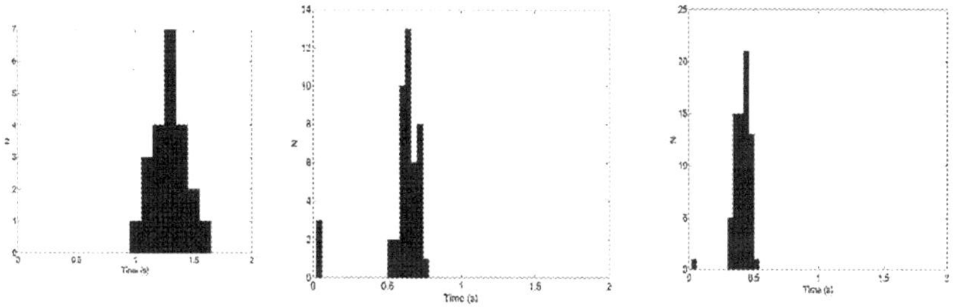

Figure 16 – Distribution of the time intervals for $V_0 = 2, 4, 6$ mm/s.

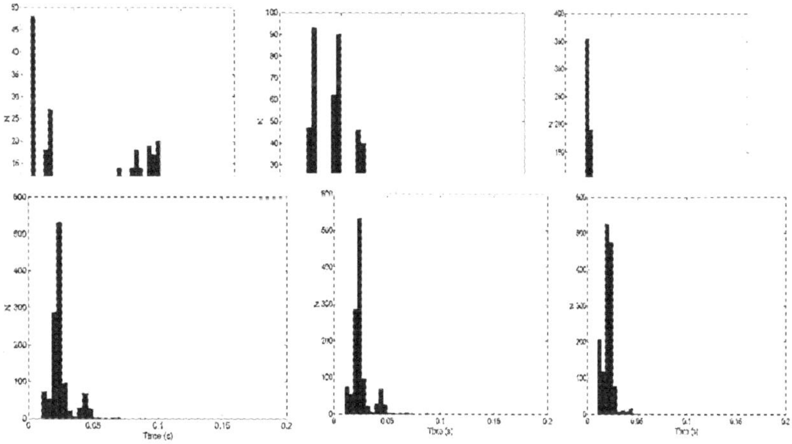

Figure 17 – Distribution of the time intervals for $V_0 = 2, 3, 4, 5, 6, 7$ cm/s.

We can resume complication cascade like follows:

- Up to 0.7 mm/s: stable peeling
- At 0.7 mm/s beginning of regular stick-slip. Time periods fall with growing traction velocity
- At 1 cm/s apparition of first multiplets with Δt » 0.02, 0.04, 0.06 s. The structure develops up to 3 cm/s, then it concentrates on the shortest interval
- At 6 cm/s apparition of sub-multiplets with Δt » 0.001, 0.002, 0.003 s. The structure develops, but the signal is lost at 10 cm/s
- At 3 m/s the peeling becomes again stable and humming up to the maximum traction velocity of the engine 6 m/s

Developments

Some numerical simulations of the stick-slip dynamics have been set up taking into special care the large variations of the peeling velocity during the cycles. Preliminary tests show that the simulations can accurately describe the low velocity regime and they also predict a series of bifurcations, which correspond to a progressively complicating dynamics. Although the simulated dynamics appears qualitatively different than the observed one, we are performing a new set of simulations which include the effective mechanical parameters of the experiment in order to verify if at least the location of the critical values of the bifurcations are reproduced.

The data are also being analyzed with a different approach, that is by a statistical analysis of the series of time intervals (figure 18), with the aim of investigating the correlation between subsequent cycles and extracting the predictive information hidden in the data (Packard et al., 1980).

In particular, we analyzed the series of time intervals of the data with V_0 = 3 cm/s, for which the intervals only have the three multiple lengths, denoted with letters *A*, *B*, *C*. A simple statistical analysis shows that the subsequent intervals are not independent, but they are neither well described by a first order Markov process. We are presently evaluating the predictive power of the series and the presence of nonlinear correlations by an evaluation of the embedding dimension.

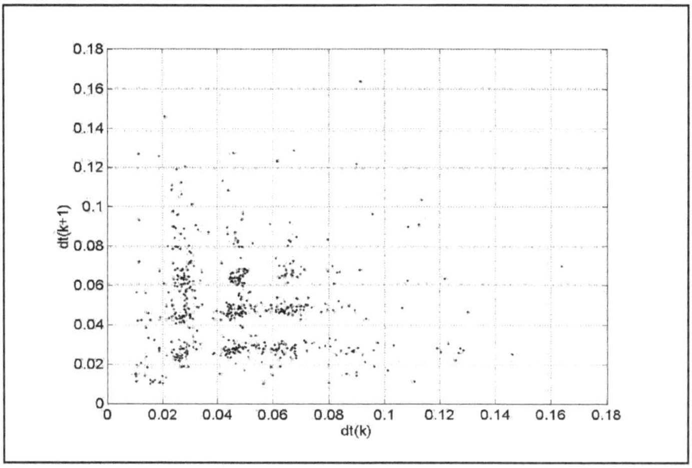

Figure 18 – Correlation between adjacent events of the three level structure (V_0 = 3 cm/s) in a phase space (t_n , t_{n+1}).

Conclusions

As we have seen, the main dynamical models constructed to explain the peeling evolution of an adhesive tape can predict correctly only the stationary behaviors and the approximately periodic stick-slip cycles. But when the stick-slip becomes very irregular the proposed models are insufficient also if we increase the number of degrees of freedom.

On the other hand, the results of new experiments show that the stick-slip dynamics is more rich and complicated than a simple bifurcation's route to chaos.

We observe hierarchical structures in a definite traction velocity range that can suggest the emergence of complexity, at least in qualitative sense, when a fracture is produced and evolves in a viscoelastic system.

Strong efforts are being spent in the direction of resolving the series of more rapid events associated to the higher traction velocities, to understand the complex dynamics which is progressively installing. The dynamical models predict a cascade of bifurcations leading to deterministic chaos. We do not have the classic cascade with Feigenbaum universality (Cvitanovic 1989), but it could be possible that the observed complex dynamics leads to time chaos. Another point of view could be statistical: for high traction velocities the peeling in the stick-slip regime could not any longer be described by dynamical equations, but would rather be the result of a large number of degrees of freedom cooperating to constitute a self-organized system in a critical state far from equilibrium. But, before venturing an interpretation, we must measure the other observables F, ω and, above all, the crack speed v. Furthermore, we must investigate the possible mathematical correlations of our time series of data. Finally, the goal would be to find a physical interpretation of the phenomenon or, more precisely, discovering the physical laws and equations that originate the observed fracture complex dynamics.

However, the peeling apparatus set up in the PMMH-ESPCI laboratory provides a good experimental model to study nonlinear phenomena in a fine way, following step by step the increasing instability and furnishing the suitable long time series of data.

At last, we want underline how a common scotch roller can be so enigmatic and full of mystery to justify the ancient saying "I know that I don't know". Perhaps this sentence could be the deep meaning of "complexity".

Acknowledgements: The authors thank a lot Michel Barquins and Denis Vallet for the kind hospitality at Laboratoire de Physique et Mécanique des Milieux Hétérogènes (PMMH) at the Ecole Supérieure de Physique et Chimie Industrielle de la Ville de Paris (ESPCI), and obviously for the intensive collaboration that produced the results related in this paper. We also had many useful discussions with Giorgio Turchetti of the Physics department of Bologna, Italy. A financial contribution was furnished by INFN – theoretical group – section of Bologna.

References

Atkinson B.K., 1987. *Fracture mechanics of rock*, Academic Press.

Aubrey D.W. and M. Sheriff, 1980. "Peel adhesion and viscoelasticity of rubber-resin blends", *J. Polymer Sci.* 18, p. 2597.

Badii R. and Politi A., 1997. *Complexity, hierarchical structures and scaling in physics*, Cambridge University Press.

Barquins M., 1994. "Le collage. Une alternative 'moderne' aux trois techniques classiques d'assemblage: rivetage, vissage et soudage". *Bulletin de l'Union des Physiciens* 88° année, p. 762.

Barquins M., Khandani B. and D. Maugis, 1986. «Propagation saccadèe de fissure dans le pelage d'un solide viscoelastique». *C. R. Acad. Sci. Paris* 303, p. 1517.

Barquins M., Boilot A., Ciccotti M. and A. Varotto, 1995. "Sur la cinetique de decollement d'un ruban adhèsif sous l'action d'un poids mort". *C. R. Acad. Sci. Paris* 321, p. 393.

Becker T. W., 2000. "Deterministic chaos in two State-variables Friction Sliders and the Effect of Elastic Interactions". In *GeoComplexity and the Physics of Earthquakes*. Geophysical Monograph 120. *Am. Geophys. Un.*

Ciccotti M., Giorgini B. and M. Barquins, 1998. "Stick-slip in the peeling of an adhesive tape: evolution of theoretical model". *Int. J. Adhesion and Adhesives* 18, p. 35.

Cvitanovic P., 1989. *Universality in Chaos*. Adam Hilger.

D'Alessandro G. and Politi A., 1990. "Hierarchical approach to complexity with applications to dynamical systems". *Phys. Rev. Lett.* 64, p. 1609.

De Gennes P. G., 1979. *Scaling concepts in polymer physics*. Cornell University Press.

Eckmann J. P. and Ruelle D., 1985. "Ergodic theory of chaos and strange attractors". *Rev. Mod. Phys.* 57, p. 617.

Ferry J. D., 1980. *Viscoelastic properties of polymers*. John Wiley & Sons.

Gallagher R. and Appenzeller T., 1999. "Beyond reductionism". *Science* 284, p. 79.

Hong D. C. and S. Yue, 1995. "Deterministic chaos in failure dynamics: dynamics of peeling of adhesive tape". *Physical Review Letters* 74, p. 254.

Kendall K., 1975. "Thin film peeling, the elastic term". *J. Phys. D: Appl. Phys.* 8, p. 1449.

Kinloch A. J. and R. J. Young, 1983. *Fracture Behaviour of Polymers*. Applied Science Publishers.

Livi R., Ruffo S., Ciliberto S. and M. Buiatti, 1988. *Chaos and complexity*. World scientific.

Livi R., Parisi G., Ruffo S. and A. Vulpiani, 1986. "Il computer da abaco veloce a strumento concettuale". In *Il Ponte*, luglio/ottobre.

Lunedei E., 2001. *Modellizzazione ed analisi dei dati in un esperimento di dinamica delle fratture. Tesi di Laurea*. Dipartimento di Fisica. Bologna, Italy.

Main I., 1996. "Statistical physics, seismogenesis and seismic hazard". *Revs. of Geophys.* 34, p. 433.

Maugis D. and M. Barquins, 1978. "Fracture mechanics and the adherence of viscoelastic bodies". *J. Phys. D: Appl. Phys.* 11, p. 1989.

Maugis D. and M. Barquins, 1988. "Stick-slip and peeling of adhesive tapes". In K. W. Allen (ed.), *Adhesion 12*, Elsevier Applied Science, London, p. 205.

Maugis D., 1987. "Propagation saccadée de fissure en pelage, rôle de l'inertie". *C. R. Acad. Sci. Paris* 304, p. 775.

Nicolis G. and I. Prigogine, 1989. *Exploring complexity*. W. H. Freeman and C.

Packard N. H., Crutchfield J. P., Farmer J. D. and R. S. Shaw, 1980. "Geometry from a time series". *Phys. Rev. Lett.*, 45, no. 9, p. 712.

Parisi G., 1992. *Order, disorder and simulations*. World Scientific.

Peliti L. and A. Vulpiani, 1987. *Measures of complexity*. Lectures Notes in Physics. Springer-Verlag.

Ruelle D., 1987. *Chaotic evolution and strange attractors*. Cambridge University Press.

Sethna J.P., Dahmen K.A. and Myers C.R., 2001. "Crackling noise". *Nature* 410, no. 6825, p. 242.
Scholz C.H., 1990. *The mechanics of earthquakes and faulting*. Cambridge University Press.
Vallet D., Ciccotti M., Giorgini B. and M. Barquins, 2001. «La dynamique de Stick-Slip dans le pelage d'un ruban adhesif». In Y. Pomeau et R. Ribotta (eds.). *Comptes rendus de la quatrième Rencontre du Non-Linéaire*. Non Linéaire Publications, Paris (2001), pp. 249-254.
Yates F.E., 1987. *Self-organizing systems: the emergence of order*. Plenum. New York.

Stabilité structurelle et morphogenèse: quelques remarques

Marc CHAPERON
Université Paris 7 – Institut de Mathématiques
Equipe Géométrie et Dynamique
Case 7012 – 2, place Jussieu, 75251 Paris Cedex 05

Abstract: In this very short note, we try to explain why the description of morphogenesis is hard, even from a mathematical viewpoint. Our thesis is that Thom's fundamental work Structural stability and morphogenesis, if it does not really solve the problem, does give many fascinating indications, which may have been neglected in recent years.

La morphogenèse, c'est-à-dire la manière dont les formes naissent et se modifient, figure indiscutablement parmi les problèmes devant lesquels la science se trouve le plus démunie. Il faut en tenir compte dans toute lecture de l'ouvrage fondateur de René Thom, *Stabilité structurelle et morphogenèse* (1972). Plus que des clefs, son auteur propose des *pistes*: partant d'une œuvre largement consacrée à la morphogenèse en mathématiques, il met en regard les formes ainsi obtenues et celles que l'on observe dans la nature, présentant une sorte de catalogue de voies à explorer.

Les premiers lecteurs, pour la plupart, ne l'ont pas compris, qui oscillaient entre un enthousiasme peu éclairé («tous les problèmes abordés dans l'ouvrage y trouvent une solution satisfaisante») et un scepticisme non moins excessif («Thom a pris ses désirs pour des réalités»).

Trente ans plus tard, il serait temps d'explorer les voies proposées par Thom. C'est un travail scientifique. Le présent exposé y est une introduction assez simplette...

Un des exemples les plus élémentaires de morphogenèse (animale, si l'on pense à la mitose des paramécies) pose un problème de modélisation mathématique car un ensemble d'une seule pièce («connexe») s'y transforme en un ensemble composé de deux morceaux. Si J désigne l'intervalle de temps concerné, il est donc impossible de trouver un espace topologique compact X et une application continue f de J × X dans l'espace euclidien tels que là où les paramécies considérées soient, à chaque instant t, l'ensemble des $f(t, x)$ avec x dans X et qu'en outre chaque f soit, à t fixé, une application injective.

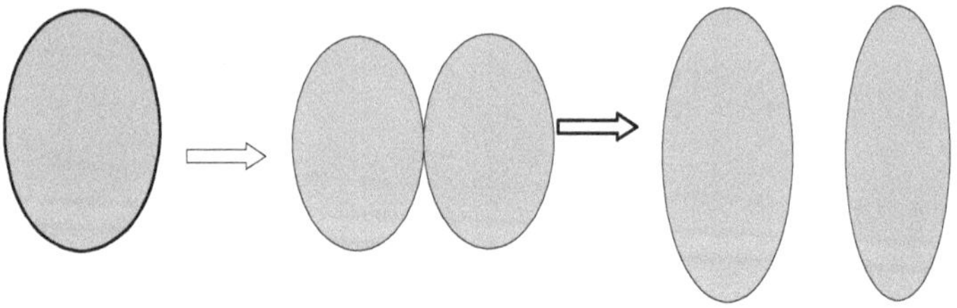

une paramécie deux paramécies

Figure 1

Le même problème survient en mécanique des milieux continus, quand on veut modéliser l'apparition de fissures dans un solide:

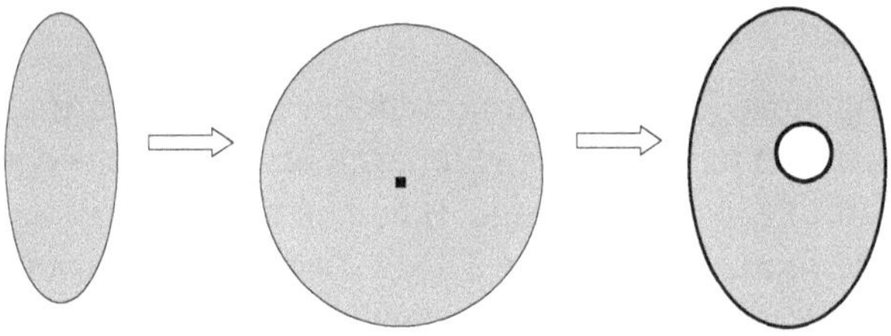

Figure 2

A l'instant de la fissuration, le solide change de forme, puisqu'un «trou» apparaît qui n'existait pas auparavant. Or, pour tout point x du solide à l'instant initial, si l'on désigne par $f(t, x)$ sa position à l'instant t, le formalisme de la mécanique des milieux continus repose sur les deux hypothèses suivantes:

(i) l'application f ainsi définie est continûment différentiable;
(ii) pour tout t, l'application qui à x associe $f(t, x)$ est un plongement.

Ces hypothèses excluent tout changement dans la topologie du solide, c'est-à-dire que le moment de la fissuration échappe à une telle analyse.

Quand les formes changent, elles se prêtent donc très mal à une modélisation comme images *directes* d'applications, modélisation qui suppose la forme connue à chaque instant et évacue donc le problème de la morphogenèse.

En revanche, il est très facile d'obtenir les formes de la figure 1 comme images *inverses*: par exemple, si T est un tore de dimension 2 (un «pneu») posé (comme il se doit) verticalement sur le sol, l'ensemble $N(h)$ des points de T situés à la hauteur h au-dessus du sol varie comme suit:

- pour $h < 0$, il est vide;
- pour $h = 0$, c'est un point;
- pour $0 < h < a$, où a est le niveau le plus bas du «trou», c'est une courbe fermée (topologiquement, un cercle) analogue au bord de la paramécie avant mitose;
- pour $h = a$, il ressemble au bord de la (des) paramécie(s) au moment de la mitose;
- pour $a < h < b$, où b est le niveau le plus haut du «trou», $N(h)$ est formé de deux courbes fermées, comme le bord des paramécies après mitose.

La topologie différentielle, où René Thom s'est illustré, fournit donc des modèles mathématiques de la morphogenèse. Nous en verrons d'autres.

Répétons que la morphogenèse est un des problèmes physiques le moins étudié. En l'état actuel de nos connaissances, des «modèles» comme le précédent ne sont pas des modèles au sens de la physique sérieuse, mais on peut espérer que certains d'entre eux constituent le point de départ qui jusque-là faisait défaut à celle-ci: à l'origine d'une théorie physique se trouve bien souvent l'analogie entre les observations effectuées et les phénomènes mathématiques «en stock». C'est, je crois, un tel «stock» que *Stabilité structurelle et morphogenèse* prétendait constituer. Il a depuis lors été considérablement augmenté, en particulier par V.I. Arnold et ses élèves.

Tout un pan de l'ouvrage repose sur l'idée que les «parois» qui délimitent les formes biologiques (êtres vivants, cellules, etc.) sont des *ensembles de Maxwell*: si E désigne l'espace euclidien (ou l'espace-temps), Thom postule l'existence d'une variété X et d'une fonction réelle (très) différentiable V sur $E \times X$ telles que la paroi considérée soit l'ensemble de Maxwell de V; en désignant par $V(p)$ la fonction réelle qui à x associe $V(p, x)$, il nomme ainsi l'ensemble des points p de E tels que la fonction $V(p)$ atteigne son minimum absolu en plus d'un point de X, ou en un point x où la dérivée seconde $V(p)''(x)$ soit dégénérée.

Ce «modèle» explique l'importance accordée par Thom aux *catastrophes élémentaires*, c'est-à-dire aux singularités *génériques* (inévitables) de familles de potentiels dépendant d'au plus quatre paramètres (l'espace-temps est de dimension 4).

L'origine historique de la terminologie se trouve en thermodynamique classique, où la «règle de Maxwell» (Thom parle de «convention de Maxwell») aboutit aux classiques diagrammes de phases – et à la règle des phases de Gibbs:

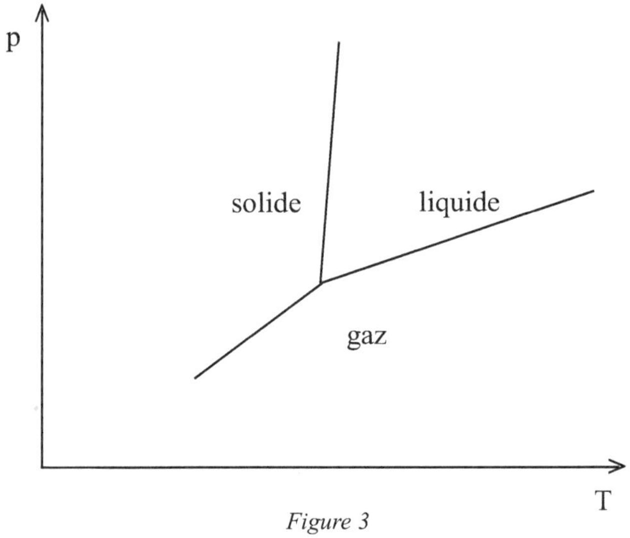

Figure 3

A sa manière elliptique, Thom suggère donc une «spatialisation» de la thermodynamique classique, théorie éminemment non spatiale (le diagramme précédent est tracé dans un espace qui n'a rien à voir avec «le nôtre»).

La théorie des singularités permet de savoir à quoi ressemblent en général les ensembles de Maxwell. En dimension 2, la figure 3 en fournit un bon exemple. En dimension 3, on observe de même des arêtes de points triples (où trois minima non-dégénérés sont en compétition, comme au point triple de la figure 3) et des points quadruples, où le conflit a lieu entre quatre minima non-dégénérés.

La mathématicienne américaine Jean Taylor a montré que les surfaces minimales (réalisables expérimentalement par des pellicules d'eau savonneuse) présentaient génériquement de telles singularités, ce que Thom ne manque pas de signaler. Même dans un problème aussi mathématique, la remarque reste pour l'instant de l'ordre de l'analogie: loin de faire apparaître les surfaces minimales comme des ensembles de Maxwell, Jean Taylor adopte une démarche classique en calcul des variations. Elle commence par minimiser l'aire dans un monstrueux espace «fourre-tout», formé de *varifolds* (objets dont la topologie n'est pas limitée *a priori*, ce qui évite les difficultés soulevées au début de cet exposé), puis montre que l'objet d'aire minimale dans cet espace n'est pas si monstrueux. Cette approche étant extrêmement technique, l'idée d'obtenir les surfaces minimales comme ensembles de Maxwell est un rêve tentant, mais elle reste de l'ordre du rêve… Thom termine d'ailleurs son ouvrage par cette phrase, typique de son mélange de modestie et d'orgueil: «Au moment où tant de savants calculent de par le monde, n'est-il pas souhaitable que d'aucuns, qui le peuvent, rêvent?».

Plus généralement, ces singularités sont celles des surfaces à courbure moyenne constante comme les parois des cellules vivantes (ainsi que l'a remarqué D'Arcy Thompson)… ou les bulles de savon, comme on le voit en agitant une bouteille de shampoing.

On a reproché à Thom et Zeeman de plaquer des modèles géométriques sur diverses situations sans chercher à en comprendre la structure interne. Leur attitude était pourtant assez largement justifiée par l'ignorance presque totale dont nous avons parlé. En psychanalyse, par exemple, je reste persuadé que ces modèles (par exemple celui de l'anorexie par Zeeman) valent infiniment mieux que la plupart des discours et peuvent conduire à de réels progrès.

Les conquêtes spectaculaires de la biologie moléculaire ont quelque peu rejeté dans l'ombre les tentatives (dont celle de Thom) de s'attaquer au macroscopique, mais il faudrait être bien naïf pour prétendre connaître celui-ci uniquement à partir du microscopique: même le plus simple des problèmes de ce type (reconstituer la thermodynamique d'un gaz parfait à partir de la mécanique de ses molécules) n'est toujours pas résolu.

Feynman l'a fort bien dit dans son discours de réception du prix Nobel: les niveaux de la physique (le très petit, le moyen et le très grand) ne communiquent que partiellement entre eux et chacun de ces niveaux, comme dans le passé, mérite toute notre attention. Le clonage de brebis, voire d'animaux (encore) supérieurs, ne doit pas nous dissimuler notre ignorance profonde des mécanismes de différenciation cellulaire qui aboutissent à un organisme aussi complexe à partir d'une cellule unique. Il n'est pas certain que la géométrie n'ait pas un rôle déterminant à jouer si l'on veut lever cette ignorance. La piste, en tout cas, mérite d'être explorée; je ne suis pas sûr qu'elle l'ait été avec toute l'attention requise.

Conclusion

A une époque où les machines font déjà beaucoup mieux que notre cerveau gauche, Thom affirme au fond la primauté de ce qui fait défaut à ces machines: notre cerveau droit, celui de la compréhension globale... et de la géométrie. C'est cette position de David géomètre face au Goliath algébriste, assumée (et avec quel succès!) pendant toute une vie de très grand mathématicien, qui reste d'actualité. Les détails, les modèles peut-être parfois hâtifs, n'ont que peu d'importance: Thom ne nous rappelle-t-il pas, citant Valéry, que «la vie n'a pas le temps d'attendre la rigueur»? Restent l'idée simple et indiscutable que seul se produit l'inévitable (ou plutôt ce qu'il aurait fallu faire un assez grand détour pour éviter), et une œuvre mathématique largement consacrée à le décrire et à le classifier.

Eléments pour une biologie théorique

Claude Paul BRUTER
Université de Paris XII – Val-de-Marne
Département de Mathématiques et Informatiques
61, avenue du Général de Gaulle, 94010 Créteil Cedex, France

Abstract. Some principles, such as the principle of stability and the principle of similarity are active in the unfolding process of living systems. They are illustrated through the abridged description of some qualitative patterns of evolution and organization of general or more peculiar nature. The phenomenon of consciousness is introduced.

1. Motivation

Les plus avisés jugeront peut-être qu'il faut beaucoup d'audace ou d'inconscience pour s'aventurer à traiter de l'emploi des mathématiques en biologie, tant ces domaines de la science paraissent éloignés l'un de l'autre. L'une des motivations pour se lancer dans cette entreprise vient du souci de comprendre les raisons et les modes de fonctionnement de notre activité intellectuelle telle qu'elle s'exerce dans les sciences d'apparences les plus abstraites. Comme cette activité est le fait et l'expression de ce qu'on appelle le vivant, il convient de commencer par essayer de comprendre ce dernier monde.

Etant données la difficulté de la tâche, son ampleur, il s'avère nécessaire de cerner les différents problèmes que l'on pourra rencontrer et, pour tenter de les résoudre, de réfléchir sur des méthodes et des procédures d'attaque, de rechercher des lignes directrices et des facteurs essentiels du développement.

On peut être tenté, comme dans les branches spécialisées de la physique où l'on parvient à établir des lois spécifiques, d'étudier des secteurs particuliers du vivant pour fabriquer, à leur propos, des représentations opératoires. On ne cesse d'essayer de progresser dans cette direction.

Mais tout comme en mathématiques et en physique, où la création de théories synthétiques, englobantes, unificatrices, apporte une intelligibilité supérieure et permet d'accomplir de nouveaux progrès, il faut aussi s'efforcer, dans l'étude du vivant, avant de se lancer à corps perdu et souvent en vain dans le calcul et le maniement formel, de rechercher les principes actifs et unificateurs, qui transcendent les particularismes pour mieux éclairer les raisons de fond qui justifient leur présence et leur organisation.

Les quelques lignes qui suivent sont le reflet de ces préoccupations.

2. Des méthodes

On ne se lassera pas d'admirer les vertus de la méthode analytique. Nous lui devons en grande partie le pouvoir d'agir, de modifier, de construire, et par conséquent les plus belles de nos réussites matérielles. Cette méthode est violente dans son principe. Elle consiste à briser, fracturer, casser pour découvrir ce qui est caché à l'intérieur de la boîte, du jouet. Elle semble être, au premier abord, une méthode de sauvage et de vandale, ou même l'expression d'une attitude enfantine. Et va que je te casse la molécule, que je te scalpe la drosophile. Mise en des mains habiles et attentives, la méthode est une procédure de descente d'une remarquable efficacité. Elle finit par décomposer l'objet d'étude en pièces significatives et fonctionnelles; elle conduit à préciser les propriétés et notamment le rôle de chacune de ces pièces, de chacun de ces rouages. Vous devenez capables de dire: «perturbez de telle façon le fonctionnement de ce ou de ces gènes, et vous obtiendrez ce résultat». Ainsi parvient-on à analyser une bonne part de la mécanique des mondes physiques et vivants.

La méthode présente un défaut. Il peut être d'une gravité infime, ou majeure: casser s'accompagne toujours de *pertes* tant de matière que de liant, de sorte que la reconstitution à l'absolument identique est en toute rigueur impossible. De là vient que si la méthode analytique permet l'intelligence du fonctionnement local, elle ne permet pas en général de reconstituer la genèse et l'évolution de l'objet jusqu'à son état actuel. Alors que ces derniers processus sont étendus dans le temps, les ruptures créées dans l'emploi de la procédure analytique sont brutales par nature et souvent irréversibles.

Or comprendre un objet, c'est, en définitive, être capable d'en reconstituer la totalité de l'évolution, d'en créer une image parfaite, un sosie, un double complet, un frère jumeau. «Toute compréhension vraie est généalogique» affirmait Darwin. A mon sens, l'un des buts principaux de la biologie théorique est de fournir des moyens conceptuels pour parvenir à comprendre au sens précédent le vivant.

Il importe notamment de déceler les *principes actifs* qui président à la création du vivant et à son évolution. En physique, la découverte de tels principes actifs est assez récente, et continue de faire l'objet d'investigations. Ces principes sont donnés sous la forme de champs physiques, de règles passives comme la conservation de cette entéléchie appelée l'énergie, et de règles actives comme celle qui impose que toute évolution s'effectue à moindre dépense d'énergie. La donnée de ces principes et des modalités locales de leur application permet d'établir, avec plus ou moins de certitude, le cours de certaines évolutions. La biologie théorique cherche à mettre en œuvre des procédures analogues. Dans le cadre de cette discipline, les mathématiques, comprises au sens large du terme, caractérisées alors par la donnée d'algorithmes et de chaînes d'assertions liées entre elles par des relations de causalité rationnelle, se proposent d'apporter leur contribution à la réalisation de l'image, une image transmissible, codée sans doute par le nombre, susceptible ainsi d'être transportée rapidement d'une région quelconque de l'espace-temps dans une autre. Si les conditions s'y prêtent, elle pourra alors, éventuellement, être matérialisée, incarnée. Deux personnes virtuelles pourront se croiser dans l'espace, sans ou avec interférences: la question délicate des relations humaines prendra de nouvelles formes.

3. Des principes

A l'arrière-plan des objectifs que l'on peut fixer pour la biologie théorique, un concept métaphysique simple et principal semble être à l'œuvre.

Ernst Jünger opposait, davantage encore qu'il ne les distinguait, deux modes de connaissance, celui par révélation, et celui par raisonnement. Il n'est pas certain que cette distinction soit toujours aussi radicale que ne le pensait Jünger, dans la mesure où la connaissance par révélation serait établie sur de l'inné, alors que la connaissance par raisonnement reposerait sur de l'acquis. Il semble en effet toujours exister des marches, des zones limitrophes, membranaires, à travers lesquelles s'opèrent des transferts et des changements de statut. A des rythmes différents, au fil des siècles et des millénaires, des parts d'acquis franchiraient ainsi des cols pour accéder au royaume de l'inné. Alors, des connaissances au caractère privilégié, obtenues dans le passé par raisonnement, finiraient par devenir innées.

Naturellement, ce sont d'abord les connaissances fondatrices de la stabilité de l'être qui peuvent prétendre à ce statut privilégié. Ces connaissances s'ordonnent sans doute selon divers critères dont les premiers à prendre en considération sont de nature spatio-temporelle. Si l'on s'en tient à ce premier critère rudimentaire, un ordre trivial, mais essentiel, est celui donné par le filtre des voisinages spatio-temporels de l'être.

Parmi les caractères extrêmes de ce filtre, considéré dans toute son étendue potentielle, figure l'élément singulier et la totalité. Il est remarquable que, dans les cas purs, l'élément singulier soit en quelque sorte l'image concentrée de la totalité. Une forme de dualité imparfaite semble prendre corps entre la singularité et la totalité. On voit d'abord souvent, par sortes de bifurcations et de métamorphoses successives, la singularité se déployer en une totalité composée de parties intermédiaires et fonctionnelles, possédant une part d'autonomie apparente. Ce déploiement s'accompagne d'une saisie, d'un accaparement, d'une occupation de l'espace, soit effective, soit potentielle. La totalité semble alors être fille de la singularité. Il est remarquable de trouver dans la philosophie de Proclus (Ve siècle) l'expression de la potentialité de la singularité à travers ces mots: «C'est selon la puissance que l'être authentique est infini. Aussi est-il indivisible, et infini sous le même rapport. Et plus il est un et plus il est indivisible, plus il est infini.»

Il arrive, inversement, que la totalité se disloque, se fragmente, se dissocie en parties de plus en plus stables, de plus en plus fines et homogènes, indépendantes les unes des autres, quoique dans leur ensemble elles restent soumises aux influences de mêmes champs. En ce cas, chaque partie tend à acquérir le statut d'élément singulier potentiel. Au cours de ce processus de dissociation, chaque nouveau fragment issu de la partie plus complète à laquelle il appartenait possède, à travers son organisation propre, quelques éléments d'une forme des souvenirs de son état antérieur. Il semble qu'en fin de processus de dissociation, la mémoire de la totalité originelle soit totalement effacée, et que seul l'espace effectif occupé par la totalité soit conservé, au moins en partie.

La question se pose à nouveau de savoir si ce milieu dissocié est reconstructible de manière spontanée ou non à partir de ses éléments. La réponse est en général négative puisque la dissociation complète s'accompagne d'une perte souvent irrémédiable de facteurs constitutifs du tout. La reconstitution n'est pas possible sans l'action de quelque *deux ex machina* qui permet de replacer les éléments dans les conditions originelles à partir desquelles la totalité a pu se développer, sans des apports extérieurs à partir desquels les facteurs évanouis sont rétablis.

Une forme quelque peu rustre d'idéalisation mathématique pousserait à associer les nombres 0 à la singularité et 8 à la totalité. Une telle représentation manquerait de pertinence. Dans le monde physique et dans celui des règnes qui déploient ce monde, les représentations sont toujours des fibrés, dont la base est en général un espace topologique du style R^4. Les fibres F_P au-dessus de chaque lieu P représentent un certain nombre de propriétés physiques potentielles en ce lieu, choisies en fonction de nos connaissances, de notre expérience, et de leur pertinence pour l'étude du phénomène et des comportements que l'on souhaite maîtriser. Par exemple dans les cas classiques les plus simples, un voisinage d'un lieu est porteur d'une énergie permettant de définir une métrique locale, ou bien possède des groupes de symétries locales. Dans la réalité biologique les choses sont complexes. Les propriétés des fibres peuvent considérablement changer quand on passe d'un point à un autre. Ces fibres sont en général davantage que des espaces stratifiés dans la mesure où elles sont elles-mêmes des tours de fibrés, où apparaît une sorte de récurrence sous la forme chaque fibre est une variété à bord, qui est elle-même un espace fibré, ou encore un fibré d'ordre n est tel que sa base soit presque partout un fibré d'ordre n-1. C'est dans ce cadre général que les interactions se devraient d'être précisées.

Notons au passage que l'analyse classique, telle qu'elle a été conçue par les mathématiciens de la fin du XVIIe et au début du XVIIIe, en particulier par Leibniz, le marquis de l'Hospital et Varignon, se rapporte au cas extrême caractérisé par la plus grande simplicité et homogénéité des fibres. Elle permet de répondre de manière positive à la «demande», en 1696, du marquis de l'Hospital «qu'on puisse prendre indifféremment l'une pour l'autre deux quantités qui ne diffèrent entre elles que d'une quantité indéfiniment petite». Cette demande, reprise un siècle plus tard par L. Carnot, permet à Varignon, en 1698, d'écrire que «cette vitesse (y), dans chaque instant pouvant être regardée comme uniforme, parce que $y \pm dy = y$». Elle est en fait conçue comme un axiome à partir duquel sera déroulé le calcul infinitésimal de manière convaincante.

Il n'est pas interdit de penser qu'il faut peut-être se placer dans un cadre moins simple lorsqu'on traite, par exemple, de l'infiniment petit. Souvenons-nous de la Dissertation inaugurale de Riemann: «il semble que les concepts empiriques, sur lesquels sont fondées les déterminations métriques de l'étendue, le concept du corps solide et celui du rayon lumineux, cessent de subsister dans l'infiniment petit. Il est donc très légitime de supposer que les rapports métriques de l'espace dans l'infiniment petit ne sont pas conformes aux hypothèses de la Géométrie, et c'est ce qu'il faudrait effectivement admettre, du moment où l'on obtiendrait par là une explication plus simple des phénomènes.» Aussi peu d'étendue qu'elle en possède, aussi faible ou aussi étendu soit le voisinage du lieu qu'elle occupe et qui est l'espace déformé par son passage, la «particule», par ses propriétés physiques, par celles de son déplacement, exerce des déformations topologiques et des effets sur son voisinage qui peuvent être accessibles ou non. R. Penrose, dressant l'inventaire des mystères de la mécanique quantique, a pour avis que cette théorie est incomplète. C'est en effet l'impression qu'on retire de son examen; une connaissance morphologique meilleure des évènements, certes pour l'instant presque toujours inaccessible, est peut-être un préalable à toute autre forme de progrès – on commence à «voir» l'électron. La particule, qui a un spin, a-t-elle quelque rapport avec un tourbillon cartésien, est-elle l'œil de quelque cyclone, est-elle une singularité quelque peu épaissie, munie d'un groupe de monodromie très riche?

Le *principe métaphysique de stabilité* peut être posé comme l'un des principes constitutifs intrinsèques à tous les objets de la Nature. Je n'existe que parce que je suis stable. Je disparais si je suis déstabilisé. Il y a là une tautologie. Le fait encore inexplicable est le principe actif, moteur, associé à la stabilité, le *vouloir* persévérer de chaque objet, comme si chacun d'eux avait une forme de conscience, de représentation personnelle de son état, au point d'être capable de trouver des parades, de mener des actions et opérer des transformations à des fins défensives, sinon, de manière prévisionnelle, offensives. Ce vouloir persévérer est un fait du monde vivant, du monde cellulaire, que les biologistes observent et dont ils s'efforcent de décrire les stratégies et les moyens. S'il est bien difficile de parler d'une conscience des objets du monde physique, on ne peut que constater que leur manière de réagir tient compte des rapports de forces qui existent entre ces objets, établis entre autres en fonction de leurs propriétés intrinsèques, et qui régissent leur stabilité. Le vivant se distingue du physique par cette capacité de plus en plus affirmée à mettre en œuvre, de façon de plus en plus autonome, des procédures évolutives capables de maintenir les êtres en leur état.

Ce principe de stabilité ne peut se déduire d'aucune théorie mathématique actuelle. Ceux qui veulent voir dans les *mathématiques* l'expression d'un univers d'idées platoniciennes, qui régenteraient *seules* le monde, ont alors une vision de cet univers pour le moins incomplète. Le principe de stabilité est un principe actif, moteur; les manières diverses dont on l'emploie, au caractère heuristique, reflètent les non moins différentes facettes de son déploiement.

On peut concevoir que, du principe de stabilité, découlerait cette règle générale de dépense minimale qui pèse sur toute évolution, règle qui se présente sous la forme plus générale d'un *critère d'extrémalité.* Si un objet, pour se maintenir en l'état, a besoin d'un apport d'énergie extérieure, il encourra le risque d'être déstabilisé d'autant plus fortement que sa quête d'énergie s'avèrera difficile, et l'une des premières raisons de difficulté qui peut se présenter réside dans la quantité d'énergie dont il a besoin.

Ce type de justification sera sans doute parfois combattu; il semble inspiré par l'anthropocentrisme et le finalisme, on ne part pas des données du règne physique pour essayer d'inférer des propriétés des règnes suivants, on procède au contraire à l'inverse. Il ne semble pas que cette démarche soit fausse dans la mesure où l'on peut concevoir un règne donné comme un déploiement du règne qui le précède sur l'échelle temporelle, déploiement qui contribue à mettre à jour les raisons qui font passer d'une étape à la suivante. Le principe de stabilité est bien un principe de nature finaliste qui semble transcendant à tous les objets de la nature. Le contrecarre le fait que l'accroissement de la stabilité de l'un peut nuire à la stabilité de l'autre. De ces oppositions et de la souplesse des structures résulte l'évolution.

Le *principe du semblable* ou du *même*, dans ses nombreuses variantes et extensions, auquel se rattachent par exemple les phénomènes grégaires, ceux du mimétisme, ou bien la démarche de progression par analogie, est, avec celui encore plus fondamental de stabilité, l'un des grands principes de constitution des objets. De façon très élémentaire, en s'alliant avec le même, en acceptant de ce fait de perdre une part de son autonomie, l'objet renforce sa capacité de pérennité. Il existe donc un lien profond entre le principe de stabilité et celui du même. Le principe du même constitue une réponse générique au principe de stabilité, une sorte de corollaire de ce principe. On peut donc considérer les deux principes comme inséparables.

Nos connaissances sur les procédures d'alliance restent confuses. Dans le domaine physique, caractérisé par l'homogénéité des milieux et le nombre énorme des participants, quelques-unes de ces procédures sont bien cernées. On a par exemple fabriqué des entéléchies appelées champs de forces, et des règles quantifiées d'action de ces champs selon lesquelles les alliances se constituent et sont décrites. Mais le fait de dire qu'existent des champs de forces n'explique en rien les raisons de ces alliances. Un autre processus d'alliance a été décrit, peut-être en certains cas à l'arrière-plan du précédent, qui donne davantage le sentiment de comprendre ce qu'il advient: c'est le processus d'alliance par résonance. Il repose sur le phénomène vibratoire et magique, tel que celui qu'on rencontre en électromagnétisme: un objet source émet, se propageant dans un espace donné, une vibration à une fréquence donnée; situé dans cet espace, un objet récepteur est frappé par cette vibration et se met à son tour à vibrer à la même fréquence. Ceci implique que l'objet récepteur possède *a priori* un ensemble *T* de transformations *potentielles* internes qu'une excitation extérieure pourra mettre en activité. L'accrochage de l'objet récepteur sur l'objet source fait appel à l'énergie de l'objet source. Si l'objet source ou l'objet récepteur éprouvent, pour des raisons diverses, la nécessité par exemple de minimiser les dépenses d'énergie tout en augmentant l'importance de la vibration, alors un mouvement de rapprochement spatial peut s'amorcer entre les deux objets. L'établissement du lien entre la source et le récepteur est analogue à la création d'un fil pesant qui les relie, le point le plus bas du fil représentant l'attracteur vers lequel les deux objets vont se déplacer.

La différence entre le monde physique et le monde du vivant tient notamment à l'émergence et au développement, au sein de ce dernier monde, de la prise de conscience du rapprochement et de ses modalités. Les propriétés du monde vivant résultent souvent d'un déploiement de potentialités comprimées dans le monde physique; aussi, la compréhension fine de certains mécanismes physiques peut-elle être déduite de l'observation des comportements du vivant. Dans ce monde, un processus d'alliance présuppose l'aptitude à reconnaître l'autre, et par conséquent une représentation de l'autre, une capacité de mémorisation et d'identification à l'autre. Les manifestations de ces trois fonctions sont aisément reconnaissables chez les êtres vivants supérieurs. En particulier, parmi les caractéristiques importantes de l'évolution de l'homme et de la société humaine, figure le développement considérable de leurs capacités de représentation et de mémorisation. Des facteurs très divers, ayant bien sûr leur source dans le principe de stabilité, ont concouru à ce développement; on peut les ranger, très grossièrement, en deux classes interdépendantes : d'une part celle des facteurs intellectuels, conceptuels, d'apparition récente à l'échelle des temps, celle d'autre part des facteurs physiques, matériels et techniques.

La reconnaissance de l'autre suppose le transport d'éléments d'identification, de traits, de codes, grâce auxquels il pourra être identifié.

Ces signes ne sont que des indicateurs, des révélateurs, des symboles du résultat de processus complexes d'évolution. Les vibrations électromagnétiques, leur rayonnement anisotrope, assurent le transport naturel le plus stable et le plus lointain dans tout l'espace. Même s'ils ont une portée infime comparée aux précédents, d'autres phénomènes vibratoires plus grossiers par leur support, tels que celui lié à la propagation des sons, sont d'un grand usage dans le règne animal. L'importance du phénomène vibratoire s'efface devant celle du support matériel lorsque le transport est accompli par simple diffusion dans le cas chimique. Si, dans les situations qui viennent d'être évoquées, la reconnaissance est essentiellement passive, elle devient au contraire principalement active et locale dans le cas du toucher, plus généralement par simple contact matériel.

La capacité à établir de manière rapide des codages efficaces et opérationnels des objets et des processus est un atout essentiel dans la recherche et l'obtention de la stabilité spatio-temporelle. Dans cette optique, la mathématique doit être comprise, en partie et en partie seulement, comme une science du codage. Il s'agit alors pour elle d'établir des codes et des procédures de codage universels. Comme nous l'avons déjà suggéré, l'un des propos de la biologie théorique est de mettre à profit ces outils pour façonner une représentation des êtres vivants, représentation que l'on peut qualifier d'êtres vivants virtuels, capables de se développer et d'évoluer au même titre que les êtres vivants incarnés, et susceptibles d'être diffusés à travers tout l'espace, de la manière la plus rapide qui soit. Un codage du vivant permettrait d'atteindre cet objectif.

Mais il est un autre aspect des mathématiques dont l'utilité n'est pas moins importante. Dans sa partie topologique et géométrique notamment, la mathématique donne une représentation abstraite d'un monde physique parfois restreint, simplifié et idéal, sur lequel le mathématicien opère des expériences de pensée. Ces expériences se présentent souvent sous la forme de montages, de constructions. Le mathématicien les caractérise par la description de propriétés diverses dont il s'efforce de justifier la présence. Ces schémas abstraits ont une ubiquité intrinsèque qui leur permet de s'incarner dans des univers matériels très variés; leur emploi *a priori* peut éclairer le mode de mise en œuvre de certains processus, ou mettre en évidence des structures communes qui font apparaître des similarités fonctionnelles et morphologiques utiles à l'intelligence de l'ensemble.

L'intégration précise au sein de représentations mathématiques globales des manifestations locales du vivant est évidemment hors de portée, tant sont multiples les interactions, aux propriétés changeantes, et dont il est quasi impossible de mesurer les effets. Il ne peut alors souvent rester des mathématiques que la référence à des concepts de caractère universel; ils sont précieux car ils orientent et guident les manières d'observer et de décrire les évolutions des phénomènes morphologiques, dont les similitudes peuvent être peu apparentes, et dont les supports matériels peuvent être très variés; ils permettent de mieux les comprendre en les ramenant à des structures analogues sous-tendues par des principes organisateurs simples.

On notera par ailleurs combien faible en général est l'attention portée aux liens qui peuvent exister entre les données morphologiques et les propriétés fonctionnelles. Or souvent, la connaissance des unes éclaire et justifie celle des autres.

Prenons en particulier la fonction de régulation qui joue un rôle essentiel dans la stabilité des objets. C'est une remarque générale que les supports morphologiques des agents de régulation sont en position transverse aux entités à stabiliser. Ce critère qualitatif simple est un outil très efficace pour comprendre l'organisation morphologique des êtres vivants.

4. De l'usage des principes

Convenons de tenir pour valides dans le domaine du vivant le principe de stabilité et celui du même, et essayons de déduire quelques premières conséquences élémentaires de ces principes, au caractère finaliste accusé.

Selon le premier, l'être vivant agit pour maintenir sa stabilité spatio-temporelle. Ses actions de défense, les instabilités internes de son corps sont dévoreuses d'énergie, et il doit puiser dans ses réserves et dans son environnement l'énergie nécessaire à sa sauvegarde. Cette contrainte semble à l'origine d'une part importante de son organisation: capacité de reconnaissance des sources d'énergie, capacité d'aller chercher les éléments énergétiques, de les saisir, de les transformer, de les stocker.

Selon le second principe, les objets se constituent par rencontre. Certaines sont fortuites, d'autres sont organisées. La création de nombreuses molécules a sans doute été souvent le fait du hasard dans la soupe primitive. Mais toutes les molécules organiques n'ont pas été fabriquées à ce moment. La manière dont elles se sont réunies pour parvenir à constituer des assemblages ayant les premiers comportements du vivant reste un mystère entier. Un énorme fossé d'inconnu sépare la mise en forme de la cellule de celle de ses constituants primitifs. Que des phénomènes d'accrochage par résonance, par emboîtement spatial aient pu advenir, on s'en doute, mais lesquels? Déterminer les propriétés exactes des premiers écosystèmes ayant permis la réalisation d'assemblages primitifs partiellement stables, reproductifs, de composition par ailleurs inconnue et probablement très variée, reste un défi que nous ne sommes pas prêts à relever. Comment a fini par se constituer la cellule, quels furent les cheminements qui ont abouti à l'établissement, dans le règne animal, de la cohorte organisée des gènes universels de développement, des gènes reproducteurs, sont des questions encore sans réponse.

Les êtres unicellulaires, les cellules, sont des êtres déjà hautement différenciés, dotés de larges capacités d'autonomie. Ce n'est qu'à partir de ce niveau du vivant que notre machinerie rationnelle est susceptible de construire des schémas d'évolution et de développement.

La construction de tels schémas présuppose la stabilité du processus naturel que l'on décrit, sa répétitivité, la connaissance des agents dominants, celle de la manière avec laquelle ils opèrent. Le fait qu'en biologie ces agents soient très nombreux, agissent autour d'eux de manière souvent impossible à chiffrer, avec des effets très divers de rétroaction sur eux-mêmes de cet environnement, interdit en général la mise en œuvre de modèles mathématiques précis comme ceux régis par des équations différentielles ou aux dérivées partielles à un nombre élevé de variables et de contraintes. Rappelons par ailleurs simplement pour mémoire les difficultés insurmontables que rencontre la seule résolution du problème de la mécanique à n corps, agissant les uns sur les autres selon les lois de la seule gravitation. Il faut d'ailleurs également rappeler que les modèles que nous savons plus ou moins maîtriser ne comportent qu'un nombre restreint de variables et de contraintes, et supposent une stabilité dans les règles de comportement, lesquelles sont assez rudimentaires. On est par conséquent souvent loin de ce qu'il advient en biologie, où ces règles n'ont qu'une stabilité spatio-temporelle très locale et peu connue, ce qui rend pratiquement impossible, pour le moment, la fusion des analyses locales au sein d'un modèle global.

Naturellement, il existe des milieux considérés sous un certain angle comme homogènes, par exemple un tissu, un sous-système hormonal, plus généralement un ensemble organique, au sein desquels on peut faire apparaître un nombre restreint de paramètres pertinents et mesurés; l'observation de leur évolution, de leurs effets réciproques conduit à établir des relations formelles et quelquefois numériques entre leurs valeurs et leurs vitesses d'évolution d'où l'analyse mathématique peut déduire des comportements particuliers dans certaines circonstances. On procède par exemple à de telles analyses dans certains milieux pharmaceutiques et médicaux. Dans ces derniers milieux, les modèles agissent principalement comme support de l'observation préalable, pour conforter une intuition, une appréciation; dans certains cas, les comportements particuliers des solutions formelles incitent à rechercher la présence de comportements analogues dans la réalité biologique et qui avaient échappé ou avaient été négligés au cours de l'observation première.

Certaines des grandes fonctions organiques, comme les fonctions respiratoires ou cardiaques font également l'objet de modélisations appropriées. Toutes ces modélisations, fortement réductrices, sont du ressort de l'étude de la mécanique du vivant. Certaines de ces mécaniques particulières semblent aujourd'hui bien comprises: nous sommes capables de fabriquer des automates, des robots, des simulateurs dont les mouvements reproduisent exactement ceux qui sont associés à ces grandes fonctions. Pourtant, la connaissance de ces mécanismes ne permet pas d'accéder à la compréhension des processus de transformation interne qui ont conduit à l'établissement quasi simultané des fonctions, de toute cette organisation complexe dont nous savons reconnaître les rouages et dont la présence est, parfois *a priori*, souvent *a posteriori*, rationnellement justifiée.

Parmi les contraintes qui ont pesé sur le développement du vivant, la contrainte spatiale, au caractère quelque peu primaire et rustique, occupe une place de choix. Nous avons pu reconnaître l'influence de cette contrainte au niveau macroscopique, microscopique, moléculaire; en deçà de ce niveau, nous n'avons encore que des bribes de maîtrise de cet espace. Cette méconnaissance est peut-être un obstacle à une compréhension plus étendue, plus profonde de phénomènes divers d'association, de rétention ou de diffusion. Quoi qu'il en soit, les connaissances acquises sur l'organisation morphologique des molécules et des complexes moléculaires sont des auxiliaires précieux pour la compréhension de mécanismes d'assemblages et de capacités réactives de très nombreux agents moléculaires. C'est, à ce niveau, lorsque apparaissent notamment des phénomènes de torsion et de vrillage, des enchevêtrements plus ou moins noués, que l'examen des propriétés topologiques présente un intérêt, permettant de déterminer quelques obstructions aux actions de chaînes moléculaires. Au niveau macroscopique, les liens entre forme et fonction sont souvent évidents quoique rarement précisés, et la manière dont ces liens se présentent au cours du développement embryologique peu étudiée. On disposerait pourtant par le biais de cette étude un moyen pour mieux comprendre les façons dont la contrainte extérieure, le biotope, opère pour façonner de l'inné et son codage.

Voici un schéma abstrait qui pourrait rendre compte d'un mécanisme d'évolution, quelles que soient les diverses formes sous lesquelles il serait réalisé.

Soit un processus de transformation opérant sur un domaine D stratifié en niveaux d'intégration (les strates); à un instant donné, c_{ib} est une chaîne de strates reliant la strate extérieure b à la strate intérieure initiale i. Par strate extérieure, on entend une strate ayant un bord en contact avec l'environnement $E-D$ où E désigne l'espace, le biotope dans lequel est plongé D. Une perturbation du biotope se traduit par une perturbation f_b de b, induisant éventuellement des perturbations f_k des strates successives k de la chaîne considérée. La perturbation f_k est un élément de l'ensemble T_k des transformations admissibles de la strate k: une transformation est admissible pour une propriété p de la strate k si cette propriété est stable, est conservée sous l'effet de la transformation. L'effet de f_k est d'induire une modification des contraintes qui pèsent sur la strate $k-1$. Cette modification peut être ou non compatible avec les propriétés de stabilité de la strate $k-1$. La présence d'une obstruction peut alors entraîner, par exemple, un renvoi de perturbations vers la source b jusqu'à ce qu'un nouveau retour à la strate k entraîne une modification possible de la strate $k-1$, ou encore un changement structurel d'une strate intermédiaire, qui peut être la strate $k-1$, de sorte que la perturbation puisse atteindre la strate $k-2$. Plus la chaîne est longue, davantage la taille de l'ensemble de transformations admissibles T_i de la strate initiale, d'abord supposée invariante, tend à s'affaiblir, car la transformation f_i doit présenter une forme de compatibilité avec toutes les perturbations des strates qui la suivent. Il devient par suite parfois nécessaire, pour éviter que T_i n'atteigne une taille trop faible et que cette faiblesse n'entraîne des obstructions trop fréquentes, que la strate initiale puisse en quelque sorte s'allonger pour conserver des potentialités de transformation tenant compte de l'apparition de nouvelles contraintes sur le bord. La strate initiale peut être comprise de bien des façons, par exemple comme l'œuf totipotent, ou bien le génome, ou encore comme l'ensemble neuronal du cerveau.

Une strate biologique n'est pas aussi homogène qu'une strate mathématique, de sorte que l'effet d'une contrainte sur son bord se traduit par l'apparition, au sein de la strate, et gouvernées par les règles d'extrémalité, de zones de choc, de singularités ou de domaines singuliers, les lieux de polarisation, en lesquels l'état thermodynamique est fortement perturbé, où se produisent des déstructurations suivies aussitôt de nouvelles structurassions, dépendant de manière très étroite du milieu local. La présence dans celui-ci d'éléments étrangers, introduits par exemple par une diffusion particulière, et où l'effet du hasard ne peut être *a priori* exclu, peut certes engendrer des chimères, peut avoir des effets destructeurs et négatifs locaux, mais aussi parfois permettre la création de d'associations nouvelles et des développements de milieux cellulaires nouveaux, stables, liés au déploiement de nouvelles potentialités.

Ce schéma géométrique simple est certes très imprécis, et ne contient aucune indication sur les modalités physiques de sa réalisation: la nature et les effets des modifications ne sont pas spécifiés. L'intérêt du schéma est de pouvoir être le support à une démarche rationnelle, et peut-être un stimulant à l'expérimentation, dont on ne peut toutefois masquer la difficulté: les processus pouvant se dérouler sur des périodes de très longue durée, certaines modifications ne peuvent qu'être graduelles, des potentialités peuvent s'accumuler jusqu'à ce que, un seuil étant atteint, adviennent des changements pertinents de composition, de structure et de forme, parfois de manière très rapide. On enrichira aisément le schéma précédent en tenant compte du facteur temps et des facteurs seuils.

L'un des processus fondamentaux du développement du vivant est, à mon sens, celui qui s'est manifesté par la différenciation sensori-motrice. La vibration électromagnétique possède un double caractère, sa fréquence d'une part, son énergie de l'autre. Des structures moléculaires sensibles aux vibrations de la lumière émise par le soleil ont été fabriquées, capables d'utiliser l'énergie lumineuse reçue à des fins qui, toutes, contribuent à améliorer la stabilité, la permanence spatio-temporelle de l'objet: fins d'auto-entretien, fins associatifs, fins dynamiques, comme en particulier les fins rotatoires et propulsives. On peut concevoir les premiers développements de la vie comme l'accomplissement de progrès dans chacune des trois voies que l'on vient de mentionner. A l'auto-entretien correspondrait entre autres le développement des mécanismes d'auto-réplication, celui des fonctions génétiques et reproductrice; à l'association correspondrait entre autres, primitivement, la constitution de groupements moléculaires débouchant sur la formation de cellules, également sur le développement de colonies cellulaires et d'êtres pluricellulaires; au mouvement correspondrait entre autres le développement moteur de l'être, à commencer par celui des microtubules, des cils et des flagelles, plus tard celui des agents de la coordination motrice, parmi lesquels le système nerveux tient la place essentielle.

On ne perdra pas de vue que l'organe sensori-moteur offre l'exemple d'une unité fonctionnelle, qui se conserve au cours de la phylogenèse. Certes, il se déploie en unités plus spécialisées dans l'exercice des diverses sous-fonctions, mais le développement de ces unités est soumis à l'emprise d'une régulation globale associée à cette unité fonctionnelle, elle-même dépendante d'une régulation plus vaste associée à l'être dans son intégralité.

La formation des cellules et même des colonies cellulaires reste un mystère, encore que la présence des mécanismes d'auto-réplication dans un biotope favorable laisse présager la formation de telles colonies. De telles formations une fois admises, il est possible d'envisager des schémas rationnels d'évolution conduisant à l'apparition d'être plus organisés où sont déployées les fonctions potentiellement présentes dans le comportement cellulaire.

De ce point de vue, la cellule présente des caractères de totipotence; elle peut être conçue comme une singularité dont des déploiements successifs seraient d'abord des colonies pluricellulaires, puis les différents êtres appartenant aux lignées issues de cette singularité.

Agglutinées les unes aux autres dans un milieu nutritif et aqueux, les cellules, selon le schéma associatif décrit précédemment, auraient eu tendance à se différencier en fonction des *contraintes* qui pesaient sur elles, donnant naissance à des strates cellulaires, des couches, amas et noyaux cellulaires, aux fonctions et aux morphologies de plus en plus affirmées et différenciées.

Les contraintes géométriques, plus généralement spatiales, sont d'autant plus rigides que l'on se rapproche du monde physique. Ce règne est caractérisé par la présence de symétries. Celles-ci peuvent être comprises comme les réponses des objets au défi que représente la recherche de la stabilité. On peut voir dans la réalisation de la symétrie discrète fondamentale d'ordre 2, puis dans la réalisation des symétries d'ordre supérieur, les prémisses de la réalisation du principe du même. Cette symétrie d'ordre 2 est la symétrie minimale qui permet une stabilisation. Etant donné l'étendu du champ d'application de cette symétrie, il y a gros à parier qu'elle a été encodée très tôt.

Des raisons diverses peuvent être à l'origine de la constitution de symétries d'ordre supérieur; elles sont liées sans doute à la manière dont on peut remplir l'espace pour assurer une stabilité maximale à moindre dépense d'énergie, et aux mécanismes de la bifurcation; ils sont sous-jacents aux effets des mutations observées par l'action de molécules spécifiques. L'analyse des surfaces minimales par J. E. Taylor montre combien sont naturelles les symétries d'ordre 3 et 5. J'ai fait remarquer que certaines symétries d'ordre 5 semblent être de fausses symétries. Celles-ci paraissent provenir d'une sorte d'association entre la symétrie primitive d'ordre 2 et celle d'ordre 3: il arrive fréquemment, dans le monde floral, que, dans l'espace laissé par la réalisation d'une symétrie d'ordre 2, s'insère la réalisation d'une symétrie d'ordre 3. Les deux types de symétrie ne se situent pas toujours à la même hauteur; dans ces cas, il semble que la symétrie d'ordre 3 ait été plaquée sur celle d'ordre 2. Dans le même esprit, les symétries d'ordre 4 ou 6 semblent être des duplications des symétries d'ordre 2 et 3. Il se peut, dans certains cas, que la croissance phyllotaxique soit à l'origine des symétries d'ordre 4 ou 6: ainsi, deux symétries successives d'ordre 2 placées en position orthogonale – une disposition fréquente, on l'observe par exemple chez la menthe ou chez l'hortensia – auraient fini par coaguler ou fusionner en quelque sorte pour réaliser la symétrie d'ordre 4.

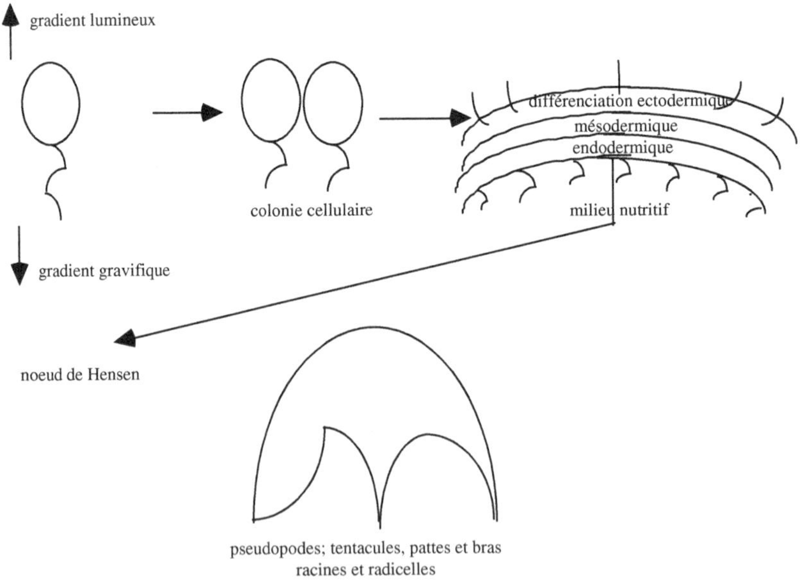

Il est établi que, dans le monde animal, provenant de symétries bilatérales parfaites, de telles fusions se produisent également, donnant naissance à des organes uniques (cœur, reins, poumons, système nerveux de la colonne vertébrale, ...) à symétrie d'ordre 2 parfois déformée (par exemple le poumon droit a 3 lobes, alors que le poumon gauche n'en possède que 2, peut-être par régression d'un hypothétique troisième pour laisser une place pour le cœur).

On peut envisager différentes voies conduisant à la réalisation de ces symétries discrètes. Dans le domaine floral par exemple, celle-ci est précédée par l'existence de symétries au sein d'un milieu continu – une observation allant dans le sens de la philosophie de R. Thom qui voyait dans le discret un avatar du continu. Par exemple chez *pyracanthe*, un arbuste fréquemment employé pour former des haies décoratives à fruits sphériques rouges ou jaunes, le précurseur de la fleur à symétrie d'ordre 5 est un polyèdre dont les coins, présentant la même symétrie, ont été lissés. On est amené à penser qu'au sein du polyèdre biologique, un feuilletage à feuilles épaisses et avec singularité se met en place; la déhiscence du polyèdre en pétales blancs s'initierait naturellement autour de la singularité.

Dans la mesure où il est bien stabilisé, le mode de croissance des plantes est susceptible d'être décrit par des algorithmes performants où sont définies les règles de descendance d'un niveau cellulaire à son suivant. Les résultats sont très réussis, à la fois très évocateurs et très esthétiques. Si ces travaux ont motivé un approfondissement des connaissances sur la filiation cellulaire, ils n'apportent aucune lueur sur la manière dont ces filiations ont pu s'établir.

Dans la constitution du règne végétal, le rôle de la lumière, ou d'un équivalent énergétique, est évidemment essentiel. Imaginons une cellule en voie de formation, aux composants encore mal stabilisés, qui reçoit au plus haut de sa voûte membranaire externe, en ce lieu de polarisation qu'est l'apex, un rayon lumineux. Celui-ci est porteur d'une énergie utilisée tant pour déstructurer que pour structurer. Comme, par suite de phénomènes d'absorption, le rayon perd de son intensité au fur et à mesure qu'il pénètre dans l'atmosphère, il est au contraire de plus en plus énergétique au fur et à mesure qu'on remonte dans l'atmosphère. Ce sont probablement des mécanismes moléculaires très fins qui se sont mis en place sous l'effet des rayons lumineux et qui ont permis à la plante d'être sensibilisée au gradient de l'intensité lumineuse, la poussant à croître dans la direction de ce gradient pour acquérir les conditions d'une meilleure stabilité spatio-temporelle.

Une croissance régulière peut s'établir si le gradient lumineux reste constant. Un changement du milieu traversé par le rayon, accompagné par une augmentation brutale de ce gradient, pourrait avoir eu des conséquences importantes sur les modes de croissance et de transformation du végétal. Pour décrire ces changements, on peut faire appel à une métaphore inspirée par l'hydrodynamique: le jet de croissance, cylindrique, symbolisé par la tige serait venu s'étaler, ou bien, selon la force du jet, se briser contre le mur représentant l'interface liquide-air, mer-atmosphère. Une métaphore très voisine a déjà été employée à propos de la description des organes de préhension active et passive, conduisant au schéma suivant – l'analogie morphologique suggère ici que le jet pourrait être représenté par l'ombilic elliptique:

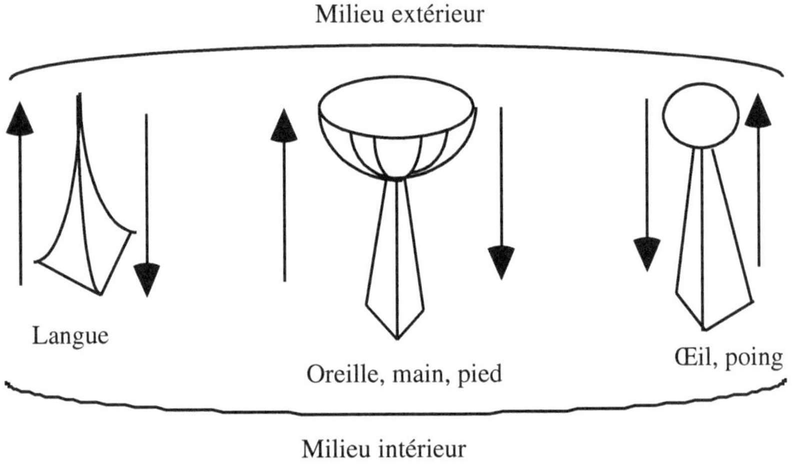

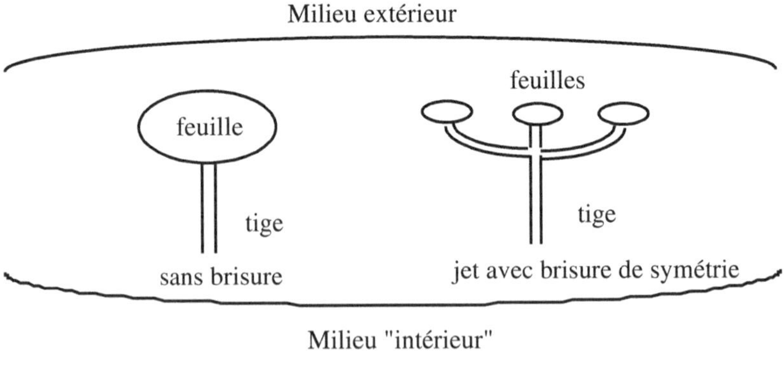

On peut imaginer que le choc induirait en retour une sorte d'onde sismique parcourant la tige et ses éventuelles ramifications, onde dont les reflux successifs, jusqu'à son amortissement complet, produiraient les nouvelles poussées de croissance, c'est-à-dire les ramifications successives. Si l'on se place d'un point de vue géométrique, en négligeant la question de l'épaisseur, l'interface, homéomorphe à un disque bidimensionnel, serait alors recouverte par une famille finie de cartes locales, chacune d'elles correspondant à une feuille.

Un tel processus s'inscrit dans ce cadre général qui conçoit l'expression de la vie comme le résultat d'«une technique employée par la Nature pour lisser, adoucir les chocs produits par les sauts brutaux d'énergie». Il faut sans doute insister sur le fait que la majorité des activités sont soumises à des phénomènes d'usure, d'amortissement d'origines diverses, dont il est souvent difficile de déterminer la nature, et qu'il est rare de pouvoir évaluer correctement. De tels phénomènes interdisent l'emploi à l'aveuglette de modèles récurrents où le comportement reste invariable au cours du temps, la récurrence agissant, en définitive, non pas sur la morphologie mais principalement sur son échelle de grandeur. Les modèles de ce type conduisent aux apparences fractales dont on aperçoit ici la limite de pertinence.

L'ensemble des feuilles des plantes constitue en quelque sorte un organe de saisie du monde végétal par lequel celui-ci réalise notamment la capture de l'énergie lumineuse. Chaque feuille, tout comme le pied ou la main, possède cette morphologie générale des organes de préhension, caractérisée *in fine* par un disque épaissi $D^2 \times I$. Le disque ouvert peut se compactifier en une sphère, la main peut devenir le poing, la fleur peut se fermer. Lorsque les doigts de la main se fixent sur un objet, la main est l'analogue d'une anse attachée à l'objet. Il est alors plus complet de nommer les organes de préhension des organes d'attachement-saisie. Par adaptation de la fonction musculaire, certaines parties du corps sont davantage spécialisées dans une fonction particulière, soit de transport, soit de saisie.

Une différenciation supplémentaire est apparue, selon le milieu, la «phase» au sein de laquelle était exercée la fonction. Il existe trois phases principales, la phase gazeuse g, la phase liquide l, la phase solide s. On peut affiner cette classification en tenant compte de facteurs f_i physiques, chimiques, spatiaux, de sorte qu'on distinguera des «phases» $g(f_i)$, $l(f_j)$, $s(f_k)$. On pourra de la sorte classer les différents organes d'attachement-saisie. On verra alors apparaître les organes de transport spatial de l'être vivant (les pattes se rapportent à la phase solide, les nageoires à la phase liquide, les ailes à la phase gazeuse), des organes de saisie (pinces, bouche, narines) ou de transport spatial interne sous la forme générale de tuyaux et soufflets pour les trois phases principales.

On sait depuis Aristote, et particulièrement en géométrie depuis Liouville, que les mouvements dans l'espace euclidien se décomposent, localement au moins, en translations et en rotations. Il arrive que les organes de transport se spécialisent dans la réalisation de l'un de ces types de mouvement. Au cours de ces déplacements, les objets transportés peuvent subir des transformations. En particulier, les attachements-saisies peuvent se faire sans ou avec déformation, et parfois avec dislocation, comme au cours de la mastication.

La dislocation constitue parfois le premier degré d'un processus aboutissant à des changements de «phase» des éléments transportés. Comme dans la démarche analytique, l'objet initial est ici décomposé, dissocié de manière à pouvoir utiliser les capacités fonctionnelles des constituants, masquées ou étouffées dans le tout. Les fonctions respiratoires et digestives offrent des exemples où l'organe de transit, le poumon, l'intestin est également le lieu de modifications de la substance transportée.

Les deux fonctions qui viennent d'être citées concourent à assurer la stabilité physique locale de l'être vivant. La fonction de saisie sensorielle de l'environnement y concourt aussi, mais, par rapport à ces fonctions physiques, elle possède des dimensions nouvelles. Par abus de langage, nous conviendrons de dire que la fonction sensorielle est de nature sémantique. Son rôle premier est d'informer l'être vivant sur l'état du monde, à commencer par les lieux vers lesquels se diriger pour recueillir les ressources énergétiques, ainsi que les lieux de menace et les lieux d'abri. Ce ne sont pas les objets originaux que saisissent les sens, mais des émanations de ces objets, des reflets par lesquels ils en établissent des représentations.

La fabrication de ces objets virtuels est associée à leur repérage dans le visible ou non, à la détermination partielle de la phase à laquelle ils appartiennent. Ce façonnage s'accomplit selon les modes habituels de l'apprentissage, où la répétition tient une bonne place. Il en résulte des stabilisations sur des constituants et des structures biochimiques et biologiques, associés à des attracteurs au caractère plus ou moins fractal. Du fait de leur stabilité, ces constituants et ces structures jouent le rôle de supports mnémoniques.

Au codage biologique, matériel, qui n'a pas encore dévoilé les secrets de sa création, correspond le codage sémantique qui s'effectue dans les lieux de mémoire. Les composants du code correspondent à des unités fonctionnelles minimales dont on peut stimuler les dynamiques et qui, soit par résonance, soit sous l'effet de couplages externes, peuvent se fondre en une unité fonctionnelle d'ordre supérieur. Ce codage interne est extériorisé et de la sorte matérialisé à son tour, ce qui permet d'en assurer la diffusion spatio-temporelle, et par suite de contribuer à la régulation et à l'évolution et de l'individu et de la société adhérente au codage, laquelle contribuera à modifier les données de son environnement.

Les structures biochimiques et biologiques très anciennes, ayant subi les épreuves du temps, sont particulièrement bien stabilisées. On souhaiterait bien savoir dans quelles circonstances et comment la nature a pu fabriquer ces ADN, microtubules, et autres prions, et comment elle est parvenue à assembler ces structures parfois très disparates. Quoi qu'il en soit, ces structures, par leur stabilité, sont susceptibles de bien se prêter à des reproductions algorithmiques dans la mesure où les règles quantitatives et morphologiques du développement peuvent être définies à partir d'expériences répétables. Or, pour l'heure, l'analyse en cours des processus de développement, leurs composants, leurs interactions, révélant leur grande subtilité et complexité, ne permet pas, hormis quelques cas simples ou simplifiés, d'établir ces règles par lesquelles on pourrait représenter, sur le plan mathématique, la dynamique fine du développement embryologique.

La procédure naturelle de dégrossissage, d'abord suivie par les premiers embryologistes, qui consiste à dégager les grandes unités morphologiques et fonctionnelles et à établir la logique spatio-temporelle de leur agencement réciproque, a conduit à fabriquer, en particulier via l'analyse différentielle, des schémas géométriques qu'on trouvera parfois simplistes, mais qui sont souvent la source d'une intelligibilité réconfortante. Le concept de bifurcation, qui est associé à l'étude de la stabilité des systèmes, mériterait sans doute d'occuper une place plus importante dans l'esprit des biologistes. Dans les modèles mathématiques, la bifurcation provient de la modification continue de données internes ou internalisées; quels sont ces paramètres dans les univers biochimiques et biologiques où sont étudiés des phénomènes de métamorphose et de mutation? On notera que les mécanismes même des mutations ne sont pas en général compris: comment et pourquoi adviennent-ils, comment et pourquoi opèrent-ils? Une des faiblesses des modèles géométriques est de n'avoir pas suffisamment contribué à affiner les premières observations. Par leurs recherches génétiques, les biologistes parcourent aujourd'hui une nouvelle étape à un niveau moins global.

Ces travaux permettent de mieux expliciter la diversité très importante des complexes génétiques participant au développement, la richesse de leurs interactions, tant sur les plans fonctionnels que morphologiques. On espère naturellement, au terme de cette exploration, parvenir à mettre en forme symbolique et algorithmique ces grands ensembles de relations, les ordinateurs étant par bonheur là pour nous aider dans cette tâche, qui nécessite des capacités de mémoire élémentaire qui nous font défaut. On espère également sans doute que le dévoilement de l'organisation interne du monde biologique nous aidera à mieux comprendre les mécanismes du développement; vœu peut-être pieu tant que le processus de codage du développement n'aura pas été élucidé.

5. Une fonction supérieure, la conscience

Y a-t-il un lien quelconque, une forme d'analogie entre la mémoire génétique dont on ignore le mode de construction et la mémoire de l'être vivant dont on ignore jusqu'aux contours? Remarquons que l'on ne possède pas encore une définition mathématique quelconque de la mémoire. Une mémoire est une représentation dotée de stabilité: il reste à établir les objets et espaces source et but, à définir avec précision les applications qui font office d'agents de représentation, le degré d'invariance par rapport au temps et aux déformations introduites par les représentations choisies. Ces données une fois fixées, on pourra toujours établir des théorèmes.

La compréhension du phénomène mnémonique est probablement une étape importance à franchir avant de pouvoir aborder la compréhension du phénomène de conscience. Nous avons deux sources principales de connaissance de ce phénomène: d'une part, les récits livrés par ceux qui ont été l'objet de traumatismes ou de chocs psychiques causés par des accidents ou bien par des modifications physiologiques ayant pour origine des maladies ou l'ingestion de produits divers; l'introspection d'autre part. A partir de là, se croisent deux champs d'hypothèses.

Dans le premier se placerait l'hypothèse suivante. Nous avons connaissance aujourd'hui de quelques champs physiques, comme le champ électromagnétique, aux propriétés spatio-temporelles miraculeuses. Il y a trois siècles, l'évocation d'un tel champ auprès d'esprits rationalistes aurait sans doute suscité la risée: il a fallu, entre autres, des expériences avec de la limaille de fer pour se convaincre de la réalité de tels champs. On a proposé plus tard, et avec succès, l'existence d'autres entéléchies de nature analogue pour expliquer différents modes d'interaction de la matière. Pourquoi ne pas admettre également, à titre d'hypothèse, l'existence d'un autre type de champ subtil auquel seraient plus ou moins sensibles les objets de la nature, et en particulier des entités comportant à la fois un nombre considérable de «détecteurs» adaptés et fortement organisées? Il en serait ainsi des systèmes nerveux dont la richesse en constituants et l'organisation interne permettraient de canaliser et de révéler, à travers la sensation de conscience, l'existence d'un tel champ. C'est bien sûr dans ce contexte que se situeraient les expériences mystiques et le concept mal défini de spiritualité qui accompagne le phénomène religieux. Si, comme on le fait parfois en physique, on imagine ce champ comme une toile malléable, sur laquelle seraient posées, en la déformant plus ou moins localement, des boules de conscience, alors des possibilités d'interaction entre elles pourraient advenir. On s'achemine sans doute ici vers de la science-fiction, mais l'histoire nous enseigne assez combien la réalité dépasse parfois le rêve.

Le second champ d'hypothèses est plus fourni, moins audacieux, mais aussi peut-être plus fiable que le premier. Dans le cadre de ce second champ, pratiquant l'introspection, je finis par déceler en la conscience la présence d'un processus biologique dont j'éprouve la *sensation*. Son établissement participe donc du mécanisme général de la sensation. Il se situe en quelque sorte dans le prolongement du mécanisme associé aux sensations primaires liées à la perception. Selon toujours cette introspection, selon ce *regard intérieur*, ces mots témoignent d'une réalité, le phénomène de conscience prend naissance lorsque certains *seuils* d'activité sont atteints, lorsque des images mentales issues des zones sensorielles et des aires associatives, telles des montagnes se soulevant du fond des mers et perçant l'horizon, émergent avec assez de relief pour pouvoir être distinguées. Par images mentales, j'entends des représentations principalement de type visuel et auditif: ne dit-on pas que l'on entend parler sa conscience? Les mécanismes visuels, auditifs et phonatoires sont en quelque sorte intériorisés, c'est-à-dire élaborés à un niveau second, et c'est la conjonction, on pourrait presque dire le choc de ces deux vagues, l'une d'origine visuelle interne, l'autre d'origine sonore interne qui crée le phénomène de conscience. La mise en place de ces représentations de second niveau et de leurs enchaînements s'appuie sur d'autres images plus anciennes: l'importance de la mémoire dans la mise en place du phénomène conscient ne saurait être oubliée. Par ailleurs, le rôle de l'affectivité dans ce processus ne peut être sous-estimé. L'expression affective traduit, dans le fond, une réaction de l'être à des actes de déstabilisation ou au contraire de renforcement de sa stabilité. Il ne serait pas impossible que ces réactions, et l'excitation nerveuse qui les accompagne, aient pu avoir une part dans la mise en place du phénomène de conscience.

Ce sont donc toutes ces données sérieuses qu'il faut prendre en compte si l'on entend dépasser le niveau de description biologique primaire pour atteindre ce niveau supérieur caractérisé par le phénomène conscient. Un physicalisme restrictif voudrait le construire quasi *ex nihilo*. En biologie comme en physique, nous nous devons de respecter la véracité des faits, de leurs enchaînements; l'intelligence de l'état présent ne s'acquiert qu'en étant capable de retracer les évolutions passées, en tenant compte des contraintes locales comme lointaines.

Conclusion

L'entreprise faustienne qui s'assigne pour but non seulement de comprendre le vivant dans tous ses aspects, dans toutes ses manifestations, mais aussi d'être capable de le reproduire, semble être d'une ambition aujourd'hui démesurée. Face à la réalité d'une richesse qui semble inépuisable, et qui finit par être épuisante, face à la complexité et à la multitude des enchevêtrements, des organisations, les bribes de modélisation proposées jusqu'à ce jour paraissent, pour la plupart d'entre elles, par leur portée limitée, par leur caractère réducteur excessif, empreintes de quelque forme de grande jeunesse. Ce regard du moment, très sceptique, n'altère pourtant pas le sentiment qu'à plus long terme, qu'à très long terme, on parviendra à maîtriser progressivement la mécanique de ce vivant, jusqu'à peut-être finalement comprendre, pour pouvoir les reproduire peu ou prou, la manière dont ont pu être fabriquées et montées les pièces de ses assemblages. Qu'ils se rapportent au monde du vivant ou à celui de la physique, les modèles pertinents font figure d'outils d'intelligence dans cette longue marche vers la connaissance. Leur réalisation s'appuie sur une compréhension profonde de la réalité naturelle. Mais comme le disait notre bon La Fontaine: «Petit poisson deviendra grand, pourvu que Dieu lui prête vie»...

Bibliographie

Outre les innombrables articles des grandes revues scientifiques, les quelques ouvrages suivants ont un rapport direct avec l'article:

[1] Bruter, C.P., *Topologie et Perception*, tome 1, *(aspects philosophiques et mathématiques)*, 1985 (2e éd.) et tome 2 (*aspects neurophysiologiques*), 1976, Maloine, Paris.
[2] Buser, P., 1998, *Cerveau de soi, cerveau de l'autre*, Odile Jacob, Paris.
[3] Cherrault, Y., 1998, *Modèles et Méthodes Mathématiques pour les Sciences du Vivant*, PUF, Paris.
[4] Blanc, D., Bernard-Weil, E., Bouligand, Y., Bruter, C.P., Delforge, J., Demongeot, J., Hyver, C./Lück, H.B., Pachot, P./Pfeuty, T. et R. Thom, *Modèles et Transformations, La Biologie Théorique*, Polytechnica1992, Editions du CNRS, Paris.
[5] Gehring, W.J., 1999, *La drosophile aux yeux rouges, gènes et développement*, Odile Jacob, Paris.
[6] Lindenmayer, A. et P. Prusinkiewicz, 1990, *The Algorithmic Beauty of Plants*, Springer-Verlag, New York.
[7] Penrose, R. *Les deux infinis et l'esprit humain*, 1999, Flammarion, Paris.
[8] Thom, R., *Stabilité structurelle et Morphognenèse*, 1972, Benjamin, New York.
[9] Whitehead A.N., *Science and the modern world*, 1985, Free Association Books, Londres. (Réédition, Cambridge University Press, 1926; éd. française, Editions du Rocher, Paris, 1994).[1]

1 Dans [9], Whitehead, avec qui je partage nombre de points de vue, défend avec raison l'organicisme. Cette conception remonte au moins à Platon pour qui «le monde est un animal» *(Timée)*. Whitehead cite ce beau passage de Bacon: «Il est certain que tous les corps, quels qu'ils soient, même s'ils sont dépourvus de sens, possèdent des facultés de perception; on note, en effet, dès qu'un corps est mis en présence d'un autre, qu'il a tendance à l'étreindre si le contact est agréable et à s'en éloigner ou à le repousser si le contact est déplaisant; que le corps soit actif ou passif, une perception précède toujours l'opération; sans quoi tous les corps seraient semblables.».

Les brisures de symétrie dans le contexte gradualiste de l'ontogénie et de la phylogénie

Yves BOULIGAND
Institut de Biologie Théorique, EPHE et INSERM
Université d'Angers – 10, rue André Boquel
49000 Angers (France)

Abstract: D'Arcy Thompson and its method of curvilinear transformations applied to many morphologies has inspired most of the modern works on morphometric, whose the main techniques where elaborated by Bookstein. In this paper, we show the need of introducing some geometrical singularities into a curvilinear coordinates mapping. However, the differentiation of these singularities effects in a gradual (continuous) context, which seems to be required both by ontogenesis and phylogenesis. Still, there exists real discontinuities which act upon the development of individuals and the evolution of species, such as metamorphosis or certain evolutionary jumps; yet, the cells' populations and the individuals involved transforms in an essentially continuous way. To summarize, the main purpose of this article is to elucidate the role that the interplay of discontinuous transformations evolving in continuous substrates or contexts has for the development and evolution of living organisms.

1. Introduction: discontinuités élémentaires et gradualisme collectif

La biologie contemporaine accorde une place de plus en plus considérable aux processus discrets, comportant des étapes séparées, souvent réglées par des effets de tout ou rien. Il s'agit parfois de métamorphoses bien tranchées, entre l'avant et l'après d'une courte période intervenue dans le développement de l'individu, touchant à son aspect extérieur, ou modifiant ses tissus et ses organes. Dans la transformation des espèces, on savait de longue date que des ralentissements pouvaient alterner avec des accélérations, mais il se pourrait aussi que des pauses complètes et longues soient interrompues par de soudaines transformations rapides et brèves, comme si un équilibre était rompu lors de chaque modification évolutive. L'histoire des espèces comporterait ainsi une suite d'états stationnaires, ponctués par des moments de forte dynamique évolutive. Nous faisons allusion ici à la théorie dite des « équilibres ponctués » qui attribue aux discontinuités un rôle majeur dans l'évolution et rallie de nombreux partisans à notre époque. Darwin avait commenté ces périodes de changement accéléré dans la transformation des espèces, mais les considérait tout de même comme s'inscrivant dans un contexte de changements graduels. La conception d'une évolution progressive par petites touches fut maintenue par Darwin et, en cela, il s'opposait aux conseils des meilleurs défenseurs de sa théorie, qui y voyaient un additif superflu, fragilisé par la perspective d'innombrables contre-exemples, au risque de mettre en péril les aspects autrement solides et essentiels de l'édifice.

Il n'est pas question ici de nier l'existence des effets de tout ou rien en de nombreux processus biologiques, ni de contester l'existence de métamorphoses dans le développement de certains insectes, ou encore de chaînons manquants dans la généalogie des espèces actuelles ou disparues. Notre but est d'effacer la contradiction, que nous supposons seulement apparente, entre l'hypothèse gradualiste de Darwin et les faits qui, selon ces conceptions plus récentes, souligneraient l'importance des discontinuités, comme processus majeur de l'évolution. Pour y parvenir, nous évoquerons quatre exemples biologiques où interviennent des brisures de symétrie, qui nous semblent appropriées pour illustrer certaines discontinuités qui se situent à un niveau local, individuel, alors qu'au niveau collectif ou global, c'est la continuité qui prévaut. Ces exemples se situeront à des niveaux d'organisation très distincts, parce que nous pensons que le gradualisme de Darwin, considéré au niveau collectif des espèces et de leur évolution, s'applique aussi aux processus de développement de chaque individu considéré comme une collectivité de cellules, de même qu'au fonctionnement de chaque cellule, considérée à son tour comme une collectivité de molécules et de leurs divers assemblages.

Le premier exemple concernera les Radiolaires qui sont des organismes planctoniques unicellulaires, dont nombre d'espèces présentent les symétries de polyèdres réguliers. Ces espèces sont probablement proches les unes des autres, au moins certaines d'entre elles comme en témoignent certains détails de leurs ornements (fig. 1). On imaginerait mal leur évolution par des transformations entièrement graduelles, permettant de passer d'un type de polyèdre régulier à un autre. Pourtant, nous verrons comment concevoir la naissance de telles discontinuités dans un contexte graduel, au niveau des populations.

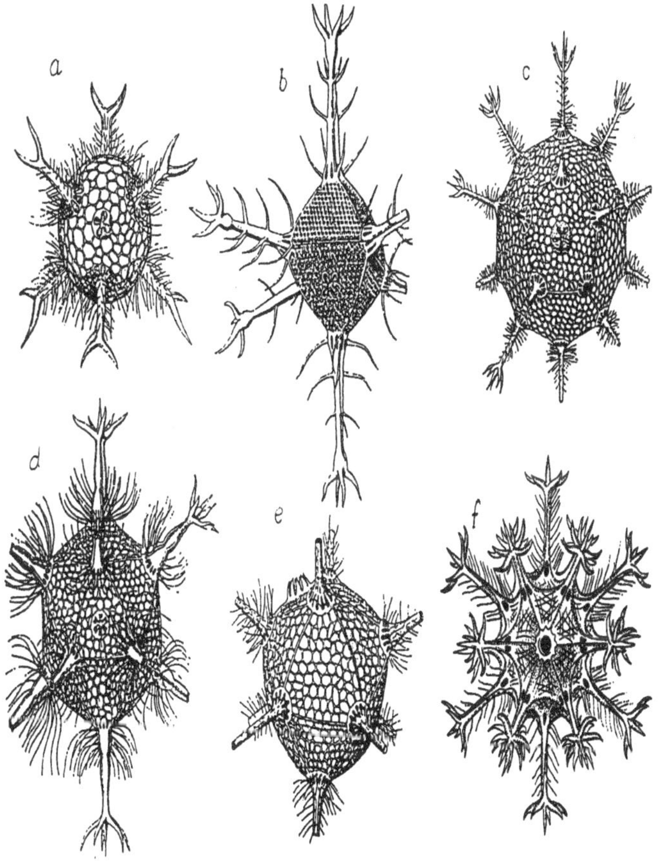

Figure 1. Squelettes siliceux de Radiolaires présentant des symétries proches de celles de polyèdres réguliers. En haut, on retrouve les symétries de l'octaèdre ou du cube, pour les deux premiers spécimens et celles du dodécaèdre pentagonal pour le troisième. Les formes des deux spécimens suivants sont proches de celles de l'icosaèdre, mais il n'existe pas de polyèdre régulier correspondant à l'espèce représentée en bas à droite. Pour l'ensemble des espèces représentées, le diamètre de la partie centrale est de l'ordre de 0,5 m; les espèces sont les suivantes: *a*: *Circoporus sexfurcus*; *b*: *Circoporus octahedrus*; *c*: *Circorhegma dodecahedra*; *d*: *Circogonia icosahedra*; *e*: *Circospathis novena*; *f*: *Circostephanus coronarius* (l'ensemble des figures est redessiné d'après Haeckel et D'Arcy Thompson).

Un second exemple vient de la théorie des transformations de D'Arcy Thompson et souligne la continuité du changement de forme des espèces au cours de longues étapes de l'évolution, ou de l'individu en développement. Néanmoins cette méthode demeure inutilisable quand les espèces sont très éloignées. Dans ce cas également, certaines discontinuités apparaissent dans un contexte graduel au niveau des populations et les objections au gradualisme intégral, entrevues par D'Arcy Thompson, s'en trouvent fort atténuées.

Les exemples suivants concernent la morphogenèse qui, en dépit des métamorphoses ou d'autres changements rapides, n'en sont pas moins préparés dans un contexte graduel. L'un de ces exemples repose sur des données classiques d'embryologie expérimentale, dans l'œuf en développement, avec des changements de symétrie s'effectuant à la faveur de variations continues de certains paramètres ou, à la suite de signaux brefs, mais ne deviennent repérables que de manière graduelle. Le dernier exemple se situera à un niveau plus microscopique, puisqu'il s'agit des membranes cellulaires, dont la structure tripartite, avec une couche grasse intercalée entre deux niveaux hydrophiles, détermine des brisures de symétrie qui interviennent dans un contexte graduel, sous l'influence de molécules extérieures, pouvant orienter la membrane vers une morphologie bien spécifiée, plutôt qu'une autre. Cependant, la différenciation des formes de ces membranes s'effectue toujours dans un contexte graduel. Cela n'exclut pas des discontinuités locales, comme la fusion de deux membranes par la création d'un pore qui les relie, mais au niveau collectif, ces processus discrets élémentaires s'intègrent à des changements graduels de la forme des membranes.

De manière générale, ces changements à diverses échelles résultent de petites modifications accumulées au fil du temps, que ce soit au niveau évolutif à long terme, ou au niveau du développement à plus court terme, ou même dans les processus collectifs au sein des cellules, sur des temps encore plus brefs.

Une grande partie des difficultés rencontrées par les biologistes provient du concept même de gradualisme, beaucoup moins simple qu'il n'y paraît. Il faut garder présent à l'esprit qu'une espèce est une vaste collection d'individus, avec des possibilités de variations parfois considérables, sans que soit forcément abolie la fécondité mutuelle des individus porteurs. De fortes variations de nature discontinue se présentent souvent entre les individus à l'intérieur même de l'espèce, comme nous l'indiquerons. De même, le développement de l'individu s'accomplit, non sans discontinuités, comme celles qui accompagnent la mue chez les arthropodes, mais les processus qui y président demeurent graduels, même s'ils débouchent sur une métamorphose. Le fonctionnement des êtres vivants est à ce point complexe que, seules, de petites variations lentement accumulées peuvent laisser des chances de survie à une fraction raisonnable des individus, non seulement au niveau de l'évolution ou du développement de l'individu, mais aussi dans tous les processus physiologiques mettant en jeu de larges collections de cellules et de molécules.

Les sources de la conception gradualiste en évolution biologique sont à rechercher dans des textes très anciens, mais c'est probablement Darwin qui en fut le meilleur défenseur, en réunissant une large série d'exemples parmi les plus appropriés et en les discutant en profondeur, notamment dans ses deux tomes sur les variations des animaux et des plantes domestiques.

2. Origines lointaines et pérennité des idées darwiniennes. Les précurseurs

Les idées authentiquement neuves sont rares. On attribue à Darwin la paternité de celles concernant sa théorie de la transformation des espèces par la sélection naturelle, mais l'auteur a accompagné d'un «croquis historique» la première réédition augmentée de son livre sur *l'Origine des Espèces* en 1861, en citant nombre de ses prédécesseurs, dont Aristote et Buffon en première ligne. En biologie, ce sont davantage les exemples qui donnent leur consistance aux idées, plutôt que les énoncés généraux de ces idées, qui figurent parfois dans des textes anciens, sous forme déjà précise. Buffon comme Darwin ont excellé dans l'illustration raisonnée des idées, en mentionnant qu'elles n'étaient pas totalement nouvelles. Rappelons brièvement quatre idées particulièrement bien illustrées dans le livre de Darwin:

1. Les espèces se modifient graduellement au cours des générations.
2. Certaines variations des individus sont transmises intégralement ou en partie à leurs descendants.

3. Ces transformations ne correspondent nullement à la réalisation du plan d'un créateur, mais sont produites spontanément dans un contexte aveugle.
4. Des ressources limitées donnent lieu à une sélection impitoyable des individus et certaines variations transmissibles peuvent s'en trouver favorisées.

Les deux premiers points furent considérés par nombre de penseurs de l'Antiquité. Le gradualisme du point 1, c'est-à-dire le *Natura non facit saltum* est repris par Buffon, de même que le point 2 lié à l'idée d'atavisme. Le point 3 s'oppose aux conceptions finalistes et Darwin a reproduit un extrait d'Aristote très approprié, mais qui rapporte seulement les idées d'Epicure, alors qu'Aristote devait les critiquer un peu plus loin dans le même texte. Cela montre que, partagées ou non, ces idées étaient discutées depuis l'Antiquité.

Buffon connaissait tout cela, mais n'a guère écrit sur le point 3, pour des raisons évidentes. Il était tout le contraire d'un provocateur et, pourtant, il eut droit à plusieurs reprises aux tracasseries de la Faculté de Théologie. Pour les éviter, notamment à propos de certaines vérités sensibles, la méthode fut de les présenter dans des articles au titre anodin, comme le fit Diderot sur d'autres sujets dans son Encyclopédie. Ainsi la conception gradualiste est présentée implicitement par Buffon dans son article sur les Babouins et Magots, en évoquant la nomenclature des singes, et il signale que les différences entre l'Homme et l'Orang-Outang semblent bien moindres que celles constatées entre certains groupes de singes. Les notions de sélection et de lutte pour la vie (point 4) sont évoquées en filigrane, dans l'article sur le Calao, mais le texte est sans détour et Buffon s'y exprime ainsi:

> En considérant le développement extraordinaire, la surcharge inutile, l'excroissance superflue, quoique naturelle, dont le bec de ces oiseaux est non seulement grossi, mais déformé, on ne peut s'empêcher d'y reconnaître les attributs mal assortis de ces espèces disparates, dont les plus monstrueuses naquirent et périrent presque en même temps par la disconvenance et les oppositions de leur conformation. Ce n'est pas la seule ni la première fois que l'examen attentif de la nature nous ait offert cette vue même dans le genre des oiseaux: ceux auxquels on a donné les noms de bec croisé, bec en ciseau, sont des exemples de cette structure incomplète et contraire à tout usage, laquelle leur ôte presque le moyen de vivre et celui de se défendre contre les espèces même plus petites et moins fortes, mais plus heureuses et plus puissantes, parce qu'elles sont douées d'organes plus assortis. Nous avons de semblables exemples dans les animaux quadrupèdes: les unaus et les aïs, les fourmiliers, les pangolins, etc., dénués ou misérables par la forme du corps et la disproportion de leurs membres, traînent à peine une existence pénible, toujours contrariée par les défauts ou les excès de leur organisation; la durée de ces

espèces imparfaites et débiles n'est protégée que par la solitude et ne s'est maintenue et ne se maintiendra que dans les lieux déserts où l'homme et les animaux puissants ne fréquenteront pas.

Il nous faudrait citer d'autres articles, dont celui sur l'âne, très célèbre, pour mieux apprécier la proximité entre Buffon et Darwin, le second ayant été le véritable illustrateur des idées en question, ainsi que son contemporain Wallace et nombre de biologistes à leur suite. Le gradualisme adopté par Buffon sera considérablement développé et illustré dans les œuvres de Darwin, notamment dans ses deux tomes consacrés aux variations des espèces. Toutefois, si les points 2, 3 et 4 bien illustrés par Darwin paraissent désormais adoptés par la communauté des biologistes, il se trouve au contraire que le gradualisme ne reçoit pas du tout le même accueil, or c'est bien à ce maintien de l'organisation à travers les générations qui se succèdent et ne diffèrent que très graduellement de celles qui les précèdent, que l'on reconnaît le fait lui-même de l'évolution…

3. Une incontournable nécessité

Il y a des raisons essentielles en faveur du gradualisme et nous voulons seulement en présenter certaines qui apparaissent à l'examen des symétries dans les systèmes biologiques. Notre idée est que les discontinuités existent bel et bien dans les structures et le fonctionnement des systèmes biologiques, mais à un niveau local, alors que les phénomènes collectifs auxquels ces discontinuités donnent lieu comportent au plus des accélérations et non des discontinuités à proprement parler, cela valant aussi bien pour les cellules en voie de division ou de différenciation, de même que pour les individus en développement ou les espèces en évolution. Mais il nous faut d'abord redire ce qu'est le gradualisme, souvent évoqué sous le nom de continuité en évolution ou continuisme.

3.1 Le gradualisme

3.1.1 Un aspect particulier du continuisme

Le terme de *continuisme* intervient dans des sens différents en évolution.

1. La première acception que nous ne discuterons pas ici est que tout système vivant provient d'un système déjà vivant. C'est vrai de toute cellule et de toute espèce. La génération spontanée n'existe pas dans les conditions actuelles, à la surface de la Terre, comme l'a montré Pasteur, mais a pu avoir lieu en d'autres temps, sur cette même planète ou ailleurs dans l'univers, dans des conditions dites «prébiotiques» que nous ne savons pas encore reconstituer en laboratoire. Pasteur a lui-même considéré ce problème en discutant les dissymétries physiques qu'il faudrait introduire dans des expériences de cette nature (Nicolle, 1957).

2. Une autre idée que recouvre le *continuisme* est que tous les êtres vivants sont issus les uns des autres ou d'ascendants communs, en formant une généalogie unique. Cela semble parfaitement exact pour l'ensemble des espèces vivant à la surface de la terre, étant donné les fortes parentés entre les structures moléculaires et cellulaires de tous ces êtres vivants. Cela n'exclut pas, lors des premiers balbutiements de la vie sur terre ou ailleurs, que plusieurs sites de génération spontanée soient apparus, dont beaucoup auraient périclité devant la concurrence, alors que d'autres auraient coexisté ou même permis l'apparition de systèmes symbiotiques, mais certaines formes vivantes auraient pu évoluer seules. Il demeure difficile d'affirmer ou d'infirmer que, dans ses premières étapes, la vie aurait formé une filiation entièrement connexe et d'origine unique.

3. Un autre sens du terme *continuisme* l'identifie à celui de *gradualisme*, c'est-à-dire la conception selon laquelle les espèces se transforment par de petites modifications accumulées à la longue, à un rythme variable, mais sans accélération brutale, dont on comprendrait mal qu'elle ne soit pas fatale.

3.1.2 Les positions favorables ou hostiles au gradualisme

La transformation continue des espèces par petites touches, associée à la sélection permettant un ajustement continuel aux fluctuations du milieu, constitue l'une des idées essentielles de Darwin, mais elle fut combattue à plusieurs reprises. En effet, si l'évolution était aussi progressive, l'accumulation des données paléontologiques aurait permis d'observer pratiquement toutes les formes de passage entre les espèces fossiles et actuelles. Or ce n'est pas le cas et il subsiste trop d'exemples de «chaînons manquants» dans l'arbre généalogique.

Les premiers pas de la génétique, notamment avec de Vries, ont conduit à formuler des théories dites mutationnistes et saltationnistes. Les mutations sont des modifications spontanées, plus ou moins importantes et d'emblée héréditaires, dues à des altérations des gènes, principalement au niveau chromosomique. Ces théories reposaient sur l'existence de mutations aux conséquences considérables, dont certaines n'auraient pas été éliminées, parce qu'elles représentaient des préadaptations à des niches écologiques disponibles. Ces fortes mutations seraient à l'origine d'une évolution par sauts (ou saltatoire), qui expliquerait l'existence de chaînons manquants.

En fait, comme le pensait Darwin, des modifications importantes apparues d'un seul coup ont des chances élevées de constituer un handicap, alors que des changements beaucoup plus restreints et nombreux, triés un à un par la sélection, permettent davantage d'espérer une adaptation précise au milieu. Beaucoup de ces petits changements seraient liés également à des mutations ou à d'autres remaniements du matériel génétique, mais toujours de faible amplitude, et cette conception d'une évolution graduelle a été retenue par la théorie synthétique, en particulier par Simpson (1944) et nombre de ses contemporains, dans les années 40 et 50.

Plusieurs de ces chaînons manquants furent découverts, mais d'autres subsistent sans perspectives sérieuses de combler les lacunes de la généalogie des principaux groupes animaux ou végétaux, ce qui a conduit à reformuler les hypothèses et introduire des pauses (ou stases) alternant avec des phases très rapides d'évolution, dans une nouvelle synthèse dite des «équilibres ponctués» (Eldredge & Gould, 1972). Cependant rien ne démontre à ce jour la véritable généralité de ce mode d'évolution, si l'on prend en compte les conclusions des travaux des deux camps gradualistes ou ponctualistes, parmi les paléontologistes. L'examen des faits relatés dans ces travaux permet seulement de constater des transformations morphologiques plus ou moins rapides, qui ne paraissent pas qualitativement différentes de celles que l'on recensait déjà au temps de Darwin, à partir de collections paléontologiques beaucoup moins étendues que celles disponibles aujourd'hui. Il nous paraît difficile d'énoncer des conclusions bien tranchées concernant le gradualisme ou le ponctualisme à partir des données dont disposent les paléontologistes, même si nombre d'entre eux n'hésitent pas à le faire. Il faut rappeler que, dans la faune et la flore actuelles, l'étendue des variations intraspécifiques l'emporte souvent sur la variation interspécifique, appréciée par la distance qui sépare deux «individus moyens» d'espèces distinctes, c'est-à-dire sans fécondité mutuelle. Le problème de la définition de l'espèce est déjà ardu avec les formes actuelles et devrait l'être bien davantage en paléontologie.

Notons que les ponctualistes semblent d'accord pour reconnaître que leur théorie est en défaut avec les microorganismes, notamment ceux porteurs d'un squelette hautement minéralisé comme les foraminifères, les radiolaires et les diatomées, en suggérant que les transformations graduelles de ces espèces résulteraient de la reproduction asexuée ou de l'alternance de sexualité avec de nombreuses générations se succédant en formant des clones asexués (Gould & Eldredge, 1977; Lazarus, 1983). Même dans ce cas, nous comprenons assez mal que l'on puisse conclure dans un sens ou dans l'autre, en toute logique. Les raisons du gradualisme se situent principalement dans les observations fournies par les espèces actuelles, parce que les données recueillies à partir d'espèces fossiles ne permettront jamais de répondre à cette question, tant que l'on ne saura pas distinguer au niveau paléontologique ce qui est variation intraspécifique et ce qui est variation interspécifique.

Les partisans des équilibres ponctués ont tiré argument des travaux des généticiens démontrant que des modifications génétiques élémentaires pouvaient conduire à des séparations d'espèces, parfois sans le moindre changement morphologique ou physiologique, alors que d'autres remaniements mineurs du génome ont au contraire des répercussions très sensibles aux niveaux morphologique ou physiologique, ou les deux à la fois, sans déterminer immédiatement la différenciation de nouvelles espèces. Darwin avait déjà souligné l'importance de ces variations considérables et transmissibles chez les espèces domestiques, sélectionnées par l'homme, en rappelant que leurs chances de survie en milieu sauvage étaient pratiquement nulles. Il a supposé qu'il en était de même pour les fortes variations apparues en milieu naturel et, à ce jour, il n'y a pas vraiment d'observations qui pourraient le démentir.

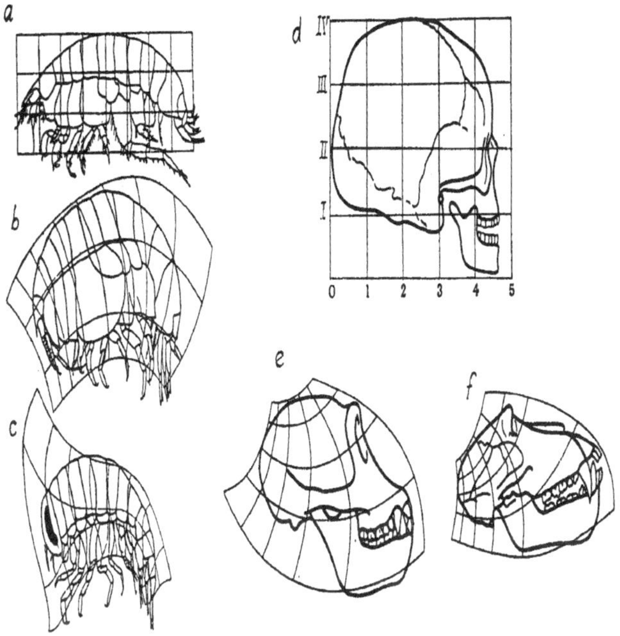

Figure 2. Les grilles de déformation curvilignes de D'Arcy Thompson. La méthode est appliquée à trois espèces de Crustacés Amphipodes *(a: Harpinia plumosa, b: Stegocephalus inflatus, c: Hyperia galba)* et aux crânes de trois primates: (*d:* l'homme, *e:* le chimpanzé et *f:* le babouin). L'ensemble des figures est emprunté à D'Arcy Thompson (1917).

3.1.3 Le gradualisme restreint à quelques types d'organisation

L'une des contributions les plus originales à l'étude du gradualisme est due à d'Arcy Thompson et figure dans son livre intitulé *On Growth and Form* (1917). Le développement d'un individu peut être représenté en le rapportant à un système de coordonnées dans l'espace, qui se courbe du fait des inégalités de croissance observées selon les régions. Les différences anatomiques qui séparent deux individus d'espèces différentes, relativement peu éloignées, peuvent être également interprétées comme le résultat d'une suite de *transformations* continues. Par exemple, on peut plaquer sur la morphologie adulte d'une espèce de crustacé un réseau de coordonnées rectangulaires et étudier à quelles déformations curvilignes il faudrait le soumettre pour que la forme initiale approche celles d'autres espèces du même groupe (figures 2a, b et c). Dans cette opération, diverses parties du corps des crustacés sont identifiées, la tête avec ses deux paires d'antennes, les segments successifs du corps, chacun portant en général une paire de pattes et chacune d'elles étant constituée de segments reconnaissables. Malgré ces formes globalement différentes, on met en correspondance des régions précises, reconnues comme *homologues,* de même que chez les vertébrés terrestres on a établi une nomenclature des pièces squelettiques avec des noms d'os bien spécifiés, comme les omoplates, les humérus, les cubitus, les radius etc., qui restent les mêmes chez des espèces éloignées comme la grenouille et l'homme, parce que ces os occupent des positions similaires dans le corps, qui furent maintenues au cours de l'évolution.

Dans la méthode que propose D'Arcy Thompson, ces structures homologues doivent conserver leurs coordonnées après la déformation curviligne. On peut ainsi rechercher les transformations qui permettraient de passer de la morphologie d'un crâne d'homme à celle d'autres espèces de primates (figures 2d-f). D'Arcy Thompson a appliqué cette même méthode de déformation continue aux espèces actuelles et fossiles, prises à l'état adulte. Il a considéré dans cette perspective l'évolution qui a conduit au cheval ou aux espèces du même groupe, mais a souligné les limites de cette technique, dont il considère qu'elle ne saurait s'appliquer à des ensembles d'espèces trop distantes les unes des autres. Dans son esprit, il serait vain par exemple de rechercher une série continue de formes intermédiaires entre un scarabée et une seiche, parce que l'organisation y est trop différente pour établir les homologies entre des parties précises de ces animaux. D'Arcy Thompson fut donc confronté à la notion de type d'organisation, dont la cohérence et la fonctionnalité reposeraient selon lui sur des raisons physico-mathématiques incontournables, et les situations propices à l'éclosion de nouveaux types d'organisation se seraient présentées rarement, mais quelquefois tout de même au cours de l'évolution. Ainsi, pour d'Arcy Thompson, l'évolution aurait été graduelle, sauf pour certaines étapes rares, touchant aux aspects les plus essentiels du plan d'organisation. Les processus qui président à une macro-évolution seraient de nature bien différente de ceux mis en jeu lors d'une micro-évolution, mais cela ne remet pas en cause le continuisme considéré dans ses deux premières acceptions évoquées plus haut, c'est-à-dire que les êtres vivants sont tous issus les uns des autres ou de parents communs et que toutes les espèces appartiennent à un seul et même arbre généalogique. D'Arcy Thompson admet ainsi que l'argument essentiel du gradualisme pourrait être transgressé en quelques circonstances exceptionnelles.

3.1.4 Les «chaînons manquants» sont-ils bien réels?

L'absence de formes de transition entre certains groupes d'espèces est l'un des arguments clé à l'encontre du gradualisme intégral. Darwin évoquait les raisons de la rareté de certains restes fossiles, notamment les mauvaises conditions de conservation au sein de sédiments souvent remaniés, estimant que les collections paléontologiques ne pouvaient donner qu'une vision infime de l'ensemble des espèces des temps passés, et dont l'immense majorité avait disparu. Ces collections se sont enrichies de nos jours, mais les progrès de la morphologie paraissent multiplier les chaînons manquants, au lieu de les combler. En y regardant de près, ces lacunes nouvelles seraient tout de même moins amples aujourd'hui, que celles répertoriées antérieurement. Il n'en reste pas moins que, dans l'esprit de beaucoup de paléontologistes et non des moindres, les chaînons manquants devraient subsister indéfiniment, quel que soit l'avancement des recherches, et que celles-ci ne devraient pas cesser d'en mettre de nouveaux en évidence. Il fut donc proposé que les chaînons manquants n'avaient d'autres raisons que l'absence de formes de transition ou leur existence fort brève, au sein de populations réduites.

Darwin avait déjà relevé que certaines évolutions comportaient des pauses alternant avec des accélérations, comme nous l'avons rappelé. Cela fut repris dans le cadre de la théorie synthétique, en suggérant que de petites populations isolées momentanément pouvaient être le siège de fortes pressions de sélection et, dès lors, évoluer plus vite, ce dont rendent compte des modèles simples de génétique des populations (Mayr, 1942, 1991). En passant à la limite avec le modèle ponctualiste et des évolutions quasi-instantanées, au regard des temps géologiques, ces petites populations n'auraient laissé pratiquement aucune trace. En fait, de nombreux groupes d'espèces ne sont pas avares en formes intermédiaires, retrouvées en grand nombre à l'état fossile, et ce fut le cas de nombreux microorganismes, de bien des invertébrés, ou même de vertébrés, comme le montre l'histoire paléontologique des chevaux, illustrée par de nombreux auteurs, même si des modèles ponctualistes furent proposés.

Rappelons pourtant ce que l'on appelle les «chevauchements circulaires». Il s'agit de chaînes de populations distribuées géographiquement selon une bande fort allongée, dont les extrémités se recouvrent, sans croisement possible des populations qui correspondent à ces extrémités réunies, alors qu'elles sont reliées par une série de populations interfécondes tout au long de cette bande circulaire. Ces spéciations géographiques se comprennent dans le cadre d'une progression graduelle de changements évolutifs, avec intergradations et intercroisements des populations en présence. C'est le cas de certains goélands dont les territoires sont distribués autour du pôle nord, ou celui d'une série de sous-espèces d'abeilles réparties autour de massifs montagneux aux Etats-Unis (Mayr, 1974). Ces exemples de différenciation progressive au niveau géographique ne sont probablement pas aussi schématiques que nous les présentons, mais leur étude détaillée a toujours été considérée comme l'une des démonstrations convaincantes du gradualisme et demeure aujourd'hui un défi difficile à relever pour les ponctualistes, dont on ne connaît, semble-t-il, que bien peu de commentaires sur ces cas de figures pourtant bien remarquables.

3.1.5 Origine plausible de certains «chaînons manquants»

Une autre interprétation des chaînons manquants pourrait être proposée, mais ne semble pas avoir été considérée jusqu'à présent, bien qu'elle repose sur des observations anciennes, dont la validité reste intacte, celles de Darwin en particulier dans son livre sur les variations des animaux et plantes domestiques.

Ces variations constatées au sein des espèces, ou entre les espèces, sont de deux types: il en est de *continues* comme celles concernant la taille par exemple, mais d'autres sont *discontinues* par nature, notamment la présence de certaines dents supplémentaires, ou l'inverse, et plus rarement d'un doigt supplémentaire, ou bien encore le nombre de vertèbres qui est modifié d'une ou deux unités, par excès ou par défaut. Le nombre de pétales d'une fleur paraît fixe chez certaines espèces, mais il n'en est pas ainsi chez toutes les espèces.

Comme l'avait entrevu Buffon, certaines variations intra-spécifiques peuvent dépasser en ampleur celles de même nature qui séparent deux espèces différentes, et donc sans possibilités de fécondation croisée, au moins dans les conditions naturelles. Plus tard, Darwin a comparé les variations intra- et interspécifiques chez certains groupes animaux ou végétaux, en particulier dans le cas des animaux domestiques et celui des plantes cultivées, mais aussi pour les formes sauvages et il en avait retiré un résultat essentiel:

> ...En effet, dans les localités où on rencontre beaucoup d'espèces d'un genre quelconque, – c'est-à-dire là où il y a eu précédemment beaucoup de variations et de différenciations et là où une création active de nouvelles formes spécifiques a eu lieu – on trouve aujourd'hui même dans ces mêmes localités et dans ces mêmes espèces le plus grand nombre de variétés...

Au point de vue pratique, cela signifie que l'on aura du mal à reconnaître si certaines variations sont imputables à l'appartenance à des espèces distinctes ou aux variétés d'une même espèce, si l'on n'a pas la possibilité de tester la fécondité. Ce problème se pose pour les espèces étudiées à partir d'échantillons non vivants, comme on en dispose dans les collections, et *a fortiori* pour les espèces disparues, définies par leurs fossiles. Pour ce qui est de l'évolution, cette remarque vaut d'être appliquée à la notion même de chaînon manquant, dont la recherche vise à combler une lacune de la généalogie des espèces.

Les variations discontinues sont précisément de nature à ne pas nous livrer ces formes intermédiaires, et beaucoup d'entre elles sont probablement intra-spécifiques. L'étude des animaux domestiques a montré l'amplitude considérable de ces variations, sans compromettre la fécondité avec les formes sauvages. Cependant les animaux de la ferme replacés dans la nature et livrés à eux-mêmes seraient probablement éliminés. Puisque des variations considérables se présentent, et qu'elles furent pour certaines à l'origine des espèces domestiques, il n'est pas exclu de voir apparaître chez les espèces sauvages certains individus également porteurs de variations intra-spécifiques considérables, avec une descendance viable dans les conditions naturelles, mais nous n'en connaissons pas d'exemples. S'il en existait, cela rendrait plus crédible l'idée proposée par D'Arcy Thompson pour les macro-évolutions.

Notre hypothèse est que le problème des *chaînons manquants* est bien réel, mais que son étude doit prendre en compte l'existence de *variations discontinues intra-spécifiques,* sans ignorer non plus la possibilité d'une connaissance incomplète des restes fossiles, dont certains auraient disparu à jamais. L'évolution de l'espèce doit donc être comprise comme celle d'une communauté d'individus interféconds, avec toutes les variations dont ils sont capables, notamment discontinues. A l'échelle de l'espèce, l'évolution rapportée à un individu «moyen» demeure progressive, même si des changements de rythmes demeurent sensibles au gré des circonstances. Bien évidemment, ce que nous proposons ici n'est qu'hypothèse de travail, mais pourrait donner substance à des recherches précises.

Pour des raisons similaires, les processus de développement sont progressifs à l'échelle de l'individu ou de ses tissus ou organes, même en cas de métamorphose, parce qu'il s'agit également de phénomènes collectifs au sein de populations cellulaires considérables. Ces modifications comportent la destruction programmée de certains tissus, en même temps que d'autres sont élaborés, mais tous ces remaniements interviennent de manière graduelle. On peut étendre ce principe aux structures cellulaires elles-mêmes, au cours d'un cycle de division ou lors d'une différenciation, en raison des larges effectifs de macromolécules impliquées.

Nous n'écartons pas pour autant l'existence de processus discontinus, procédant parfois par tout ou rien, mais au niveau local et non collectif. Nous proposons d'en donner quelques exemples concernant les changements de symétrie dans le développement et l'évolution des organismes. En effet, les physiciens sont habitués à considérer les symétries des systèmes et des processus qui les modifient. Certaines d'entre elles sont rompues par un changement d'état, comme l'eau liquide, lorsqu'elle se transforme en glace. On dit alors qu'il y a brisure de symétrie. En effet, dans l'eau liquide, toute droite est un axe de révolution, statistique, pour toutes les propriétés physiques, alors qu'il n'existe plus pour la glace que quelques axes de symétrie bien spécifiés localement et qui ne sont certainement pas de révolution. Au contraire, on parle de restauration des symétries, quand la glace se met à fondre. Si l'on observe une modification de symétrie, elle doit intervenir lors d'étapes précises. Il se trouve que les choses sont moins simples et plus progressives dans les systèmes vivants, ce qui peut nous éclairer sur les raisons premières du gradualisme défendu par Darwin, qui intervient selon nous aussi bien dans le déroulement du cycle cellulaire, que dans le développement de l'individu ou dans l'évolution des espèces.

4. Le gradualisme dans le contexte des rapports entre ontogenèse et évolution

Les enseignements universitaires sur l'évolution biologique dans les années 50 et 60 reposaient sur une confrontation raisonnée des données de la paléontologie, de l'anatomie comparée et de l'embryologie, ce qui permettait de dégager certaines lois générales et l'ensemble recevait un cadre théorique, basé sur quelques notions simples, issues de la génétique des populations. Les faits les plus marquants qui rendent indubitable la transformation des espèces étaient rappelés, ainsi que les mécanismes qui en avaient été proposés: le point de vue de Lamarck avec l'esquisse d'une hérédité de l'acquis, s'appliquant aux organes que l'individu aurait pu renforcer en les faisant fonctionner au cours de son existence; celui de Darwin qui privilégie la sélection naturelle dans un cadre de compétition malthusienne, en conservant parfois une certaine dose d'hérédité de l'acquis; et finalement la théorie synthétique qui, au contraire, exclut l'hérédité de l'acquis, faute de preuves, et se base sur les nombreuses données de la génétique, avec ses mutations et tous les remaniements du matériel héréditaire, à l'origine de variations transmissibles d'une génération à la suivante. Le point de vue gradualiste de Darwin, qui avait été combattu à de nombreuses reprises, malgré sa nécessité incontournable, se trouvait réintégré dans la théorie synthétique et aussi dans les enseignements, qui n'ont guère changé au cours des cinquante dernières années, hormis quelques additions sur l'utilisation des données moléculaires dans l'établissement des généalogies évolutives, et la découverte d'horloges moléculaires, momentanément contestées, mais qui ont sérieusement renforcé la conception gradualiste.

Dès lors, on comprend mal les raisons d'une nouvelle contestation du gradualisme à partir des années 70, avec la théorie des «équilibres ponctués», évoquée plus haut, qui ne se différencie guère des rythmes plus ou moins élevés des transformations, selon des conceptions déjà proposées par Darwin avec plus d'un siècle d'avance. Les problèmes en suspens qui pouvaient justifier un tel retour en arrière sont au nombre de deux : d'abord la question des chaînons manquants, qui a beaucoup alimenté ce courant théorique, mais nous avons dit ce qu'il en était, notamment sur la nature des recherches à entreprendre à ce sujet; ensuite le fait que des modifications génétiques mineures aient des conséquences physiologiques considérables, parfois de nature endocrine, entraînant le décalage dans le temps de certaines phases physiologiques par rapport à d'autres évènements du développement, ce que l'on appelle *hétérochronies*. Mais celles-ci ont pu également se manifester sous forme de variations d'abord intraspécifiques importantes et certaines purent à la longue être fixées en d'authentiques spéciations, et nous pouvons transposer ici les considérations que nous avons développées au sujet des chaînons manquants.

Rappelons aussi que les travaux les plus précis sur les hétérochronies sont dus à F. Grandjean, même s'il n'employait pas ce terme créé bien plus tard. Ce grand pionnier fut l'auteur d'études statistiques sur la symétrie des distributions d'organes ou sur les écarts à ces symétries, qui l'ont conduit à des descriptions précises des modalités du gradualisme. Ce fut à l'occasion de ces recherches concernant principalement les Acariens qu'il fit apparaître une articulation précise entre ontogénie et phylogénie, dans un ensemble d'articles représentant plus de trois mille pages publiées en France et republiées intégralement en Hollande. Cette oeuvre très illustrée constitue désormais l'outil privilégié des Acarologues, mais demeure inconnue des évolutionnistes. Il aura fallu au moins vingt ans pour que soient appréciés les travaux de Hennig dans la construction des généalogies d'espèces. Ceux de Grandjean connaissent un sort encore moins enviable, depuis cinquante ans, c'est-à-dire plus que Mendel avec les premières expériences cruciales en génétique. Nous précisons tout cela dans un travail consacré à Grandjean, avec toutes les références nécessaires (Bouligand, 1989).

4.1. Deux exceptions apparentes au gradualisme phylogénétique

Très curieusement, les adversaires récents du gradualisme ne semblent pas avoir tiré parti de situations qui pouvaient leur donner raison, de manière assez spectaculaire, mais seulement en apparence, encore que des recherches précises restent à faire. Le consensus gradualiste des années 50 et 60 aurait dû attirer l'attention sur certains exemples où les discontinuités évolutives semblaient inévitables et certaines d'entre elles furent exposées dans le livre de D'Arcy Thompson, cité plus haut. L'une des idées de ce livre est que les thèses gradualistes sont fort bien illustrées par les variations géométriques continues que l'on observe dans les formes du squelette au cours du développement ou de l'évolution. Mais ce livre montrait aussi les limites de la conception gradualiste, en soulignant que de fortes discontinuités seraient intervenues à divers stades de l'évolution. Ce fut initialement l'exemple des Radiolaires présenté dans ce livre qui nous a le plus frappé, bien que D'Arcy Thompson ne le considère pas sous l'angle évolutif que nous allons discuter.

5. Les symétries polyédriques de certains microorganismes

Comme nous l'avons indiqué plus haut, le squelette siliceux de quelques espèces de Radiolaires *(Phaeodariae),* groupe de protozoaires planctoniques, offre des symétries proches de celles des polyèdres réguliers (figure 1) et la géométrie nous apprend qu'il en existe cinq: le tétraèdre, l'octaèdre, l'icosaèdre, le cube et le dodécaèdre pentagonal, tous représentés sur la figure 3, avec la même longueur d'arête pour tous ces polyèdres. Ils sont limités par des faces qui sont des polygones réguliers: triangle équilatéral, carré ou pentagone régulier.

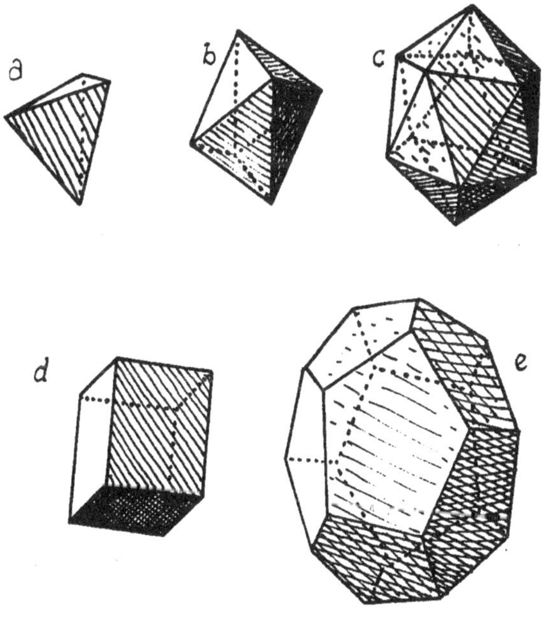

Figure 3. Les cinq polyèdres réguliers. Des triangles équilatéraux peuvent être assemblés en tétraèdres à quatre faces *(a)*, en octaèdres à huit faces *(b)*, ou en icosaèdres à vingt faces *(c)*. Des carrés peuvent être assemblés en cubes à six faces *(d)* et des pentagones réguliers en dodécaèdres à douze faces *(e)*.

Les trois premiers polyèdres de cette figure comportent tous des triangles équilatéraux pour faces et se distinguent par le nombre d'arêtes (ou de faces) qui se joignent à chaque sommet, trois pour le tétraèdre, quatre pour l'octaèdre et cinq pour l'icosaèdre. Pour le cube, trois faces carrées ou trois arêtes se joignent à chaque sommet, de même que trois faces pentagonales ou trois arêtes dans le cas du dodécaèdre régulier.

Ces belles figures géométriques étaient connues depuis l'Antiquité, et on les nomme souvent «solides de Platon», parce que ce philosophe les a décrites et proposait même une théorie des éléments de notre monde sensible, basée sur l'assemblage de sous-unités présentant des formes comparables. Des galets sculptés découverts en Ecosse offrent des symétries analogues et dateraient de la préhistoire (figure 4). Ces formes auraient donc été manipulées et imaginées depuis des temps fort reculés, peut-être contemporains des mégalithes de Stonehenge (Dress, 1986). Ceci confirmerait que les idées authentiquement neuves sont rares, de même que les thèmes essentiels des grands auteurs, de Platon à Darwin, qui s'enracinent dans un passé lointain, un aspect non négligeable du gradualisme pour ce qui est de l'évolution des idées.

Figure 4. Sculptures de la préhistoire illustrant les symétries des polyèdres réguliers, bien que pour la troisième et peut-être la quatrième d'entre elles, les choses ne soient pas évidentes (dessin d'après des photographies publiées par Dress, 1986).

La pensée fut construite autour d'archétypes demeurés intacts au cours des siècles, comme le fut celui des polyèdres réguliers, et des illustrations en ont existé au sein de la biosphère, bien avant l'éclosion de l'espèce humaine, chez quelques espèces de radiolaires représentées sur la figure 1, ou chez certains virus (figure 5 a) ou encore pour les grains pollens de plusieurs plantes à fleurs (figure 5 b-d). L'évolution du vivant a donc connu des occasions très différentes d'introduire des formes polyédriques ou des structures dérivées, mais elles sont également apparues en des structures sans rapport direct avec la vie, comme divers arrangements d'atomes dans les molécules ou dans les cristaux, avec des angles caractéristiques entre les directions des liaisons covalentes, qui sont directement issus de cette géométrie.

Pour ce qui est de l'adénovirus de la figure 5a, les sous-unités protéiques ou capsomères, qui en constituent la paroi externe, forment un réseau hexagonal, installé à la surface d'un icosaèdre. Les capsomères sont entourés de six voisins, à l'exception de ceux qui sont situés aux sommets avec cinq voisins seulement. Ces deux types de capsomères, hexons ou pentons, peuvent être séparés et présentent des propriétés antigéniques différentes. Beaucoup de grains de pollen de plantes à fleurs sont de forme dodécaédrique, relativement régulière (figures 5b-d). Chaque droite passant par deux sommets diamétralement opposés est un axe d'ordre 3 et il y en a dix en tout, la figure 5b correspondant à peu près à l'observation selon un tel axe. De même, six axes d'ordre 5 joignent deux à deux les centres des faces pentagonales diamétralement opposées et la figure 5c est obtenue en projection sur les plans normaux à de tels axes. Notons aussi la présence d'une face hexagonale, visible sur l'un des grains de pollen, de la figure 5d, dont les faces sont ordinairement pentagonales. Ceci nous indique la présence d'irrégularités que l'on rencontre aussi chez les radiolaires et de manière différente chez les virus.

Plus précisément, une autre anomalie intervient chez le radiolaire de la figure 1f, avec un sommet où convergent six arêtes et six faces triangulaires, non équilatérales. D'Arcy Thompson présente des radiolaires qui associent de diverses manières des faces pentagonales et hexagonales. Certains défauts plus simples sont repérables, même s'ils ne sont pas visibles directement sur les documents, comme le suggère la différence d'aspect des deux espèces de radiolaires des figures 1*d* et 1*e* dont les faces triangulaires équilatérales se joignent cinq par cinq à chaque sommet. Il devrait donc s'agir dans les deux cas de formes icosaédriques, mais la forme de la figure

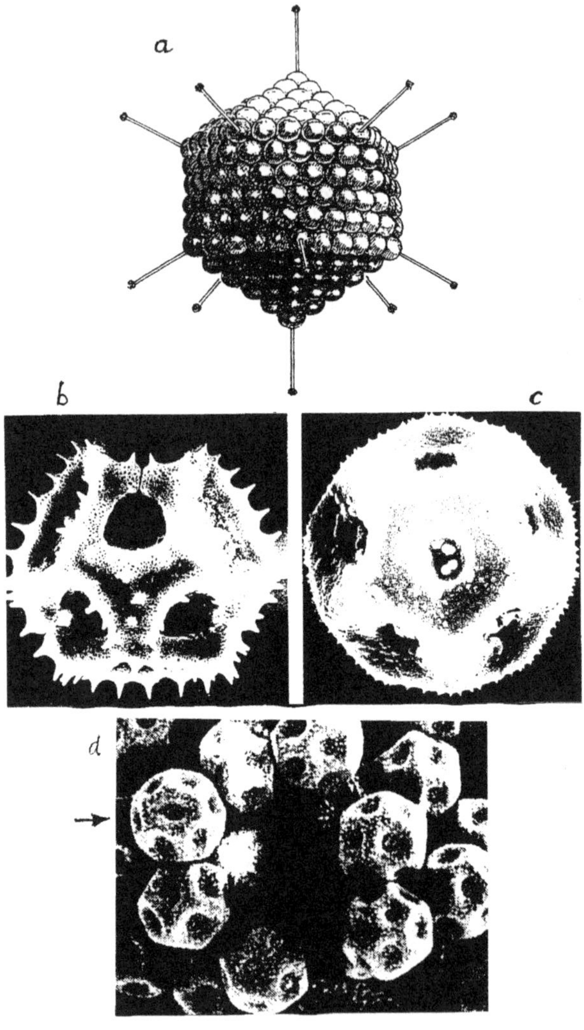

Figure 5. a: Les adénovirus sont protégés par une capside de forme icosaédrique constituée de sous-unités globulaires protéiques ou capsomères, dont il existe deux types: les hexons entourés de six autres capsomères et les pentons situés aux douze sommets du polyèdre et entourés chacun de cinq autres capsomères; chaque penton est muni d'une tige rigide avec une structure satellite à l'extrémité. *b* et *c:* deux grains de pollen de forme dodécaédrique, chez le pissenlit *(b)* et la stellaire *(c)*. *d:* groupe de grains de pollen dodécaédrique chez le mouron; l'un des grains présente une face hexagonale (flèche) avec six faces voisines qui sont pentagonales. Ces irrégularités sont fréquentes (*a*: dessiné d'après photographie, Sitte, 1986; *b* et *c:* d'après des micrographies de M.-Th. Misset, dans Bouligand, 1994 b; *d:* d'après Burgess *et al.,* 1987).

le semble présenter moins de faces. On le conçoit en admettant la présence de défauts sur la partie cachée, comme l'indique la figure 6.

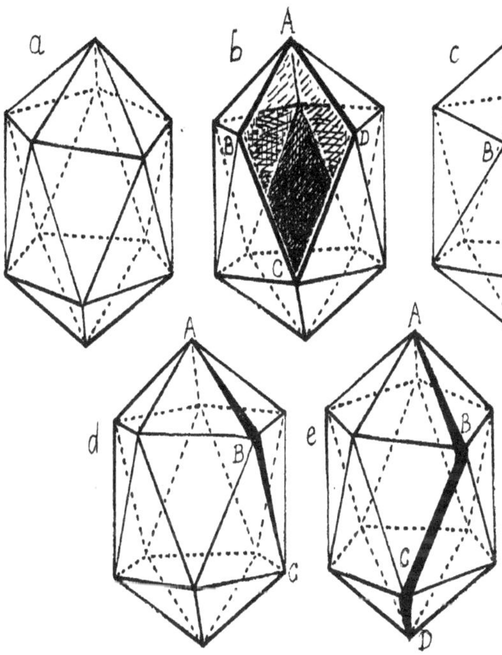

Figure 6. Production de défauts dans un polyèdre régulier. Un icosaèdre régulier *(a)* est privé de deux faces correspondant à un contour *ABCD* en *(b)*. Des déformations sont produites en superposant *B* et *D*, en créant un sommet *BD* joignant six arêtes, et deux autres avec quatre arêtes en *A* et *C* respectivement *(c)*. Au lieu de soustraire des faces, on peut en additionner après clivage *(d, e)*.

Revenons à l'icosaèdre régulier, dont la forme parfaite est présentée sur la figure 6a, avec les faces cachées dessinées en pointillés. Examinons d'abord les aspects topologiques et géométriques des irrégularités que l'on peut y introduire. Certains défauts sont obtenus en supprimant deux faces adjacentes d'un icosaèdre, le long d'un contour *ABCD* (figure 6b) et, moyennant certaines déformations, on recolle les deux bords *ABC* et *ADC*, en joignant *B* et *D*, ce qui donne un nouveau sommet *BD* où convergent six arêtes (et six faces), alors que les sommets *A* et *C* n'en comportent plus que quatre (figure 6c). Dans ces opérations, les faces restent planes, mais certaines d'entre elles cessent d'être équilatérales. Inversement, on peut cliver un icosaèdre, en coupant la surface polyédrique selon certaines arêtes, en suivant un parcours plus ou moins long comme *ABD* sur la figure 6d et *ABCD* sur la figure 6e. En écartant les bords, on peut introduire des faces triangulaires supplémentaires: deux en *d* et quatre en *e*, ce qui donne en *d* un sommet à quatre arêtes et deux à six arêtes; pour la figure 6e, quatre faces triangulaires peuvent être additionnées, donnant lieu à deux sommets à quatre arêtes et deux sommets à six arêtes, avec également des modifications de longueur des arêtes. Les formes observées pourraient minimiser certaines fonctions de ces polyèdres irréguliers et, pour certains d'entre eux, ce pourrait être l'écart-type de la longueur des arêtes. Il nous resterait donc à vérifier l'existence de ces dispositions chez certaines espèces de ces radiolaires. Rien n'exclut l'existence de telles variations au niveau intraspécifique dans ce groupe; elles toucheraient au nombre de sommets ou de faces, ou même au nombre de côtés des faces. On comprend dès lors la possibilité d'une diversification des formes polyédriques en espèces distinctes, sans la nécessité d'une discontinuité évolutive au sein des populations.

6. La théorie des transformations de D'Arcy Thompson

C'est en utilisant les grilles curvilignes présentées sur la figure 2, que D'Arcy Thompson a donné l'une des plus belles illustrations du gradualisme. Il les a appliquées à l'histoire évolutive des chevaux, notamment à propos de leur morphologie crânienne, considérée sur la figure 7. A première vue, on conçoit le passage continu d'une forme à l'autre au cours des temps géologiques et la notion d'évolution graduelle apparaît incontournable.

Une grille rectangulaire est superposée à une vue latérale du crâne de l'un des premiers ancêtres du cheval au début de l'ère tertiaire (figure 7a) et l'on voit ce qu'elle donne sous forme curviligne avec le crâne d'un cheval actuel. D'Arcy Thompson a suggéré comment certaines espèces dont on pensait qu'elles constituaient le passage direct entre deux espèces appartenaient en fait à des branches divergentes de la généalogie. Il en déduisit une méthode d'estimation des distances phylétiques, suggérant que les chevaux et les lapins conservaient entre eux une forte proximité (1), contrastant avec les distances séparant les chevaux d'autres ongulés (2), ou encore les lapins d'autres rongeurs (3). Les généalogies récentes basées sur un maximum de données morphologiques et moléculaires (Liu *et al.,* 2001) confirment les distances considérables soulignées au point (2), mais non au point (3); par contre, le point (1) suggère que des comparaisons plus directes et plus diversifiées restent à entreprendre au niveau moléculaire entre chevaux et lapins.

Les idées anciennes de D'Arcy Thompson sur ces transformations curvilignes ont repris vie avec les facilités offertes par les ordinateurs, et ont surtout permis la mise au point de techniques très efficaces en morphométrie, notamment au niveau évolutif (Bookstein, 1996).

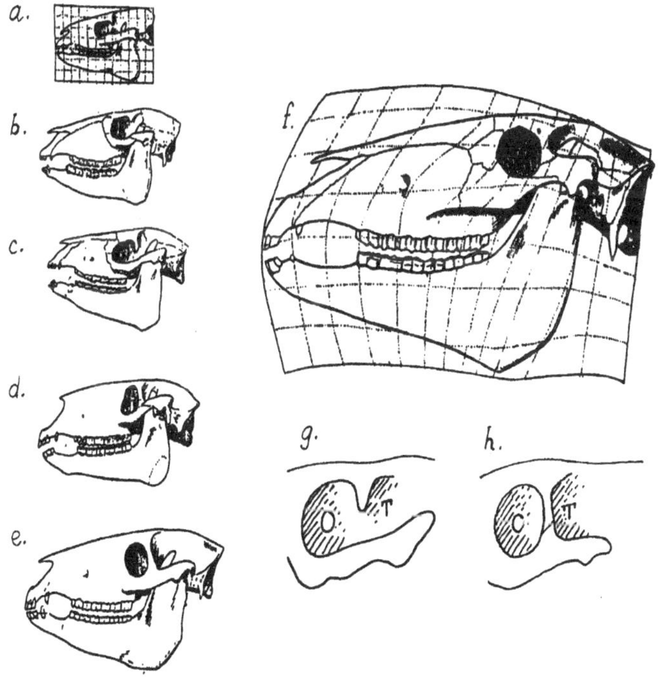

Figure 7. Evolution du crâne des chevaux au cours de l'ère tertiaire (a-e), jusqu'à la forme actuelle *f* (quaternernaire), *a:* Hyracotherium, de l'éocène; *b:* Mesohippus, de l'oligocène, *c:* Miohippus; *d:* Parahippus; *e:* Protohippus du miocène; *f:* crâne du cheval actuel; *g:* communication des fosses orbitaires et temporales, comme on les observe de *a* à *c*. *i* et *j:* modification de la grille permettant la séparation des fosses orbitaire et temporale. (*a* à *f* d'après D'Arcy Thompson, 1917).

D'Arcy Thompson a également signalé que l'orbite de certains chevaux fossiles communiquait avec la fosse temporale (figure 7a-c), alors qu'elle en était séparée chez d'autres espèces généralement plus récentes (figures 7d-f). Cette évolution morphologique devrait déterminer de très fortes distorsions du réseau curviligne, mais il n'en est pas tenu compte dans la figure 7f. La séparation des deux fosses temporale (*T*) et orbitaire (*O*) se fait par le développement de deux extensions osseuses qui finissent par se rencontrer. Une ligne de suture peut en résulter, en conservant ainsi la trace de ce rapprochement, chez le cheval actuel en particulier. Cette transformation est représentée schématiquement sur les figures 7g et h.

Nous avons rencontré des distorsions comparables en établissant les réseaux de transformation, dans l'étude comparée d'une vingtaine d'espèces chez une famille de crustacés endoparasites des Octocoralliaires (Bouligand, 1966). Plusieurs paires de pattes sont absentes chez certaines espèces, alors que les crochets ou les plaques situés au niveau des appendices conservés se sont modifiés ou ont même disparu, selon les espèces. Nous avons compris seulement bien plus tard la nature des solutions à envisager dans ces comparaisons morphologiques, notamment les remaniements à introduire sous forme de singularités dans les réseaux curvilignes (Bouligand, 1993, 1996). De telles singularités furent observées au niveau du squelette externe de certains invertébrés de type articulé, comme les crustacés, les insectes, les araignées etc. Leur apparition au cours du développement ou de l'évolution peut se faire de manière pratiquement continue, comme nous avons eu l'occasion de le représenter plusieurs fois (Bouligand, 1969, 1972, 1993, 1996, Bouligand et Lepescheux 1998).

Des singularités furent également observées dans le développement de certains vertébrés (Figure 8). Chez les jeunes têtards, la peau comporte des fibrilles conjonctives, qui sont situées sous l'épiderme et suivent un réseau de courbes se coupant pratiquement à angle droit (figure 8a). L'orientation de ce réseau change autour de points singuliers bien repérables par les motifs triangulaires (t) ou pentagonaux (p) qu'ils déterminent (Rosin, 1946). Cet aspect général résulte de la superposition de minces couches fibrillaires parallèles, dont les orientations alternent à angle droit d'une couche à l'autre, comme dans un contreplaqué. L'arrangement de ce dernier autour des singularités trigonales ou pentagonales est représenté sur les figures 8b et c, tel qu'il fut observé dans les structures analogues de la peau de certains vers marins (Lepescheux, 1988 ; Bouligand et Lepescheux, 1998). Ce réseau prend de l'importance au cours du développement et constitue le derme.

Des agencements comparables avec le même type de singularités furent observés chez certains poissons (Garrault, 1937) et divers invertébrés, notamment les crustacés et les insectes (Bouligand, 1969, 1972).

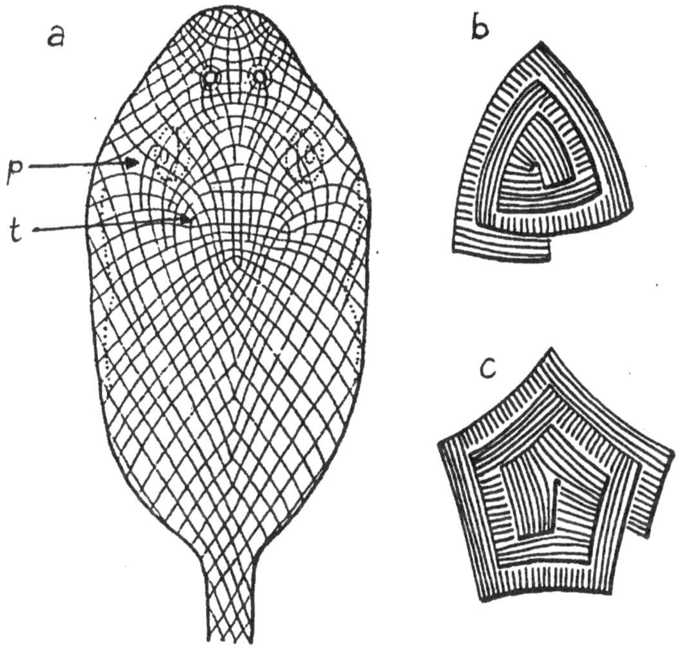

Figure 8. a. Distributions des fibres conjonctives sous l'épiderme d'un jeune têtard, en vue dorsale (d'après Rosin, 1946). Les flèches indiquent des singularités trigonales *(t)* ou pentagonales *(p)*. *b:* Représentation tridimensionnelle d'une singularité trigonale. *c:* Cas d'une singularité pentagonale.

Les structures en contreplaqué fibrillaire ne manquent pas dans l'organisation du vivant; on les trouve dans le tissu osseux compact des vertébrés, mais plus généralement dans de nombreuses matrices extracellulaires, c'est-à-dire les tissus conjonctifs, les cuticules externes, comme les carapaces d'arthropodes, et les parois cellulaires végétales (Fawcett, Richards, Frey-Wyssling 1972). L'existence de singularités dans ces systèmes ne fait aucun doute et nous suggérons qu'elles pourraient être impliquées en divers remaniements dont ces cellules et tissus embryonnaires seraient le siège, Elles pourraient également intervenir aussi au cours de l'évolution. Bien d'autres ruptures de symétries interviennent dans le développement, et il nous faut le rappeler maintenant.

6.1 Deux exceptions apparentes au gradualisme ontogénétique

Le développement de la cellule initiale que constitue l'œuf issu de la fécondation comporte une série de divisions donnant des cellules d'abord identiques, mais des différences apparaissent rapidement, pendant que s'ébauchent les premiers tissus de l'embryon. Les destins des cellules sont fort contrastés, selon qu'elles s'intègrent au système nerveux, aux muscles, au squelette, au tube digestif ou à d'autres organes, sans oublier la peau. De nombreuses étapes jalonnent ces séries de différenciations au cours du développement. A l'intérieur même des cellules des modifications se produisent et certaines régions peuvent s'y différencier.

7. Brisures de symétrie avant et après la fécondation

Chez les grenouilles, dans la lignée des cellules conduisant aux ovules et à l'œuf, apparaissent d'abord les ovogonies avec une symétrie grossièrement sphérique (figure 9 a). A des stades ultérieurs, les ovocytes et les ovules présenteront une symétrie axiale de révolution (figure 9 b) et finalement une symétrie bilatérale chez l'œuf, après la fécondation (figure 9 c) Mais ces changements de symétrie et leurs effets se manifestent progressivement.

Contrairement aux ovogonies qui ont un noyau bien central, celui-ci est progressivement décentré dans les ovocytes, et deux régions se différencient: l'une appelée pôle «animal» se distingue par une plus forte concentration en acides ribonucléiques et davantage de pigments en surface; l'autre appelée pôle «végétatif» correspond à une région riche en réserves, connues sous le nom de vitellus, La symétrie globale de l'ovule est de révolution autour de l'axe qui joint ces deux pôles, c'est-à-dire qu'une rotation autour de cet axe superpose l'ovule à lui-même, sans modifier la distribution du vitellus, ni celle des pigments, ni celle d'autres constituants chimiques

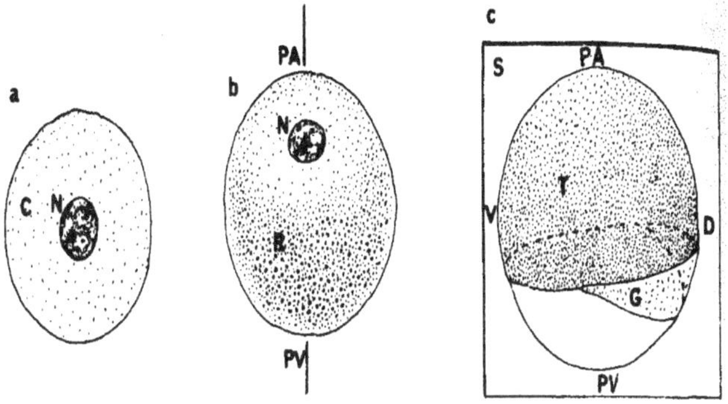

Figure 9. Les symétries successives d'un ovocyte *(a)*, d'un ovule *(b)* et d'un œuf fécondé *(c)* chez les batraciens (diamètre en b et c proche de 1,5 mm). *a:* Symétrie sphérique d'un très jeune ovocyte (*C:* cytoplasme; : noyau). *b:* Symétrie de révolution autour d'un axe PA-PV joignant les pôles animal et végétatif (*N:* noyau; *R:* réserves vitellines). *c:* Symétrie bilatérale de part et d'autre d'un plan *S* apparaissant après la fécondation; le plan *S* contient l'axe de révolution initial PA-PV et le point de pénétration du spermatozoïde; la pigmentation est très étendue, sur une région *T* couvrant plus que l'hémisphère animal, et se trouve plus diluée au niveau d'un «croissant gris» *G*. L'orientation du futur embryon est parfaitement définie à ce stade, avec le côté dorsal *D* et le ventral *V*, de même que les côtés droit et gauche (d'après Bouligand, 1981).

Lors de la ponte, les ovules font un peu plus d'un millimètre de diamètre et sont entourés d'un revêtement gélatineux qui gonfle dans l'eau en formant une sorte de bille de gelée transparente, d'un centimètre de diamètre. Les ovules sont bien au centre de ces sphères gélatineuses, mais leurs axes sont distribués au hasard, alors qu'ils seront verticaux quarante-cinq minutes après la ponte, en raison d'une densité plus élevée des constituants du vitellus. Quand la fécondation intervient, la symétrie de révolution de l'ovule est rompue et se limite alors à une symétrie par rapport à un plan défini par trois points: les deux pôles animal et végétatif *A* et *V*, et le point *S* de pénétration du spermatozoïde, qui se situe non loin du pôle animal, mais n'est pas confondu avec lui. Il s'agit du futur plan de symétrie entre les parties droite et gauche de l'individu, si le développement se poursuit normalement. Ce plan *AVS* a donc été choisi parmi les plans méridiens de l'ovule, quand celui-ci présentait sa symétrie de révolution. Chacun de ces plans était alors un plan de symétrie statistique de la distribution des pigments, des réserves vitellines et d'autres constituants de l'ovule. La position du méridien définie par l'impact du spermatozoïde est repérable par une trace de pigment superficiel, entraînée en profondeur dans le cytoplasme de l'ovule. Une large partie des symétries de l'ovule disparaît ainsi lors de la fécondation, mais la manifestation de la symétrie droite-gauche du futur individu ne se fait que très progressivement, comme nous allons le voir.

La pénétration du spermatozoïde déclenche un phénomène rapide, la réaction corticale, comportant une dépolarisation électrique de la membrane de l'œuf, la libération d'ions calcium et l'exocytose d'une série de vésicules, les granules corticaux. Ce processus se propage à la surface de l'ovule, comme une onde solitaire, en déterminant le soulèvement de la membrane de fécondation et en interdisant toute pénétration ultérieure de spermatozoïdes. La fécondation met en route un programme complexe, celui de l'embryogenèse déjà préparé pour partie dans l'ovule, mais en attente avant la fécondation. La pénétration du spermatozoïde et le contact de sa pointe antérieure ou acrosome avec la membrane de l'ovule constitue un signal bref qui déclenche toute une série de phénomènes rapides, mais la morphogenèse proprement dite qui en résultera se fera dans un contexte plus graduel, notamment le passage de la symétrie de révolution à la symétrie bilatérale.

La distribution des pigments se modifie, mais pas d'un coup, et fait apparaître un «croissant gris», symétrique par rapport au plan méridien contenant le point de pénétration du spermatozoïde; il s'agit du plan qui deviendra le plan de symétrie bilatérale de l'embryon. Ce croissant est en position dorsale par rapport au futur embryon, et l'axe des pôles animal et végétatif correspond à l'axe antéro-postérieur du futur têtard. Tout cela permet de reconnaître ce qui se situe à droite ou à gauche et, de manière générale, les méthodes n'ont pas manqué pour déterminer quelle partie de l'œuf donne telle partie de l'embryon aux divers stades de son développement et avec quelle précision. Des plans d'ébauches présomptives des futurs tissus et organes furent même établis, en suivant le devenir de la mosaïque des pigmentations ou en utilisant divers marquages par des colorants vitaux de cellules ou des lignées qui en dérivent. Les étapes de la morphogenèse de même que les ruptures de symétrie qui la caractérisent sont très progressives.

Après la fécondation, la cellule-œuf se divise en cellules filles, sans que le volume total soit modifié, de sorte que les dimensions cellulaires diminuent dans ce processus de segmentation. En général, le premier plan de séparation de l'œuf en deux cellules coïncide avec le futur plan de symétrie de l'animal, défini par les points *A*, *V* et *S*, *mais ce n'est pas toujours le cas* et ce premier plan de segmentation peut s'écarter fortement du point *S*, parfois de plusieurs dizaines de degrés, bien qu'il continue de passer par *A* et *V*, c'est-à-dire d'être méridien. Même dans ce cas particulier, le plan *AVS* constituera le plan de symétrie du futur embryon, différent alors du premier plan de clivage de l'œuf. Cette observation très souvent rapportée nous suggère que la position des cloisons cellulaires n'est pas complètement déterminante dans les processus de morphogenèse, ce qui fut confirmé par bien des expériences, dont l'une est très révélatrice (figure 10).

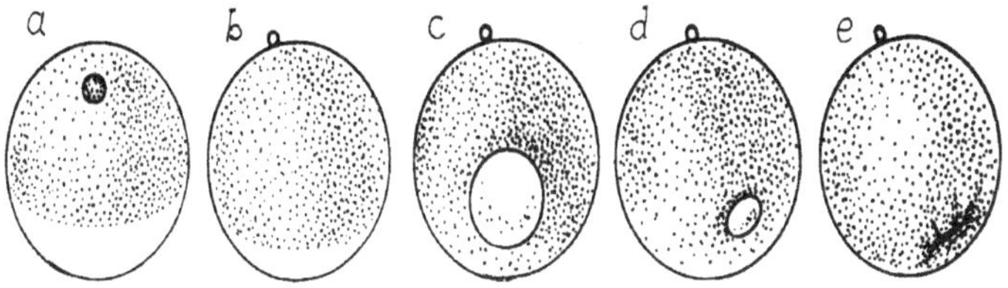

Figure 10. Mouvements de gastrulation dans un ovule non fécondé de grenouille, traité par la progestérone. On assiste au recouvrement de l'ovule par la pellicule externe pigmentée, et même son invagination au niveau d'un repli circulaire autour du pôle végétatif non pigmenté. *a:* l'ovule avec son noyau excentré et sa zone pigmentaire. *b:* après l'expulsion du globule polaire, la zone pigmentaire s'étend. *c:* elle s'invagine en un repli circulaire autour du pôle végétatif, non pigmenté. *d* et *e:* cette invagination progresse, mais la symétrie de révolution autour de l'axe des pôles animal et végétatif n'est pas rompue (redessiné d'après Wessells).

Lorsqu'un ovule non fécondé de grenouille est extrait d'un ovaire et mis en présence d'une certaine concentration de progestérone pendant 10 minutes, puis lavé et incubé dans un sérum physiologique, des transformations morphologiques interviennent et sont assez proches de celles observées dans le développement embryonnaire au moment de la gastrulation, quand s'ébauche le système digestif, mais on n'observe aucun cloisonnement cellulaire comparable à celui de l'embryon issu d'un oeuf fécondé (Smith & Ecker, 1970). On notera que, dans l'expérience avec l'ovule non fécondé, la symétrie de révolution est globalement conservée, malgré la complexité des transformations.

On retiendra de ces expériences qu'une grande partie des mouvements qui accompagnent les premiers stades de l'embryogenèse peuvent s'effectuer sans mitose, ni cloisonnement cellulaire, alors que l'apparition de la symétrie bilatérale nécessite une brisure de symétrie, par un agent extérieur, correspondant normalement à la pénétration d'un spermatozoïde.

L'apparition de la symétrie axiale dans les ovocytes dans la lignée cellulaire qui les a produits n'est pas davantage un processus simple. Les ovogonies qui les précèdent dans cette lignée présentent une symétrie globalement sphérique, avec un noyau central et un cytoplasme uniformément réparti autour de lui. Cette symétrie est pourtant rompue à plusieurs reprises à l'occasion de divisions cellulaires donnant lieu à d'importants remaniements, avec la formation d'un fuseau mitotique, offrant alors une symétrie de révolution mais, après la séparation des cellules filles, celles-ci retournent revient à leur symétrie sphérique. Il faut souligner aussi que, dans chaque ovogonie renferme un petit organite cellulaire, appelé centrosome, trop complexe pour être décrit ici, situé en un point précis du cytoplasme, au voisinage du noyau, qui rompt la symétrie sphérique et joue un rôle dans la formation du fuseau mitotique.

Ainsi, dans la lignée des cellules reproductrices conduisant aux ovules, la symétrie sphérique alterne avec la symétrie axiale de révolution, mais celle-ci ne sera vraiment fixée que lors de l'accumulation graduelle de réserves dans les ovocytes et les ovules. Ces données suggèrent aussi que cette brisure de symétrie s'accomplit progressivement. Lors de la pénétration du spermatozoïde, la symétrie de révolution est rompue en faveur d'une symétrie bilatérale, mais sa manifestation n'est pas forcément immédiate, puisque le premier plan de segmentation s'écarte assez souvent du futur plan de symétrie. Les expériences avec la progestérone conservent la symétrie de révolution de l'ovule et confirment le rôle du spermatozoïde dans l'établissement de la symétrie bilatérale, même si beaucoup de ses effets ne se font sentir qu'à plus long terme.

Des séquences similaires de ruptures de symétrie interviennent dans le développement des ébauches des membres de l'embryon et d'autres organes, comme cela est apparu lors d'expériences anciennes et fort remarquables, dues à Harisson (1921). Les territoires qui donneront les membres antérieurs et postérieurs de la grenouille se présentent sous forme de disques, deux à droite et deux à gauche. Chaque membre une fois constitué présente au niveau de son insertion un axe antéro-postérieur et un axe dorso-ventral, et les expériences représentées sur la figure 11 ont montré au niveau des ébauches de ces membres que la mise en place de l'axe antéro-postérieur précédait celle de l'axe dorso-ventral, exactement comme cela s'était produit pour l'œuf considéré globalement avant et après la fécondation.

En effet, on peut distinguer quatre périodes successives P_1, P_2, P_3, P_4 dans la vie de l'embryon. Si l'ablation de l'un des disques se fait au cours de P_1, sans réimplantation, le membre correspondant se forme normalement, bien que plus petit. Il y a eu *régulation,* en ce sens que des cellules

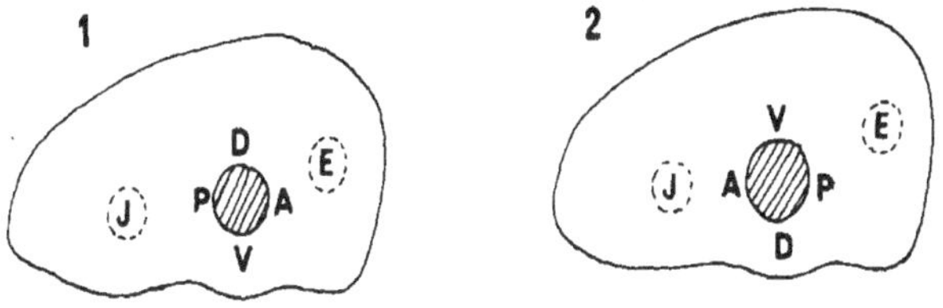

Figure 11. Schéma d'un jeune embryon de batracien, vu du côté droit, de 1,5 mm de longueur environ. On y a représenté les limites des territoires présomptifs de l'œil *(E)*, du membre antérieur (disque hachuré) et du membre postérieur (J). On peut distinguer quatre secteurs antérieur, postérieur, dorsal, ventral *(A, P, D, V)* dans le territoire du futur membre antérieur. De 1 à 2, on réalise l'ablation de ce disque et on le fait tourner de 180° autour de son axe et on le réimplante. Les résultats sont précisés dans le texte.

voisines sont intervenues en remplaçant celles du disque prélevé. Si la même ablation intervient au cours des phases P_2, P_3, P_4 ou plus tard, la régulation n'intervient plus et il manquera un membre. Si l'ablation est incomplète à un stade qui n'est pas trop tardif après P_1, la partie restante du disque formera un membre normalement constitué, mais de taille plus petite. Le disque est devenu le *champ morphogénétique* du membre antérieur, de manière exclusive à partir de P_2. Les autres tissus embryonnaires qui l'entourent ne peuvent plus le remplacer dans cette morphogenèse.

On peut analyser comment se précise au cours du temps l'orientation du membre, en procédant à l'ablation du disque et à sa réimplantation, après une rotation de 180° dans son plan. On distingue sur le disque quatre secteurs *A*, *P*, *D*, *V* correspondant respectivement aux bords antérieur, postérieur, dorsal et ventral (figure 11). Le sens est inversé après la rotation de 180° en passant de 1 à 2. Si cette ablation-rotation-réimplantation est effectuée au cours de P_2, l'opération n'a pas d'influence et le membre se développe avec l'orientation normale. Si la même opération est pratiquée en P_3, le membre se forme avec la chiralité inverse: le coude est dirigé vers l'avant, mais la paume de la main garde son orientation ventrale. Enfin, si cette opération est pratiquée en P_4, la chiralité du bras est normale, mais le membre est complètement retourné.

Les brefs intervalles t_{12}, t_{23}, t_{34} qui séparent respectivement les périodes P_1, P_2, P_3, P_4 correspondent à de courtes crises, où l'on voit d'abord apparaître la détermination exclusive d'un territoire (t_{12}), puis successivement la polarité antéro-postérieure, réglant l'orientation du coude (t_{23}), et la polarité dorso-ventrale, réglant celle de la paume de la main (t_{34}).

Un autre exemple de brisures de symétrie en série intervient dans la différenciation des myofibrilles, c'est-à-dire les éléments contractiles des cellules musculaires. Les myoblastes sont les cellules embryonnaires destinées à former les muscles et ne présentent pas initialement de structurations soulignant une orientation privilégiée, mais des microtubules se développent dans le cytoplasme. Il s'agit d'éléments du cytosquelette que l'on rencontre dans la plupart des cellules, mais leur développement en nombre et en longueur devient considérable dans le cytoplasme des myoblastes et ces microtubules s'alignent selon une direction privilégiée, qui sera celle de l'exercice du futur muscle. Ultérieurement, des filaments d'actine et de myosine, les protéines les plus essentielles des structures musculaires, sont synthétisées et s'alignent entre les microtubules, qui progressivement s'effacent et, finalement, s'instaure une périodicité sous forme de striations transversales par rapport à l'allongement des myofibrilles. L'analyse détaillée des structures montre des symétries qui sont celles de cristaux liquides connus sous le nom de corps nématiques et smectiques, mais ici, nous n'avons pas de structures liquides: il s'agit seulement d'analogues stabilisés de cristaux liquides. Alors que ces transitions entre phases cristallines liquides sont bien tranchées, lorsqu'on les examine dans des corps purs, c'est au contraire une régulière progression que l'on peut suivre quand les myofibrilles se différencient. L'une des raisons en est que les myofibrilles sont chimiquement fort complexes; en plus de la myosine et de l'actine, elles contiennent une grande variété de protéines également importantes et d'autres composés biochimiques, de sorte que les transitions y interviennent sur de larges intervalles de concentrations, comme nous l'enseignent l'étude des diagrammes de phases observés dans des mélanges. Le caractère progressif de cette différenciation tient aussi au fait que tous ces assemblages s'effectuent sous le contrôle de nombreux processus de régulation et que l'ensemble s'inscrit dans un vaste programme où de nombreux gènes sont exprimés et d'autres réprimés. On sait assembler *in vitro* les microtubules et les filaments d'actine ou de myosine, à partir de leurs protéines constituantes, quand elles ont été préalablement séparées. Par contre et sauf erreur, on ne sait toujours pas assembler *in vitro* les myofibrilles avec tous les détails de leur organisation, et cela tient probablement à la complexité des programmes génétiques en jeu. Les assemblages supramoléculaires s'effectuent de manière progressive, de même que leurs modifications de forme, comme elles se manifestent au sein des membranes très déterminantes pour la morphogenèse.

8. Brisures de symétries au niveau des membranes cellulaires

La fine pellicule qui limite une cellule est constituée pour une large part de phospholipides, qui sont des molécules dites amphiphiles, associant une partie soluble dans l'eau et une autre soluble dans les graisses. Le problème est que les êtres vivants contiennent beaucoup d'eau, et que le seul moyen de s'en accommoder pour les phospholipides est de se disposer avec les seules parties hydrophiles au contact de l'eau, en rassemblant les parties hydrophobes dans des espaces isolés par un revêtement continu de parties hydrophiles (voir l'historique de la question dans Frey-Wyssling, 1953). Cela peut se réaliser de bien des manières, selon la forme des molécules amphiphiles, et une situation souvent rencontrée consiste en des bicouches de molécules avec les parties grasses tournées vers le plan médian et les parties hydrophiles orientées vers l'eau environnante (figure 12).

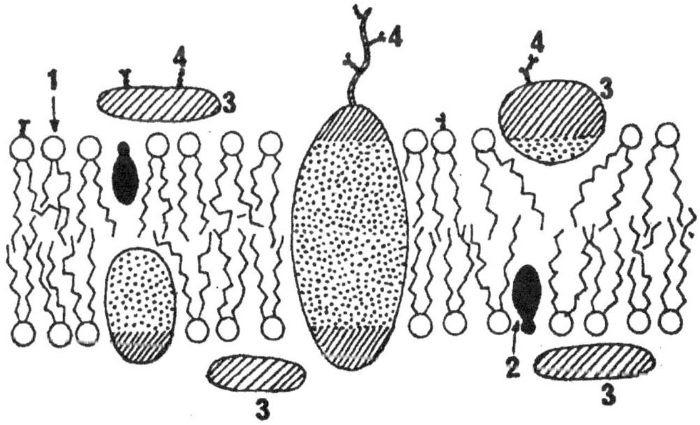

Figure 12. Coupe schématique de membrane cellulaire. 1: phospholipide avec ses deux chaînes paraffiniques hydrophobes (zigzags) et son extrémité hydrophile (rond). 2: molécule de cholestérol. 3: protéine avec des régions hydrophiles (hachurées) et hydrophobes (en pointillés); certaines de ces protéines traversent toute l'épaisseur de la membrane. 4: polysaccharides principalement liés aux protéines sur la face extracellulaire de la membrane (Redessiné d'après Singer & Nicolson, 1972).

Ce genre de pellicule double forme non seulement la membrane externe de la cellule, mais aussi les membranes internes au cytoplasme constituant la plupart des organites que l'on y trouve, comme les mitochondries, les corps de Golgi ou d'autres également essentiels au fonctionnement métabolique (voir le chapitre consacré aux membranes cellulaires dans Alberts *et al.*, 1998). On a vérifié depuis longtemps que ces phospholipides séparés et purifiés chimiquement peuvent s'assembler *in vitro* pour reconstituer ces bicouches et que celles-ci sont fluides dans leur plan, les molécules y étant orientées perpendiculairement à ce plan, ou parfois de manière oblique. Il a été démontré que ces bicouches des membranes cellulaires sont fluides, comme peut l'être un film d'eau savonneuse. Cette fluidité associée à la distribution ordonnée des molécules, au moins pour leurs orientations, correspond à la définition des cristaux liquides déjà évoqués plus haut (Chapman, 1970). Certaines régions des membranes sont moins fluides ou ne le sont pas du tout en raison d'une composition chimique différente, notamment au niveau des jonctions entre cellules ou de celles-ci avec certaines structures de la matrice extracellulaire.

Les membranes cellulaires contiennent plusieurs types de phospholipides, inégalement distribués entre les deux couches, et des protéines hautement diversifiées, ainsi que des polysaccharides attachés aux parties hydrophiles, sur l'une des monocouches principalement (présentation générale dans Bingham, 1975). On retrouve le même ordre de complexité chimique que celui rappelé plus haut à propos des fibrilles musculaires.

Rappelons aussi que les membranes cellulaires peuvent être le support de signaux très brefs, se propageant rapidement, comme les influx nerveux au niveau des axones ou les dépolarisations comparables à la surface des cellules musculaires et de bien d'autres cellules. Ces dépolarisations correspondent souvent à des modifications très brèves des symétries locales de la membrane cellulaire, à la surface des axones ou de la sarcolemme, la membrane externe des cellules musculaires.

Nous allons maintenant considérer la forme des membranes très finement ouvragées que l'on observe au niveau de la pellicule externe de la cellule, ou dans les organites intracellulaires de constitution membranaire.

On observe des formes *planaires* pratiquement parfaites, notamment le long des plans de clivage de certains oeufs en segmentation, et ces plans s'associent parfois pour découper l'espace selon des polyèdres plus ou moins réguliers, qui furent comparés autrefois par D'Arcy Thompson à ceux que donnent les films d'eau savonneuse.

Les formes *sphériques* sont également communes, non seulement pour les membranes externes des ovogonies ou des ovules, mais pour bien d'autres types cellulaires, ainsi que pour de nombreuses vésicules internes au cytoplasme.

Les formes *cylindriques* ne manquent pas non plus, notamment dans les bordures en brosse des cellules absorbantes de la lumière intestinale. La membrane y forme de fines digitations ou microvillosités, très serrées; leurs extrémités sont hémisphériques, alors qu'à leur base, des raccords «toriques» les attachent au corps cellulaire. Des raccords également toriques interviennent aussi au niveau du diaphragme membranaire, formé lors de la division du cytoplasme au terme d'une mitose. Des morphologies similaires sont présentes dans les bactéries et les mitochondries, avec des corps cylindriques et des en calottes sphériques, ainsi que des diaphragmes à bords toriques.

Les bicouches obtenues à partir de phospholipides *in vitro* en présence d'eau adoptent des morphologies qui associent des zones planaires, cylindriques ou sphériques, souvent réunies par des régions toriques, comme l'indique la figure 13, qui s'applique non seulement à des vésicules, mais aussi à des micelles de même forme, mais plus petites.

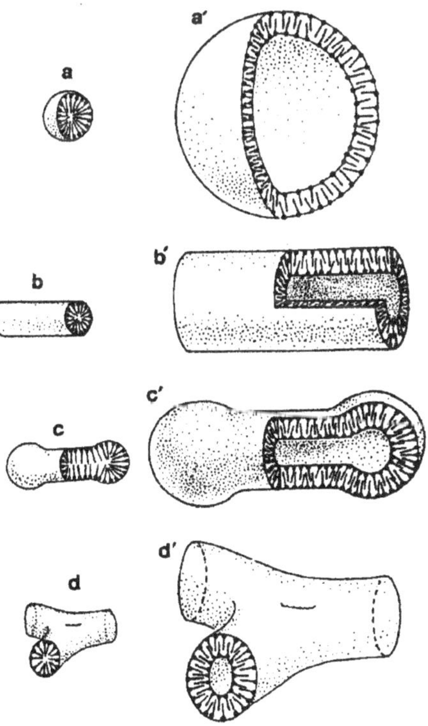

Figure 13. Formes comparées des principaux types de micelles *(a-d)* et de vésicules *(a'-d')*, avec des exemples sphériques *(a, a')*, cylindriques *(b, b')*, en haltère *(c, c')*, ou cylindriques avec branchements *(d, d')*.

Les bicouches phospholipidiques obtenues *in vitro* ou les membranes cellulaires ont une épaisseur uniforme en milieu homogène et on peut les représenter géométriquement par trois *surfaces équidistantes et parallèles,* l'une au niveau médian, au sein des parties hydrophobes, et les deux autres aux niveaux hydrophiles. C'est la physico-chimie du système (température, concentration des ions et de divers constituants) qui détermine la densité des molécules par unité de surface au niveau médian des parties hydrophobes, de même que les densités des pôles hydrophiles au niveau des surfaces externes. Si les compositions chimiques diffèrent entre les deux couches ou entre les deux milieux séparés par la membrane, on s'attend à des densités différentes des parties hydrophiles aux deux niveaux externes et donc à des effets de courbure.

Les surfaces relativement lisses, comme peuvent l'être les membranes cellulaires, sont bien approchées par des représentations en trois dimensions de fonctions de deux variables du type $z = f(x, y)$, dérivables par rapport à x et y, au premier et second ordre, ou plus loin. Dans ce cas, on définit en chaque point un plan tangent et on montre qu'un plan qui lui est parallèle et très proche en même temps, coupe la surface selon une courbe qui est généralement une conique, soit une ellipse (figure 14 *a*), soit une hyperbole (figure 14 *c*), et éventuellement une parabole.

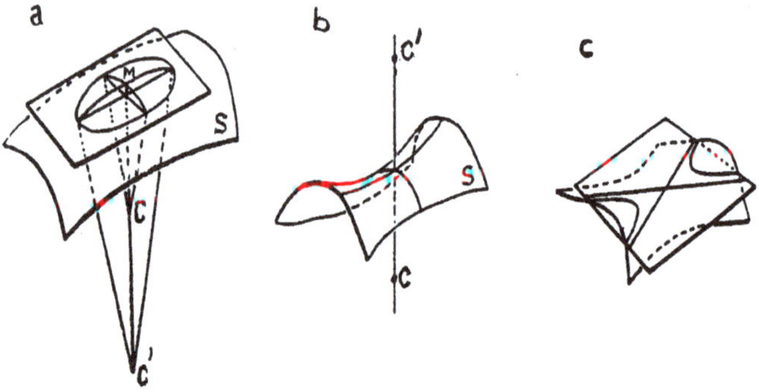

Figure 14. Courbures principales d'une surface *S*. *a:* La section par un plan parallèle au plan tangent en *M*, et très proche de celui-ci, coupe *S* selon une ellipse, et les courbes sections de *S* par les deux plan normaux en *M* à *S*, selon les directions des deux axes de l'ellipse, admettent des centres de courbures *C* et *C'* situés du même côté de *S*, sur la normale en *M* à *S*. *b:* Si la forme locale de *S* est celle d'une selle de cheval les centres *C* et *C'* se situent de part et d'autre de *S*, et l'on dit que la surface est à «courbures opposées». On en a représenté les deux lignes de courbure principale. *c:* Dans le cas d'une surface à courbures opposées, un plan proche d'un plan tangent donne une section localement hyperbolique. Les deux branches de l'hyperbole sont représentées avec leurs asymptotes.

Chaque point d'une telle surface est donc soit elliptique, soit hyperbolique, avec quelques exceptions. Cela revient à distinguer des points où la forme environnante est celle d'une calotte ou d'une coupe, et d'autres où la forme évoque une selle de cheval (figure 14 *b*). On appelle courbures principales en un point de la surface, les courbures des sections de la surface par les plans qui lui sont normaux et contiennent l'un des deux axes des coniques (ellipse ou hyperboles). On peut ainsi séparer des régions elliptiques et hyperboliques sur ces surfaces (voir Hilbert et Cohn-Vossen, 1932, 1952).

La forme locale des surfaces est donc variable, mais deux paramètres suffisent pour en rendre compte: ce sont les deux courbures principales c et c', mesurées par les inverses des rayons correspondants. Ces courbures sont de même signe quand la forme est celle d'une coupe, et que l'on observe une face convexe et l'autre concave; ces courbures sont de signes opposés si la forme locale est en selle de cheval et, dans ce cas, les faces ne sont ni concaves, ni convexes (figure 14). Les deux courbures égales correspondent au cas sphérique. Si une seule des deux courbures est nulle, la surface est conique ou cylindrique. Les deux courbures sont nulles dans les cas planaires.

En raisonnant sur les formes des membranes cellulaires, on est conduit à en isoler un petit disque par la pensée. Il lui correspond un contour à peu près circulaire, au niveau médian, d'aire S_m et les normales le long de ce contour délimitent deux autres domaines aux niveaux externes de la membrane, également proches d'être circulaires, d'aire S_c pour le côté cytoplasmique, par exemple, et d'aire S_e pour le côté extracellulaire, ces deux surfaces étant parallèles et situées à distance égale e de la surface médiane.

Si l'aire médiane est plus élevée que la moyenne des aires externes, c'est-à-dire si $S_m > (S_c + S_e)/2$, on montre que le petit disque de membrane aura nécessairement la forme d'une selle de cheval, alors que, dans la situation inverse, avec $S_m < (S_c + S_e)/2$, sa forme sera celle d'une coupe creuse, pas nécessairement sphérique, mais généralement avec un diamètre plus allongé. Dans le cas où $S_m = (S_c + S_e)/2$, la surface est planaire, si $S_c = S_e$, et cylindrique ou conique, si $S_c \neq S_e$. Il se trouve que les aires relatives sont déterminées par les seules conditions physico-chimiques du système (Bouligand, 1999). Ainsi, la forme spontanée d'un petit disque de membrane ne présente pas de symétrie de révolution, comme on le voit à l'évidence avec les formes en selle de cheval, mais c'est vrai aussi de la plupart des autres formes spontanées des membranes, parce que les courbures principales sont généralement différentes l'une de l'autre. On résume cela, en démontrant que l'on a pour les trois surfaces parallèles équidistantes:

$$c+c' = (S_c+S_e)/2eS_m \text{ et } cc' = (S_c+S_e-2S_m)/2S_m e^2.$$

Autrement dit, la somme et le produit des courbures principales sont déterminés par les rapports S_c/S_m et S_e/S_m, ainsi que e, résultant des conditions physico-chimiques régnant de part et d'autre d'une membrane; c et c' le sont donc à leur tour et tout cela a été discuté en détail (Bouligand, 1999). Initialement, les physiciens avaient admis pour les cristaux liquides de cette nature une symétrie locale de révolution autour de toute normale à la membrane et donc deux courbures principales spontanées égales et un petit disque de membrane isolé par la pensée devait prendre spontanément la forme d'une calotte sphérique. Le seul fait d'être différencié en trois niveaux, dont l'étendue dépend de la physico-chimie du milieu, permet de rompre cette symétrie de révolution de la courbure spontanée. Dans la réalité, les membranes ne sont pas isolées en de tels fragments, mais s'intègrent dans des structures complexes avec leurs contraintes qui interdisent généralement d'accéder à leurs courbures spontanées. Les écarts entre les courbures principales observées et les courbures spontanées déterminent une énergie élastique. La forme globale adoptée par la membrane tend à minimiser cette énergie de courbure.

On s'attend à ce que localement les conditions physico-chimiques soient constantes et donc que les deux courbures c et c' le soient aussi. Les seules surfaces à courbures principales constantes sont le plan, les cylindres circulaires et les sphères. On observe majoritairement ces trois types de surface, raccordées de manière torique, en donnant la préférence à celle d'entre elles qui approche le mieux les valeurs attendues pour c et c' déterminées par la physicochimie.

Nous représentons sur la figure 15 les morphologies les plus plausibles des micelles et des vésicules dans le cadre de cette théorie, et l'on conçoit comment passer continûment d'une forme à l'autre, par des changements graduels de composition du système modifiant les rapports d'étendue des trois niveaux constitutifs des monocouches. Cela n'exclut pas quelques discontinuités, lors de remaniements topologiques, comme il en existe à la division d'une cellule ou d'une vésicule en deux. Mais, globalement, à l'échelle des populations cellulaires, ou à celle des molécules dans une cellule, les transformations demeurent progressives.

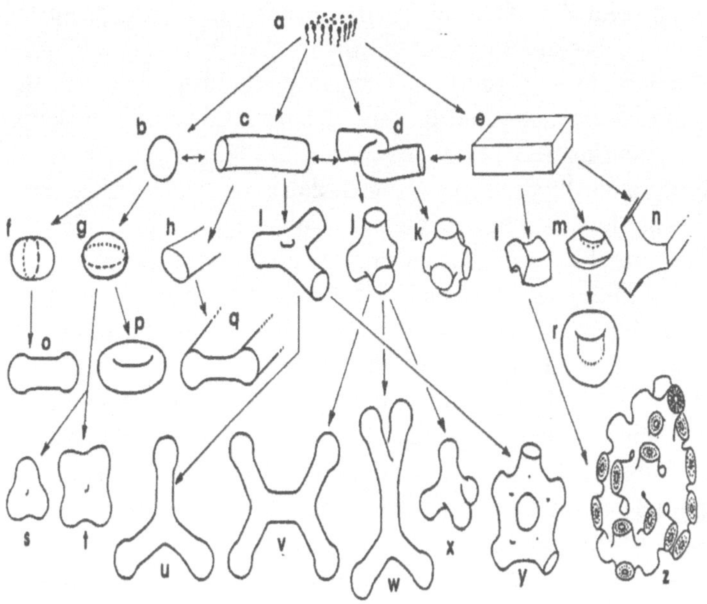

Figure 15. Classification hiérarchisée des formes micellaires ou vésiculaires obtenues à partir d'une monocouche *(a)* ou d'une bicouche *(e)*, le principe des identités de forme entre micelle et vésicules étant indiqué sur la figure 13. Le principe de la classification introduit surtout des formes locales elliptiques dans la partie gauche du tableau, et une proportion généralement plus élevée de formes locales hyperboliques en allant vers la droite. Les diverses strates horizontales, correspondent à des nombres de paramètres de plus en plus élevés dans la définition de ces formes (Bouligand, 1999).

9. Conclusion: le caractère graduel des remaniements de l'organisation

Le natura non facit saltum maintenu par Darwin dans sa conception de l'évolution des espèces pourrait bien être la seule position tenable, contrairement à bien des considérations développées de nos jours dans le cadre de la théorie des équilibres ponctués, et ce principe nous paraît devoir être étendu non seulement à l'ontogenèse, mais aussi à tous les processus *collectifs* intervenant aux divers niveaux d'organisation de la matière vivante.

Il nous a semblé intéressant de mettre à l'épreuve ce point théorique dans le cas où des symétries sont modifiées dans le cours de l'évolution ou du développement ou de certaines étapes de la morphogenèse. Beaucoup de groupes de symétries sont de type discret et le retrait ou l'addition de certaines symétries ne va pas sans discontinuité; il en est ainsi des symétries polyédriques illustrées par les Radiolaires et d'autres organismes, mais les processus de spéciation s'effectue dans un contexte collectif qui demeure continu. Les transformations curvilignes proposées par D'Arcy Thompson forment des groupes qui sont continus au contraire, en introduisant des correspondances point par point, avec conservation des voisinages, comme cela intervient dans la définition des symétries entre figures ou au sein d'une même figure. Toutefois, ces transformations peuvent nécessiter des remaniements topologiques, en introduisant des singularités, comme le montre la figure 8, mais nous avons montré par ailleurs que ces singularités apparaissent également dans un contexte continu de transformations (Bouligand, 1996; Bouligand et Lepescheux, 1998), une conception qui s'inscrit dans un cadre d'idées défendues par Thom (1972), ainsi que nous l'avons déjà souligné (Bouligand, 1994 a). Les ruptures de symétrie que nous avons rappelées dans les premières étapes du développement, ou celles que l'on observe au niveau de la morphologie des membranes cellulaires permettent également des transitions morphologiques graduelles, même si au niveau local interviennent des remaniements topologiques.

Le gradualisme paraît donc omniprésent dans les aspects collectifs de la dynamique du vivant, au niveau de la morphogenèse, comme à celui de l'évolution, et la raison en fut comprise de longue date. On peut la résumer simplement en constatant que l'on ne peut pas «chambarder» d'un seul coup une partie de l'organisation, pour la remplacer par autre chose, quand les structures impliquées sont aussi finement coadaptées que celles qui prévalent chez les êtres vivants. On pourrait trouver des bases thermodynamiques à cette assertion, mais cela n'est pas indispensable ici.

Le problème des chaînons manquants fut très bien abordé par Darwin. Quand les fossiles sont fort nombreux, avec un squelette hautement minéralisé, le gradualisme semble apparaître en pleine lumière, et les ponctualistes furent obligés d'en convenir, en raison de la bonne conservation des fossiles et des quantités énormes d'individus disponibles et étudiables. Pour les grandes espèces, il n'y a pas lieu de s'étonner de la pauvreté des restes fossiles et de se trouver confronté à des chaînons manquants. Mais il faut avoir présent à l'esprit que certaines variations discontinues pourraient être intraspécifiques et les chaînons manquants correspondants seraient illusoires. Très généralement, les paléontologistes ne disposent pas des informations leur permettant de distinguer les variations interspécifiques de celles qui sont intraspecifiques à partir des seuls restes fossiles et cela serait pourtant bien nécessaire pour prouver le caractère graduel ou non des transformations évolutives observées, un problème qui demeure également ardu au niveau des espèces actuelles.

Les partisans des équilibres ponctués, et Gould lui-même, ont beaucoup œuvré pour combattre la renaissance de courants créationnistes aux Etats-Unis, en Australie, et même en Europe, où ils commencent à se développer. Mais leur part de responsabilité dans ce nouvel obscurantisme n'est pas négligeable. Affirmer que les chaînons manquants correspondent à une réalité incontournable, parce que les espèces n'évolueraient pas la majeure partie du temps, c'est-à-dire en demeurant fixes pendant de longues pauses, sauf qu'elles changeraient lors de très courtes périodes et fort vite, presque par sauts discontinus, revient ni plus, ni moins à admettre que les restes fossiles se conforment très exactement à la conception que s'en faisaient les fixistes, il y a plus de deux siècles. De là à dire qu'il ne reste à attendre de la science qu'elle veuille bien apporter la preuve de l'évolution, il n'y a qu'un pas, franchi par les néo-créationnistes.

Les prétentions de la théorie des équilibres ponctués sont donc doublement dangereuses, d'abord parce que cette théorie est très insuffisamment fondée, en ignorant des quantités de contre-exemples, et surtout parce qu'elle a créé cette brèche où se sont engouffrés les néo-créationnistes, qui trouvent ainsi l'occasion de se donner l'apparence de la scientificité, alors que les preuves de l'évolution furent apportées de longue date et sont omniprésentes. Tous les biologistes un peu consistants ont sous les yeux, presque quotidiennement, le témoignage de l'évolution, simplement en raison des parentés entre espèces que l'on peut établir par la biochimie, par les structures cellulaires et tissulaires, par la morphologie et, plus précisément, l'anatomie et l'embryologie comparée, ainsi que par le suivi des homologies entre organes que l'on observe en examinant les espèces au sein de vastes groupes de la classification du monde vivant. La généalogie des espèces est retrouvée de manière fortement convergente par la comparaison de régions homologues en diverses parties du génome ou, à une autre échelle, par l'anatomie des embryons ou celle des divers stades du développement ou des adultes et cela constitue une preuve éminemment solide de l'évolution des espèces au sein d'une même généalogie.

Références

Alberts, B., Bray, D, Lewis, J., Raff, M., Roberts, K. and J.D. Watson, *Biologie Moléculaire de la Cellule,* 3e édition, Flammarion, Paris 1998.

Arthur, W., *Mechanisms of Morphological Evolution,* J. Wiley & Sons, Chichester 1984.

Bingham A.D., *Cell Membranes: Biochemistry, Cell Biology and Pathology,* G. Weissman and R. Clairborne, New York Hospital Practice, (1975), 24-34.

Bookstein, F.L., «Biometrics, biomathematics and the morphometric synthesis», *Bull. Math. Biol.,* 58, (1996), 313-65.

Bouligand, Y., «Recherches récentes sur les copépodes associés aux Anthozoaires», dans *The Cnidaria and their Evolution,* Symp. Zool. Soc., London, Acad. Pr., London & New York, (1966), 267-306.

Bouligand, Y., «Sur l'existence de ‹pseudomorphoses cholestériques› chez divers organismes vivants», *J. de Physique*, 30, C4, (1969), 90-103.

Bouligand, Y., «Twisted fibrous arrangements in biological materials and cholesteric mesophases», *Tissue & Cell,* 4, (1972), 189-217.

Bouligand, Y., «Symétries et brisures de symétrie en biologie», dans N. Boccara (éd.), *Symmetries and Broken Symmetries in Condensed Matter Physics,* I.D.S.E.T., Paris (1981), 131-140.

Bouligand, Y., «Brisures de symétrie et morphogenèse biologique», *Comptes Rendus Acad. Sci., Série générale, La Vie des Sciences,* 2, (1985), 121-140.

Bouligand, Y., «La priorité des organes selon François Grandjean: une articulation précise entre ontogenèse et phylogenèse», dans David B., Dommergues J.-L., Chaline J. & Laurin B. (éds), *Ontogenèse et Evolution, Geobios,* Mémoire Spéciale, n° 12, (1989), 79-91.

Bouligand, Y., «La question de la continuité en évolution biologique», dans *Passion des Formes, Dynamique Qualitative, Sémiophysique et Intelligibilité, A René Thom,* 611-628, Coll. Theoria, Editions ENS Fontenay-St Cloud 1994a.

Bouligand, Y., Coordination du numéro 221 (vol. 23) de la *Revue du Palais de la Découverte,* Paris, octobre 1994, sur le thème *Biologie et Symétrie*, avec trois contributions: La symétrie au Palais de la Découverte, 31-36; Vérifiez vos connaissances sur les symétries, 37-38, 81-84; Symétries et dissymétries du vivant, (1994 b), 39-52.

Bouligand, Y., «Morphological singularities and macroevolution», *Memorie della Società Italiana di Scienze Naturali e del Museo Civico di Storia Naturale di Milano*, 27 (1), (1996), 22-40.

Bouligand, Y., «Defects and Textures», dans Demus D., Goodby J.W., Gray G., Spiess H.W. & V. Vill (éds), *Handbook of Liquid Crystals,* Vol. 1, chapter 7, 406-453, V.C.H. Verlagsgesellschaft, Weinheim, Alle magne 1998.

Bouligand, Y., Remarks on the geometry of micelles, bilayers and cell membranes, *Liquid Crystals,* 26: 501-515 (1999).

Bouligand, Y. & L. Lepescheux, «La théorie des transformations. Les travaux de d'Arcy Thompson continuent d'irriguer la recherche». *La Recherche,* 305, (Janv. 1998), 31-33.

Buffon, G.L.L., *Œuvres Complètes,* Editions J.L. de Lanessan, Paris 1884-1885.

Burgess, J., Marten M. & R. Taylor, *Microcosmos,* Cambridge University Press 1987.

Calow, P., *Evolutionary Principles,* Blackies & Sons, Glasgow et Londres 1983.

Chapman, D., «Geometrical and biological properties of membranes», in E.E. Bittar (éd.), *Membranes and Ion Transport,* 1: 24 Wiley, New York 1970.
Darwin, C., *On the Origin of Species by Means of Natural Selection, or the Preservation of Favoured Races in the Struggle for Life.* J. Murray, London (1859); 2e tirage (1860); 2e éd. augmentée (1861); éditions ultérieures revues et corrigées (1866, 1869, 1872).
Darwin, C., *The Variation of Animals and Plants Under Domestication,* J. Murray, Londres 1868.
Dress, A., «Repetition und Metamorphose – zum Symmetriebegriff in der Mathematik», dans *Symmetrie in Kunst, Natur und Wissenschaft*, Mathildenhöhe, Darmstadt, 1: 83-105 (1986).
Eldredge, N. & Gould, S.J., «Punctuated equilibria: an alternative to phyletic gradualism», in T.J.M. Schopf (ed.), *Models in Paleobiology,* San Francisco, Freeman, Cooper, (1972), 82-115.
Frei-Wyssling, A., *Submicroscopic Morphology of Protoplasm,* Elsevier, Amsterdam (1953).
Gould, S.J., *Ontogeny and Phylogeny,* Harvard University Press, Cambridge, Massachusetts 1977.
Gould, S.J. & Eldredge N., «Punctuated equilibria: The tempo and mode of evolution reconsidered», *Paleobiology,* 3: 115-151 (1977).
Grandjean, F., «La répartition asymétrique des organes aléatoires», *C.R. Séanc. Acad. Sci. Paris,* 208, (1939), 861-864.
Grandjean, F., «Sur la priorité dans les groupes d'organes homéotypes qui évoluent par tout ou rien», *C. R. Séanc. Acad. Sci. Paris,* 213, (1941), 417-421.
Grandjean, F., «L'harmonie et la disharmonie chronologiques dans l'évolution des stases», *C. R. Séanc. Acad. Sci. Paris,* 225, (1947) 1047-1050.
Grandjean, F., *Œuvres acarologiques complètes. Complete acarological works.* L. van der Hammen (ed.). W. Junk B.V. Publ., La Hague: Antiquariat Junk B.V., Lochem (1972-1976).
Haeckel, E., *Die Radiolarien (*Rhizopoda radiadta*), eine Monographie.* G. Reiner, Berlin (1862). Voir aussi du même auteur: *Challenger Monographs, Radiolaria* (1887) et *Kunstformen der Natur,* Leipzig, Verlag des Bibiographischen Institues (1904), ainsi que la traduction et réédition, *Art Forms in Nature,* Dover, New York (1974).
Hilbert, D. & Cohn-Vossen, S., *Anschauliche Geometrie* (1932), traduit en anglais sous le titre *Geometry and the Imagination,* New York, Chelsea Publ. Co. (1952, 1983, 1990).
Lazarus, D.B., Speciation in pelagic Protista, and its study in the microfossil record: a review. *Paleobiology*, 9, (1983) 327-340.
Lepescheux, L., «Spatial organization of collagen in annelid cuticle: order and defects», *Biology of the Cell,* 62, (1988)17-31.
Mayr, E., *Systematics and the Origin of Species,* Columbia University Press, New York 1942.
Mayr, E., *Populations, Espèces et Evolution,* Paris, Herman 1974.
Mayr, E., *One long Argument,* Cambridge Univ. Press 1991.
Mayr, E., «Speciational evolution and punctuated equilibria», in Somit, A. & S.A. Peterson (eds.), *The Dynamics of Evolution.* Ithaca, New York , Cornell University Press, (1992), 21-53.
Nicolle, J., *La symétrie,* Coll. Que-sais-je? PUF, Paris 1957.
Pasteur, L., *Œuvres complètes,* Paris, Masson 1922.

Picken, L., *The Organization of Cells and other Organisms,* Clarendon Press, Oxford 1960.
Platon, «Le Timée», *Œuvres,* Flammarion, Paris 1964-1969.
Rosin S., «Über Bau und Wachstum der Grenzlamelle des Epidermis bei Amphibien Larven; Analyse einer orthogonalen Fibrillärstruktur», *Rev. Suisse Zool.,* 53, (1946) 133-201.
Singer, S. J. & G. L. Nicolson, «The fluid mosaic model of the structure of cell membranes», *Science,* 175: 720-731 (1972).
Simpson, *Tempo and Mode in Evolution,* Columbia University Press, New York 1944.
Sitte, P., «Bio-Symmetrie», dans *Symmetrie in Kunst, Natur und Wissenschaft,* 1, Mathildenhöhe, Darmstadt, (1986) 47-58.
Smith, L. D. & R. E. Ecker, «Uterine suppression of biochemical and morphogenetic events», *Rana pipiens. Dev. Biol.,* 22, (1970) 622-637.
Thom, R., *Stabilité Structurelle et Morphogenèse,* W. A. Benjamin, Reading, Mass. 1972.
Thompson d'Arcy, W., *On Growth and Form.* Cambridge Univ. Press, 1917. Traduction française par D. Teyssié de l'édition abrégée par J. T. Bonner. Editions du Seuil, Paris 1995.
Wessels, N. K., *Tissue Interactions and Development,* Bejamin/Cummings, Menio Park, California 1977.

Les auteurs

Luciano Boi est philosophe et mathématicien. Il enseigne à l'Ecole des Hautes Etudes en Sciences Sociales, au Centre de Mathématiques, et il est chercheur associé au Laboratoire Univers et Théorie (LUTh) à l'Observatoire de Paris-Meudon. Ses recherches ont porté notamment sur le problème mathématique, physique et épistémologique de l'espace, et plus récemment, sur les interfaces entre géométrie, physique et biologie, ainsi que sur la perception spatiale et la morphologie. Il est l'auteur de nombreux articles de recherche et de plusieurs ouvrages, parmi lesquels, *Le problème mathématique de l'espace. Une quête de l'intelligible* (Springer, 1995), *Science et Philosophie de la Nature. Un nouveau dialogue* (Peter Lang, 2000), *Geometries of Nature, Living Systems and Human Cognition. New Interactions of Mathematics with Natural Sciences and Humanities* (World Scientific, 2005).

Eric Bois est astronome et il travaille actuellement à l'Observatoire de la Côte d'Azur à Nice dans l'équipe de dynamique non linéaire. Ses recherches portent sur problème de la rotation des corps célestes et des conditions de stabilité dynamique des systèmes de planètes extra-solaires. Il s'intéresse également à l'épistémologie de l'astrophysique contemporaine et à certains aspects de la théorie de la gravitation. Outre ses travaux et publications en mécanique céleste et en dynamique non linéaire, il a publié plusieurs articles d'épistémologie, ainsi que l'ouvrage *L'univers sans repos, ou l'essence première du mouvement* (Peter Lang, 2000).

Dominique Lambert est docteur en physique et en philosophie. Il est actuellement professeur de philosophie et histoire des sciences aux Facultés Sciences-Philosophie-Sociétés de l'Université de Namur (Belgique). Auteur de nombreux travaux et articles en physique mathématique, en biologie théorique et en philosophie et histoire des sciences, il a notamment publié les ouvrages, (avec J. Demaret) *Le principe anthropique. L'homme est-il le centre de l'Univers?* (Paris, 1994), *Un atome d'Univers. La vie et l'œuvre de Georges Lemaître* (Bruxelles, 2000), (avec R. Rezsöhazy) *Comment les pattes viennent au serpent. Essai sur l'étonnante plasticité du vivant* (Flammarion, 2004).

Pascal CHOSSAT est directeur de recherche au CNRS et il travaille à l'Institut Non Linéaire (CNRS et Université de Nice) dirigé par Pierre Coullet. Ses recherches ont porté sur la théorie des groupes en physique et les aspects mathématiques de la physique non linéaire, en particulier, sur la théorie des bifurcations, des brisures de symétries et de la complexité spatio-temporelle. Auteur de nombreux articles de recherche, il a publié notamment, (avec G. Ioss), *The Couette-Taylor Problem* (Springer, 1994) *et Les Symétries brisées* (Belin, 1996).

Francis BAILLY est physicien et il travaille au Laboratoire de Physique des Solides de Bellevue du CNRS. Ses recherches ont porté notamment sur les concepts de symétrie et de symétries brisées, sur les interfaces entre physique et biologie, et également sur les théories de l'espace-temps en physique relativiste et en mécanique quantique. Il s'intéresse en outre aux fondements épistémologiques de la physique et des mathématiques et à certains aspects formels des sciences cognitives. Ses collaborations scientifiques embrassent ces différents sujets et ses publications touchent à ces divers domaines.

Bruno GIORGINI est chercheur au Département de Physique de l'Université de Bologne. Il travaille également au Laboratoire de physique des systèmes complexes et à l'Institut National de Physique Nucléaire. Il a été chercheur invité à l'Université Pierre et Marie Curie et à l'Ecole Supérieure de Physique et Chimie Industrielle de la ville de Paris. Après s'être occupé d'astrophysique relativiste et de cosmologie, actuellement ses recherches concernent les systèmes chaotiques et complexes à la frontière entre la physique et la biologie. Il est l'auteur de plusieurs travaux et articles.

Matteo CICCOTTI graduated in Physics with a thesis on the stick-slip dynamics in the peeling of adhesive tapes. Since then he has been involved in the study of nonlinear dynamics and complex systems in collaboration with INFN (Istituto Nazionale di Fisica Nucleare, Bologna, Theoric group) and with PMMH (Laboratoire de Physique des Milieux Hétérogènes, ESPCI, Paris, France). He made a PhD at the University of Bologna, Italy on the fracture mechanics of rocks applied to the study of the earthquakes source physics. He is presently making a Post-doc at ENS Lyon, France on the ageing properties of material concerning the experimental violations of the fluctuation-dissipation theorem.

Marc CHAPERON est né à Alger le 24 décembre 1949. Ancien élève de l'Ecole Normale Supérieure, il est actuellement professeur de mathématiques à l'Université Denis Diderot – Paris 7. Ses recherches ont notamment porté sur l'analyse globale, la topologie différentielle et la théorie des singularités. Il s'intéresse également aux aspects mathématiques de la théorie des catastrophes, ainsi qu'à de nouvelles applications possibles. Il a notamment publié *Géométrie différentielle et singularités de systèmes dynamiques*, Astérisque 138-139, Société Mathématique de France, 1986, 440 p.

Paul BRUTER est professeur de mathématiques à l'Université de Paris XII. Ses recherches et intérêts embrassent tout aussi bien la géométrie et topologie différentielle, les applications des mathématiques à la biologie et à la perception, que l'histoire et l'épistémologie des mathématiques. Il est l'auteur de plusieurs ouvrages et de nombreux articles portant sur ces différents sujets.

Yves BOULIGAND est directeur d'études à l'Ecole Pratique des Hautes Etudes, où il dirige le Laboratoire d'Histophysique et de Cytophysique, et il travaille également à l'INSERM et au CNRS. Ses recherches intéressent plusieurs domaines de la physique de la matière condensée, de la biophysique et de la biologie théorique. Ses travaux concernent en particulier la géométrie des cellules, des membranes cellulaires et des tissus, les textures des cristaux liquides et la théorie de la morphogenèse, et il a fait dans chacun de ces domaines de nombreuses publications. Durant plusieurs années, il a été le concepteur et le responsable du célèbre séminaire de biologie théorique à Solignac. Il a en outre réhabilité les idées de D'Arcy Thompson sur la théorie des transformations appliquée au vivant et développé certaines idées géométriques de Thom aux bases cellulaires de la morphogenèse.

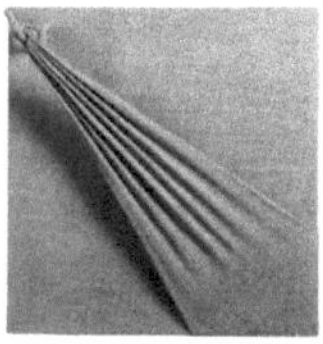

Philosophia Naturalis et Geometricalis

Collection dirigée par Luciano Boi

La collection a pour but la publication et la promotion de travaux originaux et inédits concernant les différentes conceptualisations philosophiques de la pensée physique et mathématique contemporaine. Plus qu'à décrire les faits empiriques par des méthodes et des outils purement quantitatifs, ces travaux doivent viser à proposer des modèles explicatifs qui permettent d'élucider un ou plusieurs aspects conceptuels de la création mathématique et de l'invention physique. Ainsi, on privilégiera les travaux qui accordent une place fondamentale au rôle des idéalisations géométriques dans l'intelligibilité du réel et même de phénomènes très concrets.

La collection entend accueillir tout particulièrement les recherches qui explorent philosophiquement et approfondissent expérimentalement des idées essentielles à l'interface entre certaines théories mathématiques, notamment géométriques et topologiques, et les sciences de la nature comme la physique et la biologie, ou toute autre discipline théorique qui s'y rattache. Sa raison d'être réside dans l'exigence de repenser, selon une démarche philosophique à la fois critique et rigoureuse, les grandes découvertes scientifiques du XXe siècle qui ont changé en profondeur notre perception de la réalité, et de développer une réflexion autour des perspectives épistémologiques nouvelles qui s'en sont récemment dégagées.

Un certain nombre d'études et de recherches récentes montrent l'intérêt de réactualiser des idées issues de ce qu'on appelait à une époque la tradition «scientifique» de la philosophie naturelle. Ceci a permis de renouer avec certaines théories élaborées par les *Naturphilosophen*, de réhabiliter les idées des fondateurs de la psychophysique, de reprendre les intuitions et les analyses des phénoménologues et théoriciens de la *Gestalt*, de développer la pensée des pionniers de la morphologie et de la biologie théorique. Un des buts de la collection est de permettre que ces idées soient développées, débattues et mieux connues d'un plus grand nombre de chercheurs et de lecteurs.

Cette collection aspire à devenir un laboratoire d'idées: elle entend d'abord susciter l'élaboration d'une véritable «philosophie géométrique» des formes naturelles et des êtres organiques, ainsi que contribuer à renouveler les grands débats scientifiques et métaphysiques sur les concepts d'espace et de temps et sur leur rôle dans la compréhension des rapports entre les structures mathématiques et les phénomènes physiques.

On souhaite aussi s'interroger sur les limites de la science actuelle et sur les conséquences que comportent ses récentes retombées technicistes. Il s'agit notamment de contribuer au développement d'une vision non réductionniste de la science et de la connaissance, moins pragmatique et plus spéculative, moins attachée à ses applications technologiques immédiates que soucieuse de construire une pluralité de modèles possibles du réel et d'en dévoiler les différents niveaux de sens.

Ouvrages parus

Vol. 1 Eric Bois: *L'univers sans repos, ou l'essence première du mouvement,* 2002.

Vol. 2 Marc Balmès: *L'énigme des mathématiques. La mathématisation du réel et la* Métaphysique, *I.*, 2003.

Vol. 3 Bertrand Hespel: *Outre Newton. Quelques images du monde à l'Age classique,* 2003.

Vol. 4 Marc Balmès: *L'énigme des mathématiques. La mathématisation du réel et la* Métaphysique, *II.*, 2004.

Vol. 5 Luciano Boi (éd.): *Symétries, brisures de symétries et complexité en mathématiques, physique et biologie,* 2006.

Printed by
CPI books GmbH, Leck

Kolibri 360 GmbH
Ferdinand-Jühlke-Straße 7
99095 Erfurt, Deutschland
produktsicherheit@kolibri360.de

Symétries, brisures de symétries et complexité

Philosophia Naturalis et Geometricalis
Collection dirigée par Luciano Boi

Vol. 5